高等职业教育课程改革项目研究成果系列教材
"互联网+"新形态教材

电工职业技能训练

（活页式教材）

主　编　邱军海
主　审　王世桥
副主编　仇清海　吕　品　李　江　李　明
参　编　张彤彤　李翠华　史晓华　张　磊
　　　　路晋泰　张景景　董玉娜　官晓庆
　　　　曲少梅　丁亚娜　冯小宁　周庆明
　　　　刘　静

北京理工大学出版社
BEIJING INSTITUTE OF TECHNOLOGY PRESS

内 容 简 介

本书是高职高专新形态活页式教材，参照国家电工职业技能新标准的要求进行编写，内容分为入门篇、基础篇、提高篇和综合篇4个层次，共8个教学项目，各项目之间遵循"由浅入深，由易到难，由简到繁"的原则，有利于针对学生开展差异化教学和因材施教。

本书可作为高职院校机电一体化技术、电气自动化技术、机械制造及自动化等专业的电气实训教材，同时也可作为中、高级电工培训的教材和参考用书。

版权专有　侵权必究

图书在版编目（CIP）数据

电工职业技能训练：活页式教材/邱军海主编. —北京：北京理工大学出版社，2023.7
ISBN 978-7-5763-2622-2

Ⅰ．①电… Ⅱ．①邱… Ⅲ．①电工技术-高等职业教育-教材 Ⅳ．①TM

中国国家版本馆 CIP 数据核字（2023）第 133604 号

责任编辑：王梦春	文案编辑：辛丽莉
责任校对：周瑞红	责任印制：施胜娟

出版发行 / 北京理工大学出版社有限责任公司
社　　址 / 北京市丰台区四合庄路6号
邮　　编 / 100070
电　　话 / （010）68914026（教材售后服务热线）
　　　　　（010）68944437（课件资源服务热线）
网　　址 / http://www.bitpress.com.cn

版 印 次 / 2023年7月第1版第1次印刷
印　　刷 / 河北盛世彩捷印刷有限公司
开　　本 / 787 mm×1092 mm　1/16
印　　张 / 17.5
字　　数 / 401千字
定　　价 / 55.00元

图书出现印装质量问题，请拨打售后服务热线，负责调换

前言

　　本书是作者团队从事电工职业资格培训和相关课程实践教学多年来的经验总结和积累。本书从实际应用出发，以国家电工职业技能标准与规范为指导，以任务驱动方式组织实训内容，并融入"厚植家国情怀、强化责任担当、传承工匠精神"，体现党的二十大精神，落实职业教育与培训并举的法定职责。本书按照培育标准制定系列课程包，每个系列可以作为相对独立的教学模块，以便开发具有普及性的课程资源。作者团队在调研企业的用工岗位需求的基础上，结合培训特点和职业岗位的能力标准，以及专业人才培养目标编排了内容，遵循从简单到复杂的认知发展规律，公共实训中心和高素质的双师团队也针对行业和工艺上的技术革新，不断优化内容。本书具有以下特点。

　　1. 关注"三教"改革，教育与培训并举。

　　2020年9月，教育部等部门联合印发的《职业教育提质培优行动计划（2020—2023年）》提出，要推进职业教育"三教"改革，加强职业教育教材建设。这就要求教材应注重吸收行业发展的新知识、新技术、新工艺、新方法，校企合作开发专业课教材要根据职业学校学生特点创新教材形态，推行科学严谨、深入浅出、图文并茂、形式多样的活页式、工作手册式教材。同时，在教育与培训并举的背景下，围绕培训所需的实训基地、师资队伍、课程资源、培训项目、质量评价等要素，将职业培训融入"三教改革"，实现培训供给侧和需求侧的无缝对接以及培训要素的良性循环。在此背景下，本书力求以教学质量的提升来推动培训能力的提高，本着"因材施教、类型培养、灵活多样、产教融合"的培训理念，以活页式教材的形式，从培训内容的因材施教到培训方式的灵活机动，从培训师资的产业化到培训管理的新模式来推动职业培训工作。

　　2. 深化产教融合，实用为先。

　　本书是作者团队与北京软体机器人科技股份有限公司、烟台正海科技股份有限公司、蓬莱中柏京鲁船业有限公司联合编写的，同时立足服务区域经济的发展，围绕智能制造产业链，将新技术、新工艺、新规范同步纳入。

　　本书的实践案例大多源于企业真实产品，实训内容贴近生产实际，具有可操作性和实用性。同时，通过党建引领，创新育人模式，依托智能制造等产业学院，努力优化产教融合长效机制及育人平台，深化"产教融合以及校企合作"的人才培养模式，构建专业群"课岗赛证"融通课程体系，推进教材教法的改革，打造"高、精、尖"教学创新团队，多方共建智能制造实践环境及教学资源。

3. 倡导项目化教学，工学结合。

本书内容按照"课程内容与职业标准对接、教学过程与生产过程对接"的要求，设计了8个教学项目，每个项目包含若干个实训任务，从"任务描述、任务目标、实施条件、相关知识、任务实施、任务评价、参考资料"七个环节展开，充分体现了高职高专实训课程的特色，可以结合电工职业资格考试展开相关的课程教学。

本书的8个教学项目分别为电工职业认知与安全用电训练、常用电工工具及仪表的使用、常用照明线路的安装、电子基本工艺与技能训练、三相异步电动机的典型控制电路安装与调试、生产设备常见故障诊断与维修、PLC控制技术技能训练、PLC、变频器及触摸屏的综合应用，各项目之间遵循"由浅入深，由易到难，由简到繁"的原则，方便学生自学和实践操作参考。

本书由邱军海任主编，仇清海、吕品、李江、李明任副主编，还有参与编写的教师和企业人员。具体分工如下：邱军海制定编写大纲，仇清海和冯小宁编写项目1，刘静和周庆明编写项目2，路晋泰和史晓华编写项目3，吕品和官晓庆编写项目4，张景景和曲少梅编写项目5，张彤彤和董玉娜编写项目6，李江和张磊编写项目7，李明编写项目8，李翠华、丁亚娜负责文稿校对和材料整理，王世桥负责主审。

由于编者水平有限，书中难免存在疏漏与不足之处，恳请读者批评指正。

编　者

入门篇　电工从业人员基本认知

项目 1　电工职业认知与安全用电训练 ································· (2)

　任务 1.1　电工职业认知 ·· (2)

　任务 1.2　安全用电与触电急救 ·· (10)

项目 2　常用电工工具及仪表的使用 ·· (17)

　任务 2.1　常用电工工具的使用 ·· (17)

　任务 2.2　常用电工仪表的使用与操作 ·· (22)

项目 3　常用照明线路的安装 ··· (32)

　任务 3.1　电工材料与导线的连接 ·· (32)

　任务 3.2　照明灯具的安装 ·· (41)

　任务 3.3　室内配电线路的安装 ·· (47)

基础篇　电工基本技能训练

项目 4　电子基本工艺与技能训练 ·· (54)

　任务 4.1　电子焊接基本操作与元器件识别 ··································· (54)

　任务 4.2　串联型稳压电源的安装与调试 ····································· (69)

　任务 4.3　调压恒温电路的安装与调试 ·· (78)

提高篇　电工专项技能训练

项目 5　三相异步电动机的典型控制线路安装与调试 ······················· (92)

　任务 5.1　三相异步电动机手动正转控制线路的安装与调试 ·············· (92)

　任务 5.2　具有过载保护的接触器自锁正转控制线路的安装调试 ········ (110)

任务 5.3　三相异步电动机接触器联锁正反转控制线路的安装调试 …………………（126）
任务 5.4　三相异步电动机位置控制线路的安装调试与检修 ………………………（132）
任务 5.5　三相异步电动机顺序控制线路的安装与调试 ……………………………（139）
任务 5.6　三相异步电动机降压启动控制线路的安装与调试 ………………………（143）

项目 6　生产设备常见故障诊断与维修 ……………………………………………………（152）

任务 6.1　CA6140 型车床控制电路的故障排除 ……………………………………（152）
任务 6.2　Z37 摇臂钻床控制电路的故障排除 ………………………………………（166）
任务 6.3　M7130 型平面磨床控制电路的故障排除 …………………………………（177）
任务 6.4　X62W 型卧式万能铣床控制电路的故障排除 ……………………………（189）

项目 7　PLC 控制技术技能训练 ……………………………………………………………（203）

任务 7.1　PLC 的基本认知 ……………………………………………………………（203）
任务 7.2　电动机正反转 PLC 控制 ……………………………………………………（238）
任务 7.3　星-三角降压启动 PLC 控制 ………………………………………………（244）

综合篇　电工应知应会综合训练

项目 8　PLC、变频器及触摸屏的综合应用 ………………………………………………（252）

任务 8.1　变频器的模拟信号操作控制 ………………………………………………（252）
任务 8.2　变频器多段速调速控制 ……………………………………………………（255）
任务 8.3　触摸屏组态软件操作 ………………………………………………………（259）
任务 8.4　PLC、触摸屏和变频器 USS 控制电动机调速 ……………………………（266）

参考文献 ………………………………………………………………………………………（273）

入门篇

电工从业人员基本认知

项目 1

电工职业认知与安全用电训练

任务 1.1　电工职业认知

🌀 任务描述

你是某智能制造企业的实习生或职场新手,在了解企业生产过程、生产纲领、工序、工步及安全生产等基本知识后,请准确说明哪些部门需要电工从业人员?电工应该干些什么吗?他们的工作环境怎样?一个合格的电工应该具备哪些基本技能?对于刚刚走入职业学校的学生来讲一无所知,需要进行职业素养教育和安全教育,了解电工的职业特征。

🌀 任务目标

(1) 感知电工的职业特征,培养电工的职业素养。
(2) 了解电工从业的基本要求和安全责任。
(3) 熟悉电工上岗所需持有的证书。

🌀 实施条件

(1) 工作场地:生产车间或实训基地。
(2) 安全工装:工作服、安全帽、防护眼镜等防护用品。
(3) 实训器具:常用电工工具及仪表、照明线路实训台。

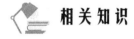 相关知识

一、电工的职业特征

1. 职业定义

电工是使用工具、量具和仪器、仪表,安装、调试与维护、修理机械设备电气部分和电气系统线路及器件的人员。

小故事

从小电工到大工匠的"机电神医":

王斌俊,是汾西矿业集团高阳煤矿的一名机电师。从业25年,从一名技校生成长为技能大师、国家级工匠,他攻克了一系列技术难题,创新研发了40多项发明专利和实用新型专利。2020年,42岁的王斌俊成为全国劳动模范。

2. 国家职业技能标准

以《中华人民共和国职业分类大典(2015年版)》为依据,严格按照《国家职业技能标准编制技术规程(2018年版)》有关要求,目前采用的是中华人民共和国人力资源和社会保障部《电工(2018年版)》,如图1-1所示,该标准是以"职业活动为导向、职业技能为核心"为指导思想,对电工从业人员的职业活动内容进行规范细致地描述,对各等级从业者的技能水平和理论知识水平进行了明确规定。依据《中华人民共和国劳动法》,适应经济社会发展和科技进步的客观需要,立足培育工匠精神和精益求精的敬业风气。

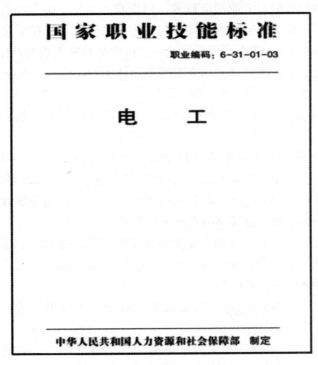

图1-1 电工国家职业技能标准

3. 职业能力特征

具有一定的学习理解能力、观察判断推理能力和计算能力,手指和手臂灵活,动作协调,无色盲。

4. 普通受教育程度

初中毕业（或相当文化程度）。

5. 职业技能等级

本职业共设5个等级，分别为：五级/初级工、四级/中级工、三级/高级工、二级/技师、一级/高级技师。

6. 职业技能鉴定申报条件

＊具备以下条件之一者，可申报五级/初级工：

（1）累计从事本职业工作1年（含）以上。

（2）本职业学徒期满。

具备以下条件之一者，可申报四级/中级工：

（1）取得本职业五级/初级工职业资格证书（技能等级证书）后，累计从事本职业工作4年（含）以上。

（2）累计从事本职业工作6年（含）以上。

（3）取得技工学校本专业或相关专业（本专业或相关专业：数控机床装配与维修、机械设备装配与自动控制、制冷设备运用与维修、机电设备安装与维修、机电一体化、电气自动化设备安装与维修、电梯工程技术、城市轨道交通车辆运用与检修、煤矿电气设备维修、工业机器人应用与维护、工业网络技术、机电技术应用、电气运行与控制、电气技术应用、纺织机电技术、铁道供电技术、农业电气化技术等专业）毕业证书（含尚未取得毕业证书的在校应届毕业生）；或取得经评估论证、以中级技能为培养目标的中等及以上职业学校本专业或相关专业毕业证书（含尚未取得毕业证书的在校应届毕业生）。

＊具备以下条件之一者，可申报三级/高级工：

（1）取得本职业四级/中级工职业资格证书（技能等级证书）后，累计从事本职业工作5年（含）以上。

（2）取得本职业四级/中级工职业资格证书（技能等级证书），并具有高级技工学校、技师学院毕业证书（含尚未取得毕业证书的在校应届毕业生）；或取得本职业四级/中级工职业资格证书，并具有经评估论证、以高级技能为培养目标的高等职业学校本专业或相关专业毕业证书（含尚未取得毕业证书的在校应届毕业生）。

（3）具有大专及以上本专业或相关专业毕业证书，并取得本职业四级/中级工职业资格证书（技能等级证书）后，累计从事本职业工作2年（含）以上。

＊具备以下条件之一者，可申报二级/技师：

（1）取得本职业三级/高级工职业资格证书（技能等级证书）后，累计从事本职业工作4年（含）以上。

（2）取得本职业三级/高级工职业资格证书（技能等级证书）的高级技工学校、技师学院毕业生，累计从事本职业工作3年（含）以上；或取得本职业预备技师证书的技师学院毕业生，累计从事本职业工作2年（含）以上。

＊具备以下条件者，可申报一级/高级技师：

取得本职业二级/技师职业资格证书（技能等级证书）后，累计从事本职业工作4年（含）以上。

7. 鉴定方式及时间

1）鉴定方式

鉴定方式分为理论知识考试、技能考核以及综合评审。理论知识考试以笔试、机考等方式为主，主要考核从业人员从事本职业应掌握的基本要求和相关知识要求；技能考核主要采用现场操作、模拟操作等方式进行，主要考核从业人员从事本职业应具备的技能水平；综合评审主要针对技师和高级技师，通常采取审阅申报材料、答辩等方式进行全面评议和审查。

理论知识考试、技能考核和综合评审均实行百分制，成绩皆达60分（含）以上者为合格。职业标准中标注"★"的为涉及安全生产或操作的关键技能，如考生在技能考核中违反操作规程或未达到该技能要求的，则技能考核成绩为不合格。

2）鉴定时间

理论知识考试时间不少于90 min。技能考核时间：五级/初级工不少于150 min，四级/中级工不少于150 min，三级/高级工不少于180 min，二级/技师不少于240 min，一级/高级技师不少于240 min。综合评审时间不少于20 min。

二、电工岗位职责

（1）热爱本职工作，严格按操作规范施工，努力完成各部门下达的工作任务。

（2）负责用电安全。努力学习技术，对用电情况要了如指掌，熟练掌握用电线路、照明线路和照明装置的安装走向，动力线路和各类电动机的安装，各种生产机械的电气控制线路的安装，电控装置的完好情况及所辖设备的原理、技术、性能和实际操作。每年进行两次大检修。

（3）每天上班后认真检查用电设备、线路、开关等是否完好无损，发现问题及时报告和维修，不得无故拖延。

（4）对各部门反映上来的用电问题，要及时到现场查看，并提出处理办法，不得无故推脱。

（5）定期对配电室、楼层总开关、室外电气装置进行认真检查，排除事故隐患。

（6）自觉行使自己的职责和权力，对私拉乱扯现象及时制止并没收用电设备，同时报告给有关领导。

（7）确保节假日、大型活动的用电，做到安全顺利，无事故。

（8）密切监视配电柜的各种仪表显示，正确抄录各项数据并填好报表。

（9）积极配合电路检修工作，如断电检修，需具体检修人员直接通知挂"严禁合闸"的指示牌，未经检修人员通知而随意合闸造成的严重后果由当班人员负责。

（10）发生事故时，值班人员应保持头脑冷静，按照操作规程及时排除故障，并报告部门经理，事故未排除不进行交接班，应上下两班协同工作，一般性设备故障应交代清楚并做好记录。

（11）做好线路防火工作，严格检查线路负荷，发现不正常状态必须找出原因，加以纠正。

（12）认真保管电子设备维修专用仪器、仪表、用电器具、配件，保障达到仪器的各种工作指标。

（13）对电子设备维修中所需备件，包括备用零件、备用组件需妥善管理、定期测试，保证随时应急使用。

（14）保证电子设备机房的工作环境达到设备的要求，做好防火、防潮、防静电工作。

（15）工作中做到不以权谋私、不收小费、不索受礼物、不损公肥私、不以公物送人、不为难用户，不做有损用户利益的事。

三、电工从业操作规程

（1）检修电气设备前，必须穿戴好规定的防护用品，并检查工具和防护用具是否合格可靠。

（2）任何电气设备（包括停用电气设备）未经验电，一律视为有电，不准用手触及。

（3）电气设备检修，一律按操作规程进行，先切断该设备的总电源，挂上警告牌，验明无电后，方可进行工作。

（4）检修配变设备动力干线必须严格执行操作规程和工作命令，在特殊情况下（指带电）需取得领导同意后，方可进行工作。

（5）电气设备、金属外壳一律应有保护接地，接地应符合规定。

（6）各种电气设备和电热设备、开关、变压器及分路开关箱等周围禁止堆放易燃物品和加工零件。

（7）电气设备安装检修后，需经检验合格后方可投入运行。

（8）使用手电钻，一律戴橡胶手套，穿绝缘鞋或使用安全变压器，否则不准使用。

（9）检修移动灯具，一律使用 36 V 以下安全行灯，锅炉、管道检修和潮湿工作场所应用 12 V 安全行灯。

（10）单相、三相闸刀严禁带电负荷操作。

（11）车间电器施工、检修时应与中配站取得联系的情况下，由专人办理停送手续。

（12）三股三色、四股四色皮线一律将黑色作为接地保护线。

四、电工基本常识和基本技能

1. 安全用电知识

电工不仅本人要具备安全用电知识，还有宣传安全用电知识的义务和阻止违反安全用电行为发生的职责。

2. 常用电工工具及仪表

电工常用基本工具是电工必备的工具，如图 1-2 所示。能熟练使用各种常见的电工工具及仪表进行工作，是电工的一项基本技能。

3. 常见照明（室内）线路的安装

照明线路是电工线路中的基础线路，也是最简单的线路之一。照明线路的安装作为电工的基本技能，它能激发学习电工的兴趣，最主要的是能把在学校学到的技能运用到生活中，掌握一门实实在在的技术。

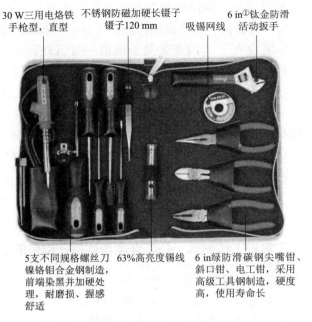

图 1-2 常用电工工具

五、电工上岗所需持有的证书

电工上岗需要的证分为三种：一种是安监局颁发的上岗证（特种作业操作证），一种是人社部门（原劳动部门）颁发的职业资格等级证（也叫技能证），另外还有个进网许可证（电监委）已被取消，如图 1-3 所示。

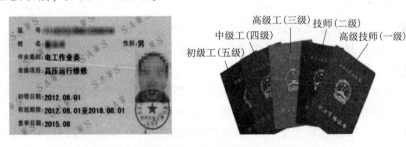

图 1-3 上岗证、职业资格登记证书举例

（1）上岗证都是由安监局颁发的，全国通用《电工证》（有高压、低压两种）也叫特种作业操作证，有效期 6 年，三年一复审，有了特种作业操作证，你就具备了从事电工、焊工行业的资质。

（2）等级证是证明技术水平的，分五级，即初级（五级）、中级（四级）、高级（三级）、技师（二级）、高级技师（一级），由人力资源和社会保障部（原劳动部）颁发，全国通用，是工作、晋升、加薪的有效凭证。

---

① 英寸，1 in = 25.4 mm。

(3) 电工进网作业许可证是指在用户的受电装置或者送电装置上，从事电气安装、试验、检修、运行等作业的许可凭证。电工进网作业许可证分为低压、高压、特种三个类别，2017年9月29日，国务院发布了《国务院关于取消一批行政许可事项的决定》（国发〔2017〕46号）文件，明确了取消国家能源局对电工进网作业许可证的核发。

(4) 可以选考的1+X证书，其培训评价组织应该是一种集行业组织、教育机构、评价机构的属性为一体的多功能组织。通过向社会发布招募公告，由社会评价组织自主申报，择优遴选出能够开发职业技能等级标准、教材和教学资源、建设考核站点并实施考核发证的培训评价组织，建立培训评价组织、职业技能等级证书等目录清单，这是一种全新的职业技能证书管理体系的运行机制。

任务实施

【步骤一】了解电工常见工作形式，并能准确表达所在岗位的工作职责

要想在工厂做电工需要等级证和上岗操作证等。

电工有三证：特种作业操作证、职业资格证书、1+X证书。

(1) 特种作业操作证：作业种类是电工（俗称操作证、上岗证），分为高压运行维护作业、高压安装修造作业、低压电工作业、安装、维修、发电、配电。自2010年后，老版特种作业操作证（IC卡）样本改用二代身份证似的IC卡类新版中华人民共和国特种作业操作证样本，复审为三年一审，特种作业操作证六年换一次证。

(2) 职业资格证书：从事职业为电工（俗称等级证），我国职业资格证书分为5个等级：初级工（五级）、中级工（四级）、高级工（三级）（三级/高级职业资格证书（英文））、技师（二级）（二级职业资格证书（技师）样本）和高级技师（一级）（新版一级职业资格证书样本）。

职业资格证书是表明劳动者具有从事某一职业所必备的学识和技能的证明。

(3) 1+X证书：2020年8月25日，教育部等四部门印发《教育部办公厅等四部门关于进一步做好在院校实施1+X证书制度试点有关经费使用管理工作的通知》，"1+X证书制度"将学历证书与职业技能等级证书、职业技能等级标准与专业教学标准、培训内容与专业教学内容、技能考核与课程考试统筹评价，这有利于院校及时将新技术、新工艺、新规范、新要求融入人才培养过程，更将倒逼院校主动适应科技发展新趋势和就业市场新需求，不断深化"三教"改革，提高职业教育适应经济社会发展需求的能力。

【步骤二】能正确选用电工常用工具及仪表，并能按照操作规程正确使用

(1) 用测电笔判别插座相线与中性线。
(2) 用剥线钳、断线钳、尖嘴钳对硬、软线进行加工。
(3) 用螺钉旋具、扳手、钢丝钳等对螺钉、螺母进行紧固、放松操作。

【步骤三】发现触电事故，能及时实施救护

发现触电事故，及时把触电者放在结实坚硬的地板或木板上，使触电者仰卧伸直，救护者两腿跪跨于触电者胸部两侧，先找到正确的按压点，然后两手叠压，迅速开始施救。

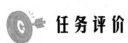 **任务评价**

评分标准见表1-1。

表 1-1 评分标准

序号	项目内容	评分标准	配分	扣分	得分
1	了解电工常见工作形式，并能准确表达所在岗位的工作职责	表达内容不完整、不正确，每次扣10分	40		
2	能正确选用电工常用工具及仪表，了解电工大国工匠事迹	（1）电工常用工具及仪表选用错误，每次扣20分； （2）电工相关操作规程不明确的，每次扣20分	60		
3	备注	合计	100		
		教师签字		年 月 日	

 参考资料

1）中国梦·大国工匠篇，电工大国工匠的事迹介绍
2）拓展资料

 小故事

"木匠鼻祖"：

鲁班生活在春秋末年到战国初期，出生在鲁国一个世代以工匠为生的家庭。家庭的影响和熏陶，使他从小就喜欢机械制造等古代工匠所从事的活动。在劳动中，他虚心向有经验的老师傅和家人请教，学习他们的先进技术和经验，并悉心观察他们在各项劳动中高超的操作技巧。长期的生产实践和他本人不断的努力，使鲁班逐渐掌握了古代工匠所需要的多方面技能，积累了非常丰富的实践经验，成为当时有名的能工巧匠。

任务 1.2　安全用电与触电急救

任务描述

在生产现场，操作者因触摸到漏电的设备表面而触电（鞋子的绝缘性能不好且未装漏电保护器），一个合格的电工应该如何处理？

任务目标

（1）感知维修电工的职业特征，培养维修电工的职业素养。
（2）了解安全用电知识，建立自觉遵守电工安全操作规程的意识。
（3）分析触电事故案例，了解常见的触电方式，正确采取措施、预防触电。

实施条件

（1）工作场地：生产车间或实训基地。
（2）安全工装：工作服、安全帽、防护眼镜等防护用品。
（3）实训器具：常用电工工具及仪表等。

相关知识

一、电流对人体的伤害

1. 触电的原因及危害

人体因触及带电体而承受过大电流，以致局部受伤或死亡的现象称为触电。

（1）发生触电事故的主要原因：电气设备的安装过于简陋，不符合安全要求；电气设备老化，有缺陷或破损严重，维修维护不及时；作业时没有严格遵守电工安全操作规程或粗心大意；缺乏安全用电常识等。

（2）电流对人体的危害：触电对人体的伤害程度与通过人体电流的频率、大小、流过的路径、通电时间的长短，以及触电者的身体健康状况等有关。

触电对人体伤害的主要因素是电流的大小，电流大小又取决于作用到人体的电压和人体的电阻值。人体电阻为 800 Ω~20 kΩ，当通过人体电流在 50 mA 以上时，就会导致呼吸困难、肌肉痉挛，甚至发生死亡事故，详见表 1-2。电流流经心脏或大脑时，危害最大，极易造成死亡事故。

表 1-2　触电电流大小对人体的危害程度

流经人体电流的大小	人体受伤程度
工频 1 mA 或直流 5 mA	麻、刺、痛

续表

流经人体电流的大小	人体受伤程度
工频 20~50 mA 或直流 80 mA	麻痹、痉挛、刺痛，血压升高，呼吸困难。自己不能摆脱电源，有生命危险
100 mA 以上	呼吸困难，心脏停搏

2. 电流对人体的伤害类别

触电的种类主要有电击和电伤两种。

电击是指电流通过人体时所造成的内伤。它可以使肌肉抽搐、内部组织损伤，造成发热发麻、神经麻痹等。严重时将引起昏迷、窒息，甚至心脏停止跳动而死亡。通常说的触电就是电击。触电死亡大部分由电击造成。

电伤是指触电后表皮的局部创伤，通常由电流的热效应、化学效应、机械效应以及电流本身作用下造成的人体外伤。常见的有灼伤、烙伤和皮肤金属化等现象。

你知道吗？

①通常规定不高于 36 V 的电压为安全电压。

②30 mA 以下的电流为安全电流。

③频率为 50~100 Hz 的电流最危险。

二、常见的触电方式

触电方式可分为单相触电、两相触电和跨步触电三种。

单相触电是指人体触及带电体或接触到漏电的电气设备外壳，如图 1-4 所示。此时人体承受的电压是电源的相电压，在低压供电系统中是 220 V。

两相触电是指人体的两个部位分别触及两相带电体，如图 1-5 所示。此时人体承受的电压是电源的线电压，在低压供电系统中是 380 V。

跨步触电是指在高压电网接地点、防雷接地点、高压相线断落或绝缘破损处，有电流流入接地点，电流在接地点附近土壤中产生电压降，当人体走近接地点时，两步之间就有电压，由此引起的触电称为跨步触电，如图 1-6 所示。步距越大，离接地点越近，跨步电压也越大。受跨步电压威胁时，应采取单脚或双脚并拢方式迅速跳出危险区域。

图 1-4 单相触电

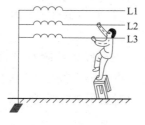
图 1-5 两相触电

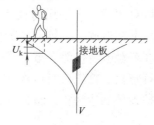
图 1-6 跨步触电

三、触电急救

触电事故发生后，首先应使触电者脱离电源，并立即进行现场触电急

触电急救方法

救。具体步骤为：

（1）用绝缘棍棒拨开触电者身上的电线，或用钢丝钳切断电源相线，也可直接迅速拉开闸刀开关或拔去电源插头，使触电者迅速脱离电源。

（2）发现有人触电，除及时拨打"120"联系医护部门外，还需立即进行现场急救。急救的方法有口对口人工呼吸抢救法和人工胸外按压抢救法。

触电急救-
心肺复苏

①若触电者呼吸停止，但心脏还有跳动，应立即采用口对口人工呼吸抢救法进行施救，如图1-7所示。

口对口人工呼吸抢救法的要诀：病人仰卧在平地上，鼻孔朝天颈后仰；首先清理口鼻腔，然后松扣解衣裳；捏鼻吹气要适量，排气应让口鼻畅；吹两秒来停三秒，5秒一次最恰当。

图1-7　口对口人工呼吸

②若触电者虽有呼吸，但心脏停止跳动，应立即采用人工胸外按压抢救法进行施救，如图1-8所示。

图1-8　人工胸外按压

人工胸外按压抢救法要诀：病人仰卧硬地上，松开领扣解衣裳；当胸放掌不鲁莽，中指应该对凹膛；掌根用力往下按，压下半寸至一寸；压力轻重要适当，过分用力会压伤；慢慢压下突然放，一秒一次最恰当。

③若触电者伤势严重，呼吸和心跳都停止或瞳孔开始放大时，应同时采用上述两种方法进行施救。首先口对口吹气2次，再做胸外按压15次，以后交替进行，直到触电者苏醒或医护人员到达为止。救护时，不得对触电者泼冷水及打强心针。

四、预防触电的措施

1. 采用保护接地和保护接零

由于电气设备的绝缘损坏或安装不合理等原因出现金属外壳带电的故障称为漏电。设备漏电时，如果人体触及设备就会发生触电，必须采取一定的防范措施确保安全。保护接地和保护接零是电气工程中最常见的预防触电措施。

1) 保护接地

保护接地是指在电源中性点不接地（三相三线制）的低压供电系统中，将电气设备的外壳与埋入地下的接地体可靠连接，如图1-9所示。这种方法称为保护接地。通常接地体为钢管或角铁，接地电阻不允许超过4Ω。

当设备因绝缘损坏而漏电后，人体触及带电的外壳时，人体相当于接地体电阻的一条并联支路。由于人体电阻远远大于接地体电阻，此时通过人体的电流很小，从而保证人体安全。

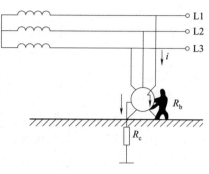

图1-9 保护接地

2) 保护接零

保护接零是指在电源中性点已接地的三相四线制供电系统中，将电气设备的金属外壳与电源零线可靠相连，这种方法称为保护接零，如图1-10所示。

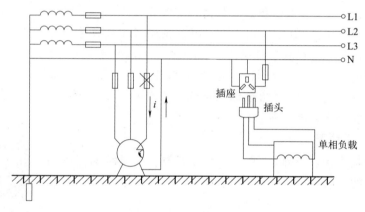

图1-10 保护接零

由于低压配电系统中的电源中性线一般都接地，所以用电设备的金属外壳大多采用保护接零，确保安全。

当设备的金属外壳接电源零线后，若设备的某相发生外壳漏电故障，就会通过设备外壳形成相线与零线的单相短路，其短路电流使该相熔断器熔断，从而切断故障设备的电源，确保安全。

特别提示：

①在保护接零系统中，零线的作用很重要。一旦零线断线，接在断线处后面线路上的电气设备相当于没有保护接零或保护接地。所以，零线的连接应牢固可靠、接触良好。所有电气设备的接零线，均应以并联的方式接在零线上，不允许串联。在零线上禁止安装熔丝或单独的断流开关。

②在采用保护接零的系统中，要在电源中性点进行工作接地，并在零线的一定间隔距离及终端（用户端）进行重复接地。

③电源中性点不接地的三相四线制配电系统中，不允许用保护接零，而只能用保护

接地。

④在采用保护措施时，必须注意不允许在低压电网中把一部分设备接零，另一部分用电设备接地。

2. 采用 TN-S 方式供电系统供电

TN-S 方式供电系统是指把工作零线 N 和专用保护线 PE 严格分开的三相五线制供电系统，如图 1-11 所示。

特别提示：

（1）TN-S 方式供电系统正常运行时，只有工作零线 N 上有电流，变化线 PE 上没有电流，PE 线对地没有电压，但 PE 线绝对不能断开。

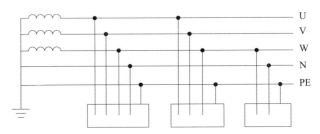

图 1-11 TN-S 方式供电系统

（2）TN-S 方式供电系统供电干线上可以安装漏电保护器。工作零线 N 必须经过漏电保护器，但不得重复接地；而保护线 PE 不允许经过漏电保护器，但必须有重复接地。

（3）TN-S 方式供电系统安全可靠，适宜工业与民用建筑等场合的低压供电系统。国家规定：凡是新建建筑施工现场及临时线路，一律实行三相五线制供电方式。

（4）三相五线制导线的标准颜色：U 相线用黄色、V 相线用绿色、W 相线用红色、中性线 N 用黑色或淡蓝色、PE 用黄绿双色线。在单相的三线制线路中，一般相线用红色、黄色、绿色，中性线为蓝色，保护线用黄绿双色线。

3. 安装漏电保护器

漏电保护器是比保护接地和保护接零更有效、更灵敏的保护措施。漏电保护器的外形如图 1-12 所示。

特别提示：

①工作零线 N 必须接漏电保护器，而保护零线 PE 或保护地线不得接漏电保护器。

②照明电路中所选用的漏电保护器应为额定电流小于或等于 30 mA、动作时间为 0.1 s 的高灵敏度产品。

图 1-12 漏电保护器的外形

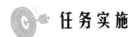 **任务实施**

【步骤一】了解安全用电注意事项

（1）电器要按规定接线，不得随便改动或私自修理电气设备。

（2）经常接触和使用的配电箱、配电板、闸刀开关、插座以及导线等，必须保持完好，不得有破损或裸露带电部分。

（3）在移动电风扇、照明灯、电焊机等电气设备时，必须先切断电源，然后保护好导线，以免磨损或拉断。

（4）雷雨天，不要站在高处和大树下面，更不要走近高压电杆、铁塔、避雷针的接地导线。

(5) 对设备进行维修时，一定要切断电源。若用电器具出现异常，要先切断电源，再做处理。

(6) 配电箱要装有漏电保护器，漏电保护器不能停止工作，若保护器一直跳闸，说明电气设备和线路有漏电故障，应及时找电工维修。

【步骤二】熟知引起电气火灾的原因，做到电气火灾的防范及扑救

1. 熟知引起电气火灾的原因

电气设备引起火灾的原因很多，主要原因有以下几个。

(1) 设备或线路过载运行。

(2) 供电线路绝缘老化、受损引起漏电、短路。

(3) 设备过热，温升太高引起绝缘纸、绝缘油等燃烧。

(4) 电气设备运行中产生明火（如电刷火花、电弧等）引燃易燃物。

(5) 静电火花引燃。

2. 明确电气火灾的防范措施

(1) 为了防范电气火灾的发生，在制造和安装电气设备、电气线路时，应减少易燃物，选用具有一定阻燃能力的材料减少电气火源。

(2) 按防火要求设计和选用的电气产品，严格按照额定值规定条件使用电气产品。

(3) 按照防火要求提高电气安装和维护水平，主要从减少明火、降低温度、减少易燃物三个方面入手。

(4) 配备合适的灭火器具。

3. 及时对电气火灾组织扑救

发生电气火灾时，首先要切断电源，然后再进行扑救。带电灭火时，切忌使用水和泡沫灭火剂，应使用不导电的灭火剂，如二氧化碳灭火器、干粉灭火器、四氯化碳灭火器、卤化烷灭火器、1211（二氟一氯一溴甲烷）灭火器等。

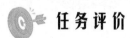

任务评价

评分标准见表1-3。

表1-3 评分标准

序号	项目内容	评分标准	配分	扣分	得分
1	了解电工常见工作形式，并能准确表达所在岗位的工作职责	表达内容不完整、不正确，每次扣10分	40		
2	能正确选用电工常用工具及仪表，了解电工大国工匠事迹	(1) 电工常用工具及仪表选用错误，每次扣20分； (2) 电工相关操作规程不明确的，每次扣20分	60		
3	备注	合计	100		
		教师签字		年　月　日	

参考资料

1）了解防止触电的技术措施

（1）绝缘。应当注意：很多绝缘材料受潮后会丧失绝缘性能或在强电场作用下会遭到破坏，丧失绝缘性能。

（2）屏护。电器开关的可动部分一般不能使用绝缘，而需要屏护。高压设备不论是否有绝缘，均应采取屏护。

（3）间距。间距就是保证必要的安全距离。

2）拓展资料

"防止触电的组织措施"：
　　遵守用电规章制度；
　　良好的用电习惯；
　　杜绝不安全的用电行为；
　　LTT挂锁程序。

项目 2

常用电工工具及仪表的使用

任务 2.1 常用电工工具的使用

任务描述

你是某企业的涉电专业人员,有一定的机电控制相关知识和技能,在了解企业生产过程、生产纲领、工序、工步及安全生产等基本知识后,需要你能够规范、正确地使用常用电工工具。

任务目标

(1) 了解常用工具的使用,掌握电工刀、螺丝刀、钳类工具、测电笔等工具的使用方法。
(2) 掌握电锤、电钻、冲击钻等电动工具类的使用方法。

实施条件

(1) 工作场地:生产车间或实训基地。
(2) 安全工装:工作服、安全帽、防护眼镜等防护用品。
(3) 实训器具:电工常用工具一套。

相关知识

1. 测电笔

测电笔又称低压验电器,它被比喻为电工的"眼睛",是用来检测物体是否带电的一种电工常用工具。测电电压范围在 60~500 V。常用形式主要有笔式、螺丝刀式和数显式,如图 2-1 所示。

(1) 结构:常用的测电笔由氖管、电阻、弹簧、笔身和笔尖等组成。
(2) 验电原理:用测电笔验电时,被测带电体通过测电笔、人体与大地之间形成电位差,产生电场,测电笔中的氖管在电场作用下便会发出红光。

(3) 握法：在使用测电笔时，应采用正确的握法，并使氖管窗口面向自己，便于通过透窗观察，如图 2-2 所示。

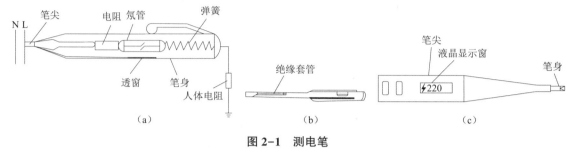

图 2-1　测电笔
(a) 笔式；(b) 螺丝刀式；(c) 数显式

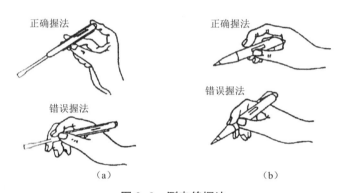

图 2-2　测电笔握法
(a) 螺丝刀式握法；(b) 钢笔式握法

2. 螺丝刀

螺丝刀又称为旋具或起子，是用来拆卸、紧固螺钉的工具。

(1) 式样：样式和规格较多，按头部形状分为一字形、十字形和专用形多种；按握柄材料分为木柄、塑柄和胶柄多种，如图 2-3 所示。

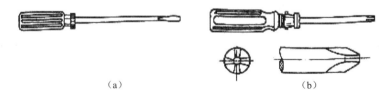

图 2-3　螺丝刀
(a) 一字形；(b) 十字形

(2) 使用螺丝刀的注意事项：
①电工作业时绝不可使用通心螺丝刀，以防触电。
②使用螺丝刀松紧带电的螺钉时，双手绝不可接触螺丝刀的铁杆，以免触电。
(3) 常用螺丝刀的使用方法（图 2-4）：
①短螺丝刀的使用：短螺丝刀多用来松紧电气装置接线桩上的小螺钉，使用时可用大

拇指和中指夹住握柄,用食指顶住柄的末端捻旋,如图2-4(a)所示。

②长螺丝刀的使用:长螺丝刀多用来松紧较大的螺钉。使用时,除大拇指、食指和中指要夹住握柄外,手掌还要顶住柄的末端,这样就可以防止旋转时滑脱,用法如图2-4(b)所示。

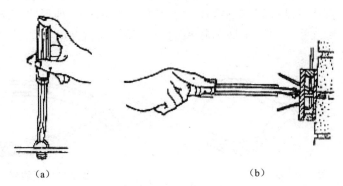

图2-4 螺丝刀的使用

③较长螺丝刀的使用:可用右手压紧并转动手柄。左手握住螺丝刀的中间,不得放在螺钉的周围,以防刀头滑脱将手划伤。

3. 钳类工具

(1) 钢丝钳:电工用钢丝钳为绝缘手柄,如图2-5所示。

①结构:钢丝钳由钳头和钳柄两部分组成,钳头由钳口、齿口、刀口和铡口4部分组成。钳口用来弯绞或钳夹导线线头;齿口用来紧固或起松螺母;刀口用来剪切导线或剖削软导线绝缘层;铡口用来铡切电线线芯、钢丝或铁丝等较硬的金属。电工钢丝钳的结构及用途如图2-5所示。

②使用钢丝钳的注意事项:第一,使用前应检测绝缘柄是否完好,以防带电作业时触电;第二,当剪切带电导线时,绝不可同时剪切相线和零线,或两根相线,以防发生短路故障。

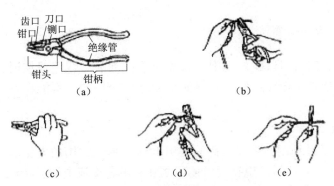

图2-5 电工钢丝钳的结构及用途
(a) 构造;(b) 弯绞导线;(c) 紧固或起松螺母;(d) 剪切导线;(e) 铡切钢丝

(2) 尖嘴钳:尖嘴钳的头部尖细,适于在狭小的工作空间操作。常用的尖嘴钳多是带刃口的。其常用外形如图2-6所示。

尖嘴钳可实现以下用途：
①能夹持较小螺钉、垫圈、导线等元件施工。
②带刃口的尖嘴钳能剪断细小金属丝。
③在装接电气控制线路板时，尖嘴钳能将单股导线弯成一定圆弧的接线鼻。

（3）断线钳：常用的断线钳钳柄有铁柄、管柄和绝缘柄三种形式，绝缘柄断线钳的外形如图2-7所示。断线钳专门用于剪断较粗的金属丝、线材及电线电缆等，其中电工常用的绝缘柄断线钳耐压强度为1 000 V。

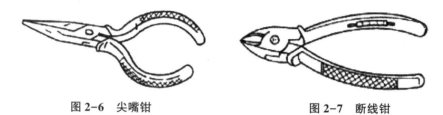

图 2-6　尖嘴钳　　　　　　　　　图 2-7　断线钳

（4）剥线钳：用于剥除小直径导线绝缘层的专用工具，其常用外形如图2-8所示，耐压强度为500 V。

使用剥线钳时，先选定被剥除的导线绝缘层的长度，然后将导线放入相应的刃口中（比导线直径稍大），用手将钳柄一握，导线的绝缘层即被割破而断开。

4. 电工刀

电工刀是用来剖削电线线头；切割圆木、木台缺口；削制木榫的工具，其外形如图2-9所示。

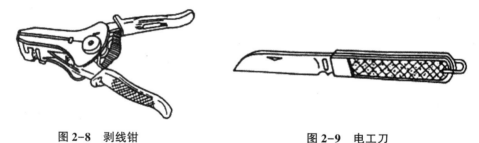

图 2-8　剥线钳　　　　　　　　　图 2-9　电工刀

使用电工刀时，应将刀口朝外剖削，以免伤手；剖削导线绝缘层时，应使刀面与导线成较小的锐角，以免割伤导线；电工刀刀柄是无绝缘保护的，不能在带电导线或器材上剖削，以免触电。

5. 电动工具类

（1）电钻：电钻是利用钻头加工孔的常用电动工具。常用的电钻有手枪式和手提式等类型，其外形如图2-10所示。电钻通常使用220 V单相交流电源，在潮湿的环境中多采用安全低电压。

（2）冲击钻：外形如图2-11所示。作为普通电钻用：使用时把调节开关调到标记"旋转"的位置，即可作为电钻使用；作为冲击钻用：使用时把调节开关调到标记"冲击"的位置，即可用来冲打砌块和砖墙等建筑材料的木榫孔和导线穿墙孔，通常可冲打直径为6~16 mm的圆孔。

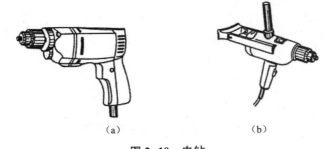

图 2-10 电钻

(a) 手枪式;(b) 手提式

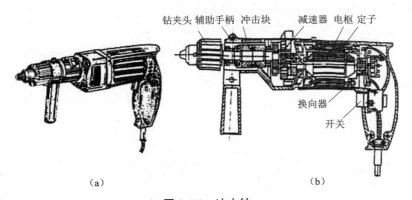

图 2-11 冲击钻

(a) 外形;(b) 结构

(3) 电锤:外形和结构如图 2-12 所示。电锤适用于混凝土、砖石等硬质建筑材料的钻孔,广泛地代替手工凿孔操作,可大大降低劳动强度。

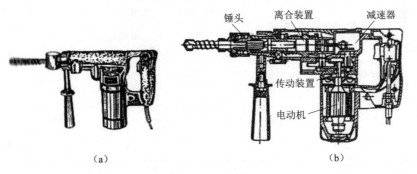

图 2-12 电锤

(a) 外形;(b) 结构

6. 喷灯

喷灯是利用喷射火焰对工件进行局部加热的工具,常用于拆卸联轴器或旧线圈、电缆封端及导线局部等的热处理。喷灯有煤油喷灯和汽油喷灯两种。喷灯的火焰温度可达 900 ℃以上。在进行喷灯操作时需要注意以下内容。

(1) 在使用时,首先要检查喷灯是否漏气、漏油,而且油量不得超过油桶的 3/4。

(2) 选用喷灯所规定的燃料油。
(3) 必须拧紧丝堵,加油时要远离明火。
(4) 在喷灯点火时,严禁站在喷嘴前面。

任务实施

常用电工工具训练

教师演示后由学生按以下步骤进行练习。
(1) 用旋具旋紧木螺钉。
(2) 用钢丝钳、尖嘴钳做剪切、弯绞导线练习。
(3) 用电工刀对废旧塑料单芯硬线做剖削练习。
(4) 按喷灯的使用步骤,对喷灯进行加热、预热、喷火和熄火练习。

任务评价

评分标准见表2-1。

表 2-1 评分标准

序号	项目内容	评分标准	配分	扣分	得分
1	工具练习	(1) 使用方法不正确,扣10分; (2) 不文明作业,扣10分	20		
2	使用钢丝钳、尖嘴钳做剪切、弯绞导线练习	(1) 握钳姿势不正确,扣10分; (2) 导线有损伤,每处扣3分; (3) 多股导线剖断,每根扣3分	25		
3	使用电工刀对废旧塑料单芯硬线剖削练习	(1) 使用方法不正确,扣10分; (2) 导线有损伤,每处扣3分	25		
4	使用喷灯进行加热、预热、喷火和熄火练习	(1) 使用方法不正确,扣10分; (2) 损坏设备,扣10分	20		
5	安全文明操作	(1) 违反操作规程,扣5分; (2) 工作场地不整洁,扣5分	10		
6	工时:120 mim	不准超时			
7	备注	合计	100		
		教师签字		年 月 日	

任务 2.2　常用电工仪表的使用与操作

任务描述

你是某企业的涉电专业人员,有一定的机电控制相关知识和技能学习,在了解企业生产过程、生产纲领、工序、工步及安全生产等基本知识后,需要你能够规范、正确地使用常用电工仪表。

任务目标

(1) 掌握万用表、兆欧表、直流单臂电桥、钳形表、功率表、电度表、接地测量仪的使用与维修常识。

(2) 了解常用仪表的使用与保养常识。

实施条件

(1) 工作场地:生产车间或实训基地。

(2) 安全工装:工作服、安全帽、防护眼镜等防护用品。

(3) 实训器具:电工常用仪表。

相关知识

1. 万用表

万用表是用来测量交、直流电压,交、直流电流和电阻等的常用仪表,有的万用表还可测量电感和电容。万用表的形式有多种,使用方法也有所不同。现以图 2-13 所示的 MF-47 型万用表为例来说明其使用方法。

指针式万用表

1) 万用表的使用方法

(1) 测量直流电流:直流电流的量程有 5 挡。测量时将仪表与被测电路串联,如图 2-13 中的面板刻度盘,按第 2 条刻度线读数。用 5 A 挡测量时,表笔应插在 "5 A" 和 "-" 插孔内,量程开关可放在电流量程的任意位置上。

(2) 测量直流电压:直流电压的量程有 8 挡,测量时仍按第 2 条刻度读数。用 2 500 V 挡时,量程开关应放在 1 000 V 的量程上,表笔应插在 "2 500 V" 和 "-" 插孔内。

(3) 测量交流电压:交流电压的量程范围也有 5 挡。测量时,将仪表与被测电压并联,按第 2 条刻度线读数。用 2 500 V 挡时,量程开关应放在 1 000 V 的挡位上,表笔应插在 "2 500 V" 和 "-" 插孔内。

图 2-13 MF-47 型万用表面板

(4) 测量电阻:电阻量程分别为 ×1、×10、×100、×1 k、×10 k 5 挡。

测量电阻值的方法如下。

①将量程开关旋至合适的量程。
②调零:将两表笔搭接,调节欧姆调零电位器,使指针指在第 1 条零刻度的位置上。
③两表笔接入待测电阻,按第 1 条刻度读数,并乘以量程所指示的倍数,即待测电阻值。指针在中心阻值附近读数精度较高。若改变量程,需重新调零。

例如,将量程开关旋转至 ×100,调零后测电阻时指针指示在 56 刻度位置,则被测电阻的阻值为56×100＝5 600（Ω）。若将量程开关旋至×1 k，调零后测得指针指示在5.6刻度的位置，则被测电阻的阻值为5.6×1 000＝5.6（kΩ）。

2）使用注意事项

（1）在测量的过程中，不能转动转换开关，特别是测量高电压和大电流时，严禁带电转换量程。

（2）若不能确定被测量的大约数值时，应先将挡位开关旋转到最大量程上，然后再按测量值选择适当的挡位，使指针得到合适的偏转。所选挡位应使指针指示在标尺位的1/2～2/3的区域（测量电阻时除外）。

（3）当测量电路中的电阻阻值时，应将被测电路的电源切断，如果电路中有电容器，应先将其放电后再测量，切勿在电路带电的情况下测量电阻。

（4）测量完毕后，最好将转换开关旋至交直流电压最大量程上，防止再次使用时因疏忽未调节测量量程将仪表烧坏。

2. 数字万用表

1）数字万用表的特点

数字万用表采用液晶显示器作为读数装置，具有测量精度高、使用安全可靠的特点。它的型号品种较多，测量非常简便。

常用DT890型（图2-14）袖珍式数字万用表是一种量程可自动切换的7/2位数字万用表，内部采用了专用集成电路芯片，其结构简单、功耗小、可靠性高。下面以其为例简单介绍数字万用表的使用方法。

2）数字万用表的使用

（1）交、直流电压的测量：将电源开关置于ON位置，根据需要将量程开关拨至DCV（直流）或ACV（交流）范围内的合适量程，红表笔插入V/Ω孔，黑表笔插入COM孔，然后将两只表笔连接到被测点上，液晶显示器上便直接显示被测点的电压。在测量仪器仪表的直流电压时，应当用黑表笔去接触被测电压的低电位端（如信号发生器的公共地端或机壳），从而减小测量误差。

（2）交、直流电流的测量：将量程开关拨至DCA或ACA范围内的合适量程，红笔插入A孔（≤200 mA）或10 A孔（>200 mA）。黑表笔插入COM孔，通过两只表笔将万用表串联在被测电路中。在测量直流电流时，数字万用表能自动转换或显示极性。万用表使用完毕，应将红表笔从电流插孔中拔出，插入电压插孔。

（3）电阻的测量：将量程开关拨至Ω（OHM）范围内的合适量程，红表笔（正极）插入V/Ω孔，黑表笔（负极）插入COM孔。如果被测电阻

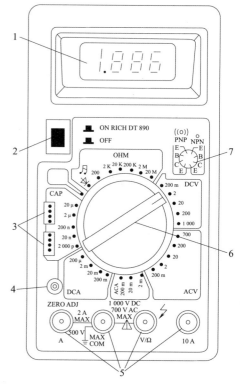

图2-14 DT890型袖珍式数字万用表面板
1—显示器；2—开关；3—电容插口；
4—电容调零器；5—插孔；
6—量程开关；7—hFE插口

超出所选量程的最大值,万用表将显示过量程"1",这时应选择更高的量程。对大于 1 MΩ 的电阻,要等待几秒钟稳定后再读数。当检查内部线路阻抗时,要保证被测线路电源切断,所有电容放电。

应注意,仪表在电阻挡及检测二极管、检查线路通断时,红表笔插入 V/Ω 孔,为高电位;黑表笔插入 COM 孔为低电位。当测量晶体管、电解电容等有极性的电子元件时,必须注意表笔的极性。

(4) 电容的测量:将量程开关拨至 GAP 挡相应量程,旋动零位调节旋钮,使初始值为 0,然后将电容直接插入电容插口 3 中,这时显示器上将显示其电容量。测量时两手不得碰触电容的电极引线或表笔的金属端,否则数字万用表将跳数,甚至过载。

3. 兆欧表

兆欧表又称摇表,是专门用来测量大电阻和绝缘电阻值的便携式仪表,在电气安装、检修和试验中广泛应用。它的计量单位是兆欧(MΩ)。

兆欧表的种类很多,但其作用原理大致相同,ZC25 型兆欧表的外形如图 2-15 所示。

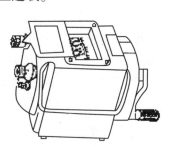

图 2-15 ZC25 型兆欧表的外形

1) 兆欧表的使用方法

兆欧表有三个接线柱,其中两个较大的接线柱上分别标有"接地"(E)和"线路"(L),另一个较小接线柱上标有"保护环"(或"屏蔽")(G)。使用时各接线柱的接线方法如图 2-16 所示。

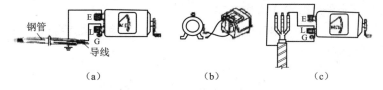

图 2-16 兆欧表的接线方法

(a) 测量照明或动力线路绝缘电阻;(b) 测量电动机绝缘电阻;(c) 测量电缆绝缘电阻

2) 使用兆欧表时的注意事项

(1) 测量电气设备的绝缘电阻时,须先切断电源,再将设备进行放电,以保证人身安全和测量正确。

(2) 使用兆欧表测量时应水平放置,未接线前转动兆欧表做开路试验,看指针是否指在"∞"处,再将(E)和(L)两个接线柱短接,慢慢地转动兆欧表,看指针是否指在"0"处,若指在"0"处,则说明兆欧表可以使用。测量中的均匀转速为 2 r/s。

(3) 测量完毕后应使被测物放电,在兆欧表的摇把未停止转动和被测物未放电前,不可用手去触及被测物的测量部分或拆除导线,以防触电。

4. 直流单臂电桥

单臂电桥是用来测量 $1 \sim 10^6$ Ω 中等电阻的专用仪器。QJ23 型直流单臂电桥的面板如图 2-17 所示,

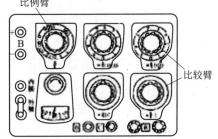

图 2-17 QJ23 型直流单臂电桥的面板

单臂电桥的比例臂读数盘设在面板左上方。比例臂共有7个挡位，由转换开关换接。比较臂为4组可调标准电阻，分别由面板上的4个读数盘控制，可得到0~9 999 Ω的任意电阻值，最小的步进值为1 Ω。

面板上标有"R"的两个端钮用来连接被测电阻。当使用外接电源时，可从面板左上角标有"B"的两个端钮接入。如需使用外置检流计时，应使用连接片将内置检流计短路，再将外置检流计接在面板左下角标有"外接"的两个端钮上。单臂电桥的使用步骤如下。

（1）使用前先将检流计的锁扣打开，调节调零器使指针指在零位。

（2）接入被测电阻时，应采用较粗、较短的导线，并将接头拧紧。

（3）估计被测电阻的大小，选择适当的比例臂，应使比较臂的4挡电阻都能被充分利用，从而提高测量准确度。例如，被测电阻R为几欧时（假定5 Ω），应选用R×0.001的比例臂。当调整到电桥平衡时比较臂读数为5 331，则$R=0.001×5\ 331=5.331$（Ω）。而此时如果比例臂选择在R×1挡，则$R=1×5=5$（Ω）。显然，比例臂选择不正确会产生很大的测量误差，从而失去电桥精确测量的意义。

同理，被测电阻为几十欧时，比例臂应选R×0.01挡。其余以此类推。

（4）当测量电感线圈（如电机或变压器绕组）的直流电阻时，应先按下电源按钮B再按下检流计按钮C；测量完毕应先松开检流计按钮，后松开电源按钮，以免被测线圈产生的自感电动势损坏检流计。

（5）电桥电路接通后，若检流计指针向"+"方向偏转，应增大比较臂电阻；反之，则应减小比较臂电阻。如此反复调节各比较臂电阻，直至检流计指针指"0"为止。此时，被测电阻值=比例臂读数×比较臂读数。

（6）电桥使用完毕，应先切断电源，然后拆除被测电阻，最后将检流计锁扣锁上，以防搬动过程中振坏检流计。

5. 钳形表

钳形表又称钳形电流表，是电工日常维修工作中常用的电测仪表之一，尤其是随着其测量功能的不断完善与扩展，日益受到使用者的关注。最初的钳形表是指针式的，通常只能用来测电流，现已发展到能进行常规电参数的测量，且是数字式的，有的甚至还带有微处理器。钳形表的最大特点就是能够在不影响被测电路正常工作的情况下进行电参数的测量。其特点是携带方便、可在不断电时测量电路中的电流，其常用结构如图2-18所示。

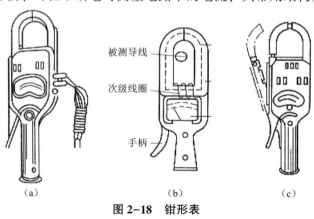

图2-18 钳形表
（a）外形；（b）结构；（c）张开图

1) 使用方法

钳形表的最基本用途是测量交流电流,虽然准确度较低(通常为 2.5 级或 5 级),但因在测量时无须切断电路,因而使用仍很广泛。如需进行直流电流的测量,则应选用交直流两用钳形表。

在使用钳形表测量前,应先估计被测电流的大小以合理选择量程。使用钳形表时,被测载流导线应放在钳口内的中心位置,以减小误差;钳口的结合面应保持接触良好,若有明显噪声或表针振动厉害,可将钳口重新开合几次或转动手柄;在测量较大电流后,为减小剩磁对测量结果的影响,应立即测量较小电流,并把钳口开合数次;测量较小电流时,为使读数较准确,在条件允许的情况下,可将被测导线多绕几圈后再放进钳口进行测量(此时的实际电流值应为仪表的读数除以导线的圈数)。

在使用钳形表时,将量程开关转到合适位置,手持胶木手柄,用食指钩紧铁芯开关,便于打开铁芯,将被测导线从铁芯缺口引入铁芯中央,然后放松食指,铁芯即自动闭合,将被测导线嵌入,被测导线的电流在铁芯中产生交变磁通,表内感应出电流,即可直接读出被测电流的大小。

在较小空间内(如配电箱等)测量时,要防止因钳口的张开而引起相间短路。

2) 使用注意事项

(1) 使用前应检查钳形表的外观是否良好、绝缘有无破损、手柄是否清洁干燥。

(2) 测量前应估计被测电流的大小,选择适当的量程,不可用小量挡去测量大电流。

(3) 测量过程中不得切换挡位。

(4) 钳形电流表只能用来测量低压系统的电流,不得去测高压线路的电流。被测线路的电压不能超过钳形表所规定的使用数值,以防绝缘击穿造成触电。

(5) 测量时应戴绝缘手套或干净的线手套,并注意保持安全间距。

(6) 若不是特别必要,一般不测量裸导线的电流,以防触电。

(7) 每次测量时只能钳入一根导线。当测量小电流读数困难、误差较大时,可将导线在铁芯上绕几圈。此时读出的电流数除以圈数才是电路的实际电流值。

(8) 测量完毕,应将量程开关置于最大挡位,以防下次使用时因疏忽大意而造成仪表的意外损坏。

6. 功率表

功率表又称瓦特表,是用来测量电功率的仪表。相对于其他仪表,功率表的使用较为复杂一些,其复杂性主要体现在接线方法上。

1) 选择

功率表的选择主要是指量程的选择,即正确选择功率表的电流量程和电压量程。其原则是:电流量程能允许通过负载电流,电压量程能承受负载电压。

但若被测电路的功率因数特别低(如变压器空载损耗的测量,其 $\cos\phi$ 仅为 0.2 左右),则应选用低功率因数的功率表。

2) 接线方法

功率的测量必须反映电压、电流两个物理量,因而在表内分别设有电压线圈和电流线圈。这两个线圈在表的面板上各有两组接线柱,且均有一端标有"*"符号,如图 2-19 所示。

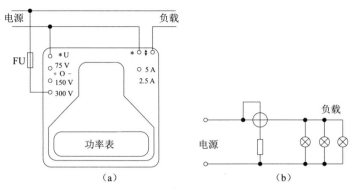

图 2-19 单相功率表
(a) 接线方法；(b) 接线原理

功率表接线必须把握的两条原则是电压线圈与被测电路并联，电流线圈与被测电路串联（切不可与负载并联），带有"＊"符号的电压、电流接线柱必须同为进线。具体方法如下。

标有"＊"符号的电流接线柱应接电源的一端，另一接线柱接负载端；标有"＊"符号的电压接线柱一定要接在带有"＊"符号的电流接线柱所接的那根电源线上，无符号的接线柱接在电源的另一根线上。

为减小设备误差，根据负载大小，功率表的正确接线有两种方式可供选择。电压线圈前接方式和电压线圈后接方式，如图 2-20 所示。当负载电阻较大（电流较小）时，应选用电压线圈前接方式，如图 2-20（a）所示；当负载电阻较小（电流较大）时，应选用电压线圈后接方式，如图 2-20（b）所示。

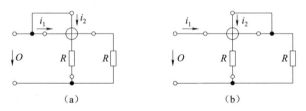

图 2-20 功率表的两种接线方法
(a) 电压线圈前接方式；(b) 电压线圈后接方式

接线时，应合理选择电压、电流的量程，并正确读取数据。所选择的电压、电流的量程的乘积为功率表的满偏数值。

当所测电路的功率较大，电流超过了功率表的量程时，应加接电流互感器，如图 2-21 所示。为使功率表的电流线圈和电压线圈的电源端处在同一电位上，应将电流互感器的二次绕组 L2 和一次绕组 L1 连接。

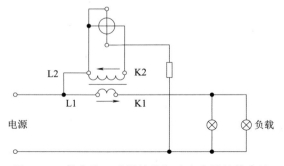

图 2-21 带电流互感器的单相功率表的接线方法

7. 电度表

电度表又称电能表或千瓦时表，是用来对用电设备进行电能消耗统计的。因而，电能的测量不仅应反映负载的功率大小（电压线圈、电流线圈），还应能反映电能随时间的积累（计数装置）。

1）单相电度表

选用单相电度表时，应考虑"表后"各负载的功率之和，计算出负载的总电流。单相电度表的额定电流应大于"表后"各负载的总电流，额定电压应不小于工作电压。

单相电度表一般安装在配电盘的上方或左边，"表前"接电源进线，"表后"接开关和熔断器。安装时，电度表应与地面垂直，否则将影响计数的准确性。

常用单相电度表的接线盒内有 4 个接线端，自左往右按 1、2、3、4 编号。接线时，一般而言，1、3 端接电源（其中"1"接相线）；2、4 端接负载（其中"2"为负载的相线），如图 2-22 所示。具体接线时应以电度表所附接线图为准，其接线原则与功率表相同，即电压线圈与负载并联以反映负载电压的大小。电流线圈与负载串联以反映负载电流的大小。

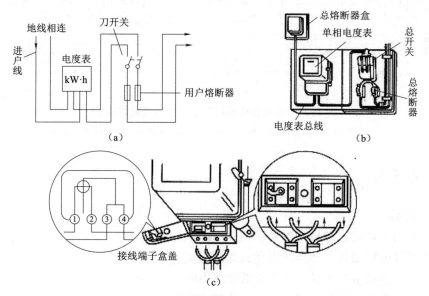

图 2-22 单相电度表
(a) 配电盘电路；(b) 电度表位置；(c) 接线

2）三相电度表

三相电度表按用途分为有功和无功两种，分别累计有功功率和无功功率；按接线方式为三相三线和三相四线两种，分别与三相三线制和三相四线制电路相连接，如图 2-23 所示。三相有功电度表的规格按额定电流划分，常用的规格有 3 A、5 A、10 A、25 A、50 A、70 A 和 100 A 等，额定电压有 100 V 和 380 V 两种。

若负载电流较大，三相电度表应和电流互感器配合使用。电流互感器的一次绕组接线端分别标有"L1"（或"+"）和"L2"（或"−"），其中 L1 必须接主回路的进线，L2 接主回路的出线。电流互感器的二次绕组接线端标有"K1"（或"+"）的端子必须与三相电度表进线端子连接，不可接反。电流互感器的二次绕组不可开路。

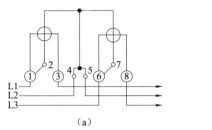
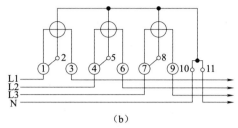

图 2-23　三相有功电度表的直接接线

(a) 三相三线表；(b) 三相四线表

具有电流互感器的测量三相有功功率的接线如图 2-24 所示。

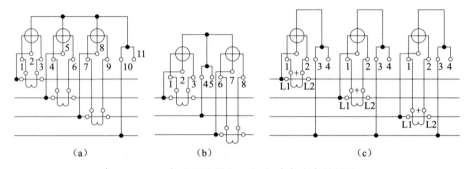

图 2-24　电流互感器与三相有功电度表的接线

(a) 三相四线表；(b) 三相三线表；(c) 3 只单相电度表

任务实施

1. 训练内容

(1) 用万用表估测三相异步电动机的绕组阻值。
(2) 用单臂电桥测量三相异步电动机的绕组阻值。
(3) 用兆欧表测量三相异步电动机的绝缘电阻。
(4) 用钳形电流表测量三相异步电动机的线电流。

2. 设备及仪器仪表准备

三相笼型异步电动机两台（7.5 kW、1.1 kW 各 1 台），万用表（500 型或自定）1 只，QJ23 型电桥 1 台，钳形电流表（互感器式钳形电流表）1 只，连接导线（BVR-2.5 mm^2）9 m，三相刀开关（HK2-15/3，380 V）1 只，三相四线交流电源（3×380/220 V、20 A）1 处，电工通用工具 1 套，透明胶布（自定）1 卷等。

任务评价

评分标准见表 2-2。

表 2-2 评分标准

序号	主要内容	评分标准	配分	扣分	得分
1	测量准备	万用表测量挡位选择不正确，扣 20 分	20		
2	测量过程	测量过程中，操作步骤错误，每错 1 处扣 10 分	40		
3	测量结果	测量结果有较大误差或错误，扣 20 分	20		
4	维护保养	维护保养有误，每处扣 1 分	10		
5	安全生产	违反安全生产规程，扣 5~10 分	10		
6	工时：20 min	不准超时			
7	备注	合计	100		
		教师签字		年 月 日	

项目 3

常用照明线路的安装

任务 3.1　电工材料与导线的连接

任务描述

你是电气施工人员,收到一份新的图纸,需要根据设计要求进行施工安装。在了解企业生产过程、生产纲领、工序、工步及安全生产等基本知识后,首先应根据设计要求确定施工所用的电工材料及所用的导线连接方式。

任务目标

(1) 掌握常见电工材料及其选用。
(2) 掌握导线连接与绝缘恢复。

实施条件

(1) 工作场地:施工场地。
(2) 安全工装:工作服、安全帽、防护眼镜等防护用品。
(3) 实训器具:设计图纸、常用电工工具、常用电工仪表、各种导线。

相关知识

一、常见电工材料及其选用

常见的电工材料分为四类:绝缘材料、导电材料、电热材料和磁性材料。

1. 绝缘材料

绝缘材料又称为电介质,主要作用是在电气设备中隔离不同电位的导体间形成电流,使电流仅按照导体方向流动。绝缘材料按其物理状态可分为气体绝缘材料、液体绝缘材料和固定绝缘材料。按其应用或工艺特征,还可以划分为漆、树脂和胶类,浸渍纤维制品类,层压制品类,压塑料类,云母制品类和薄膜、粘带和复合制品类等。

1) 绝缘材料的基本性能

绝缘材料的基本性能包括电气性能、热性能、理化性能和机械性能，但主要包括以下几项。

(1) 击穿强度。绝缘材料在高于某一临界值的电场强度作用下，失去其绝缘性能，这种现象称为击穿。绝缘材料击穿的最低电压称为击穿电压，其电场强度称为击穿强度。

(2) 绝缘电阻。绝缘材料并不是绝对不导电的材料，在一定的电压作用下仍会有漏电流产生，依此计算出来的电阻即绝缘电阻。

影响绝缘电阻的主要因素有温度、水分和杂质等，工程上常以绝缘电阻值的大小来判断设备的受潮程度，以决定其能否运行。一般情况下，当绝缘电阻大于 $0.5\ \mathrm{M\Omega}$ 时，说明绝缘良好，可以使用。

(3) 耐热性。电气设备的绝缘材料长期在热态下工作。耐热性是指绝缘材料承受高温而不改变介电、机械、理化等性能的能力。对低压设备而言，绝缘材料的耐热性是决定绝缘材料性能的主要因素。使用耐热性好的绝缘材料，可使设备的体积、质量减小，而使其技术经济指标、寿命提高。

(4) 机械性能。机械性能主要包括硬度和强度。硬度表示绝缘材料表面层受压后不变形的能力；强度包括抗拉、抗弯、抗压以及抗冲击等强度。在选用绝缘材料时，要求其具有一定的机械性能。

2) 绝缘材料的老化

绝缘材料在使用过程中，由于各种因素（如氧化、热、电、辐射、光、机械、微生物等）的长期作用，会发生一系列缓慢的、不可逆转的化学方面和物理方面的变化，引起其电气性能与机械性能恶化，最终丧失绝缘性能，这种现象称为绝缘材料的老化。老化的主要形式有环境老化、热老化、电老化，其主要因素是过热和氧化。为此，在使用绝缘材料的过程中，常采用下列方法防止其老化：避免阳光直接照射；避免与空气中的氧接触；加强散热；防电晕局部放电。

3) 常用绝缘材料

绝缘材料品种繁多，就其形态而言，常见的气体绝缘材料有空气（氧气、氮气、氢气、二氧化碳等气体的混合物）和六氟化硫（SF_6）。

液体绝缘材料有矿物油类（如变压器油、开关油、电容器油、电缆油）、漆类（如浸渍漆、漆包线漆、覆盖漆、硅钢片漆）及胶类（如电器浇铸胶、电缆浇铸胶）。

固体绝缘材料有绝缘纸（如电缆纸、电话纸、电容器纸）、绝缘纱（如玻璃纤维纱）、浸渍纤维制品（如漆布、绑扎带）、橡胶、塑料、绝缘薄膜、玻璃、云母及石棉等。

4) 其他绝缘材料

其他绝缘材料是指在电动机、电器中作为结构、补强、衬垫、包扎及保护作用的辅助绝缘材料，如绝缘纸板、玻璃纤维、ABS 塑料、电工用橡胶、绝缘包扎带等。这类绝缘材料品种多、规格杂，而且没有统一的型号，这里不做详细介绍。

2. 导电材料

普通导电材料是指专门传导电流的金属材料。铜和铝是主要的普通导电材料，它们的主要用途是用于制造电线电缆。电线电缆的定义：用于传输电能信息和实现电磁能转换的线材产品。

1) 导电材料的分类

维修电工常用的电线电缆为通用电线电缆和电动机、电器用电线电缆,如表3-1所示。

表3-1 维修电工常用的电线电缆

类别	系列名称	型号字母及含义
通用电线电缆	(1) 橡皮、塑料绝缘导线; (2) 橡皮、塑料绝缘软线; (3) 通用橡套电缆	B—绝缘布线; R—软线; Y—移动电缆
电动机、电器用电线电缆	(1) 电动机、电器用引接线; (2) 电焊机用电缆; (3) 潜水电动机用防水橡套电缆	J—电动机用引接线; YH—电焊机用的移动电缆; YHS—有防水橡套的移动电缆

2) 常用导电材料

(1) B系列IN料、橡皮电线:该系列的电结构简单、质量轻、价格低廉;电气和机械性能有较大的裕度,广泛应用于各种动力、配电和照明线路,并用于中小型电气设备作安装线。它们的交流工作耐压为500 V,直流工作耐压为1 000 V。

(2) R系列橡皮、塑料软线:该系列软线的线芯是用多根细铜线绞合而成的,它除了具备B系列电线的特点外,还比较柔软,广泛用于家用电器、仪表及照明线路。

(3) Y系列通用橡套电缆:该系列的电缆适用于一般场合,作为各种电动工具、电气设备、仪器和家用电器的移动电源线,所以又称为移动电缆。

3. 电热材料

电热材料是用来制造各种电阻加热设备中的发热元件,作为电阻接到电路中,把电能转变成热能,使加热设备的温度升高。对电热材料的基本要求是电阻系数高、加工性能好;特别是它长期处于高温状态下工作,因此要求在高温时具有足够的机械强度和良好的抗氧化性能。常用的电热材料是镍铬合金和铁铬合金,它们的品种、工作温度、特点和用途见表3-2。

表3-2 常用电热材料的品种工作温度、特点和用途

品种		工作温度/℃		特点和用途
		常用	最高	
镍铬合金	Cr20Ni80	1 000~1 050	1 150	电阻系数高、加工性能好,高温时机械强度较好,用后不变脆,适用于移动式设备上
	Cr15Ni60	900~950	1 050	
铁铬铝合金	1Cr13Ai4	900~950	1 100	抗氧化性能比镍铬合金好,电阻系数比镍铬合金高,价格较便宜,高温时机械强度较差,用后会变脆,适用于固定式的设备上
	0Cr13Ai6Mo2	1 050~1 200	1 300	
	0Cr25Ai5	1 050~1 200	1 300	
	0Cr27Ai7Mo2	1 200~1 300	1 400	

4. 磁性材料

磁性材料(铁磁物质)按其磁特性与应用情况,可分为软磁材料、硬磁材料和特殊磁材料三类;按其组成,又可分为金属(合金)磁性材料和非金属磁性材料(铁氧化磁性材料)两大系列。

1) 软磁材料

软磁材料的主要特点是磁导率高，剩磁弱，磁导率 μ 很高，磁感应强度 B_r 很小，磁场强度 H_c 很小。软磁材料的磁滞回线狭长。这类材料在较弱的外界磁场作用下，就能产生较强的磁感应强度，而且随着外界磁场的增强，很快就达到磁饱和状态；当外界磁场去掉后，它的磁性就基本消失。对软磁材料的基本要求是磁导率高、铁耗低。常用的有电工用纯铁和硅钢板两种。目前常用的软磁材料分金属软磁材料和铁氧体软磁材料两大类。

2) 硬磁材料

硬磁材料又称永磁材料或恒磁材料，其磁滞回线形状宽厚，具有较大的 B_r 和 H_c，被广泛应用于磁电系测量仪表、扬声器、永磁发电机及通信设备中。

硬磁材料的主要特点是剩磁强。这类材料在外界磁场的作用下，在达到磁饱和状态后，即使外界磁场去掉，它还能在较长时间内保持强而稳定的磁性。对硬磁材料的基本要求是剩磁高、磁性稳定。目前电工产品上用得最多的硬磁材料是铝镍钴合金，常用的有13、32及52号铝镍钴，主要用来制造永磁电动机的磁极铁芯及磁电系仪表的磁钢。

5. 特殊磁性材料的用途

为满足科技高速发展的需要，磁性材料工业也不断开发并生产出许多具有特殊磁性能的磁性材料。

(1) 恒导磁合金：当磁感应强度、温度和频率在一定范围内变化时，其磁导率基本不变。一般用来制作恒电感、精密电流互感器和中等功率的单极性脉冲变压器等的铁芯。

(2) 磁温度补偿合金：又称热磁合金，其特点是磁感应强度具有负的温度系数，多用于电度表、里程速度表等。

(3) 高饱和磁感应合金：它是目前软磁材料中饱和磁感应强度最高的一种，用其制作的体积小的空间技术器件（如微电机、电磁铁、继电器等）可以满足磁感应强度高、体积小、质量轻等特殊要求。

(4) 磁记性材料：因其磁滞回线呈矩形，故也称矩磁材料，极易磁化并达饱和且具有记忆的特点，主要用作计算机存储元件的磁芯。

(5) 磁记录材料：主要用于记录、存储和再现信息，有磁头材料和磁性媒质等。

6. 导线的选择与线径的测量

1) 导线的选择

在生产、生活实践中，经常要对所使用的导线进行截面积的选择，其方法与步骤如下：

(1) 根据设备容量，计算出导线中的电流 I。

对直流单相电热性负载　　　　　$I=P/U$

对单相电感性负载　　　　　　　$I=P/U\cos\varphi$

对三相负载　　　　　　　　　　$I=P/\sqrt{3}\,U\eta\cos\varphi$

式中，P 为负载的额定功率；U 为（线）电压；η 为效率；$\cos\varphi$ 为负载的功率因数。负载电流大小也可以从产品说明书或使用手册中查找。

(2) 根据使用环境，合理选择导线的截面积。导线截面积的选择取决于导线的安全载流量，影响导线安全载流量的因素很多，如导线芯材料、绝缘材料、敷设方式、环境条件等。各种导线在不同使用条件下的安全载流量均可在各有关手册中查到。一般而言，可按下列经验方法选取电流密度,进而确定导线截面积:铜导线,5~8;铝导线,3~5。若导线细小,环境散热条件好,可取上限值;反之,取下限值。

(3) 综合考虑其他因素,进一步确定所选导线的型号。根据设备的载流量初步选定了导线的截面积后,导线型号的最终确定还需考虑以下几个因素。

①用途:是专用线还是通用线,是户内还是户外,是固定还是移动。

②环境:环境的温度、湿度、散热条件,有无腐蚀性气体、液体、油污;根据受力情况功率机械强度;是否要防电磁干扰,是否需要较好的柔软性。

③电压:导线的额定电压必须不小于其工作电压;线路的总电压损失不应超过5%。

④性价比:从经济指标考虑,提倡优先选用铝芯线。

2) 线径的测量

(1) 测量用具。导线线径的测量,可采用钢尺或游标卡尺或千分尺等。

钢尺主要用于测量精度要求不高的工作导线,主要规格有150 mm、300 mm、500 mm、1 000 mm等。

使用钢尺时,尺边缘应与被测量体平行,刻度线垂直于测量线;0刻度线应与被测量物体的测量起点对齐;读数时一般可估测到0.1 mm。

游标卡尺可用于测量工件的内径、外径、长度、深度等,也可以直接用来测量导线的线径,具有较高的测量精度。

使用游标卡尺时,先要看清规格,确定精度;测量前校准零位;测量时卡脚两侧应与工件贴合、摆正;读数时要看清主、副尺相对齐的刻度线,实测值包括主尺和副尺两部分。

千分尺可用于导线线径的直接测量,具有较高的测量精度。

使用千分尺时,测量前应将测砧和测微螺杆端面擦干净并校准零位;使测砧接触工件后再转动微分筒,当测微螺杆端面接近工件时改用转动棘轮,但听到"喀喀"声时便停止转动,不可再用力旋转;实测值包括基准线上方值、基准线下方值和微分筒上刻度值。

(2) 测量方法。由于导线的线径通常较小,且为保证测量精度,可采用以下方法中的一种。

①直接测量法:对于线径在4 mm以上的粗导线,可采用游标卡尺或千分尺直接测量的方法,按不同的径向测量3~4次后取平均值。

②多匝并测法:对于线径4 mm以下的细导线,先将导线平铺紧绕在铅笔等柱形物体上,然后用钢尺或游标卡尺或千分尺测量平铺后的宽度,再除以导线的匝数,即每根导线的线径。

二、导线连接与绝缘恢复

在电气装修中,导线的连接是电工的基本操作技能之一。对导线连接的基本要求是:电接触良好,有足够的绝缘层。

1. 导线绝缘层的剥削

剥除导线绝缘层,常用钢丝钳或剥线钳、电工刀两类工具,它们分别适用的情况如图3-1所示。

项目 3　常用照明线路的安装

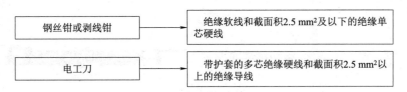

图 3-1　工具的使用

2. 铜芯导线的连接

（1）单股铜芯线的直线连接，如图 3-2 所示。

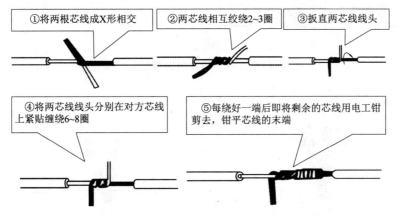

图 3-2　单股铜芯线的直接连接

（2）单股铜芯线的 T 形分支连接，如图 3-3 所示。

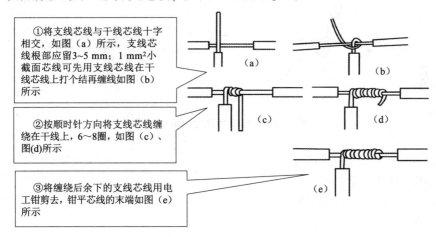

图 3-3　单股铜芯线的 T 形分支连接

（3）7 股铜芯导线的直线连接，如图 3-4 所示。

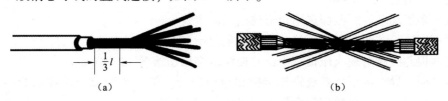

图 3-4　7 股铜芯导线的直接连接

37

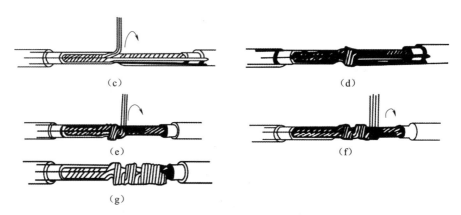

图 3-4 7 股铜芯导线的直接连接（续）

（4）7 股铜芯导线的分支连接，如图 3-5 所示。

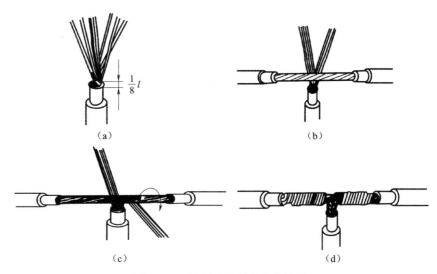

图 3-5 7 股铜芯导线的分支连接

（5）铜芯导线接头处的锡焊。
①可用电烙铁锡焊。
②16 mm² 及其以上铜芯导线应使用浇焊。

3. 铝芯导线的连接

（1）铝芯导线常采用螺钉压接法和压接管压接法连接。
（2）压接步骤与注意事项如下。
①选用合适的专用压接钳。
②根据多股铝芯导线截面选用合适规格的压接管。
③用钢刷清除芯线表面和压接管内壁的氧化层，涂上一层中性凡士林。
④将两根芯线相对插入压接管中，并使线端穿出压接管 25~30 mm。
⑤将已插入导线的压接管放进压接钳钳口中压接，第一道坑应压在线端的一侧，不可压反，压接坑的距离与个数应符合技术要求。

4. 接头与接线柱的连接

(1) 线头与针孔式接线柱的连接，如图 3-6 所示。

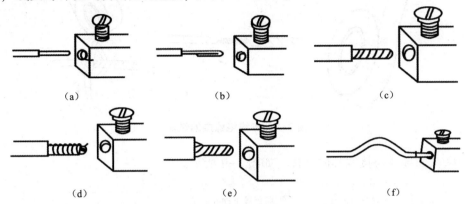

图 3-6 线头与针孔式接线柱的连接

(2) 线头与螺钉平压式接线柱的连接，如图 3-7 所示。

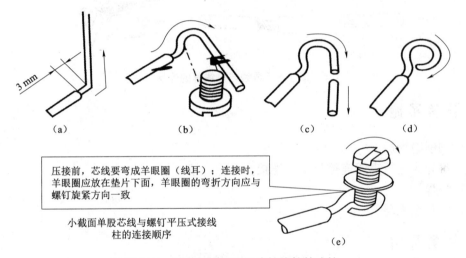

图 3-7 线头与螺钉平压式接线柱的连接
(a) 折角；(b) 弯弧；(c) 剪去端部；(d) 整形；(e) 旋紧压线

5. 导线绝缘层的恢复

恢复绝缘用的材料通常有黄蜡布、黄蜡绸带、涤纶薄膜带、橡胶绝缘胶带、塑料绝缘胶带和绝缘套管等。

(1) 操作方法与步骤，如图 3-8 所示。

(2) 各种导线接头的绝缘恢复要求。

①380 V 导线接头绝缘层的恢复：先包缠两层黄蜡绸带（或涤纶薄膜），包缠一层塑料绝缘胶带。

②220 V 导线接头绝缘层的恢复：直接包缠 2~4 层塑料绝缘胶带。

③低压橡套电缆接头绝缘层的恢复：先包缠 2~3 层黄蜡绸带（或涤纶薄膜），再用橡胶绝缘胶带包缠 1~2 层。

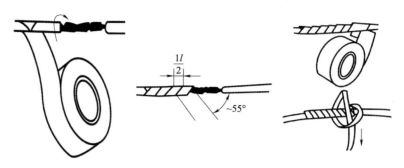

图 3-8 导线绝缘层的恢复

（3）大截面导线与接线耳的连接，如图 3-9 所示。

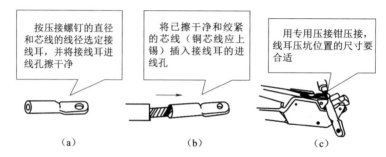

图 3-9 导线与接线耳的连接

任务实施

（1）剖削绝缘层。
（2）将导线进行直线连接与 T 形连接。
（3）浇焊。
（4）恢复绝缘层。

任务评价

评分标准见表 3-3。

表 3-3 评分标准

序号	项目内容	评分标准	配分	扣分	得分
1	导线连接	（1）剖削绝缘导线方法不正确，扣 10 分； （2）缠绕方法不正确，扣 10 分； （3）密排并绕不紧、有间隙，每处扣 5 分； （4）导线缠绕不整齐，扣 10 分； （5）切口不平整，每处扣 10 分	60		
2	恢复绝缘	（1）包缠方法不正确，每次扣 20 分； （2）包缠质量达不到要求，每次扣 20 分	40		
3	工时：120 min	不准超时			
4	备注	合计	100		
		教师签字		年　月　日	

参考资料

(1) 操作时，要严格按照操作规范进行。
(2) 浇焊时，要注意人身安全。

任务 3.2　照明灯具的安装

任务描述

你是电气施工人员，收到一份新的图纸，需要根据设计要求进行施工安装。在了解企业生产过程、生产纲领、工序、工步及安全生产等基本知识后，首先应根据设计要求确定施工所用照明灯具及其安装方法，并进行安装。

任务目标

(1) 掌握常用照明灯具的安装原则和要求。
(2) 掌握常用照明灯具的安装方法和步骤。

实施条件

(1) 工作场地：施工场地。
(2) 安全工装：工作服、安全帽、防护眼镜等防护用品。
(3) 实训器具：设计图纸、常用电工工具、常用电工仪表、各种导线及灯具。

建议学时

6 学时。

相关知识

一、照明灯具安装的一般要求

照明灯具按其配线方式、厂房结构、环境条件及对照明的要求不同而有吸顶式、壁式、嵌入式和悬吊式等几种方式，不论采用何种方式，都必须遵守以下各项基本原则：

(1) 灯具安装的高度，室外一般不低于 3 m，室内一般不低于 2.5 m，如遇特殊情况不能满足要求时，可采取相应的保护措施或改用安全电压供电。
(2) 灯具安装应牢固，灯具质量超过 1 kg 时，必须固定在预埋的吊钩上。
(3) 灯具固定时，不应该因灯具自重而使导线受力。
(4) 灯架及管内不允许有接头。

(5) 导线的分支及连接处应便于检查。

(6) 导线在引入灯具处应有绝缘保护,以免磨损导线的绝缘,也不应使其受到应力。

(7) 必须接地或接零的灯具外壳应有专门的接地螺栓和标志,并和地线(零线)良好接触。

二、白炽灯的安装原则和方法

1. 白炽灯灯具

白炽灯是利用电流的热效应将灯丝加热而发光的。灯泡主要由灯丝、玻璃泡和灯头三部分组成,如图 3-10 所示。白炽灯灯泡规格很多,有 6 V、12 V、24 V、36 V、110 V 和 220 V 等 6 种。灯泡的灯口有卡扣式和螺口式两种,功率超过 300 W 的灯泡一般采用螺口式,因其在电接触和散热方面比卡扣式好得多。

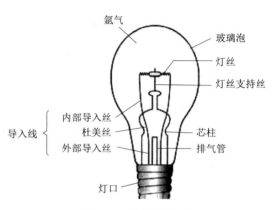

图 3-10 白炽灯结构

2. 白炽灯的安装

白炽灯的安装一般是指其灯座的安装,待灯座安装好后,把灯泡拧到灯座上即可。灯座有螺口和平口两种样式,根据其安装形式又分为平灯座和吊灯座。

1) 平灯座安装步骤

(1) 根据护套线护套尺寸,将圆木按灯座穿线孔的位置钻孔及边缘开孔。

(2) 剥去进入圆木护套线的护套层。

(3) 将导线穿出圆木的穿线孔,穿出孔后导线长度一般为 50 mm,根据固定孔的位置,将圆木固定在原先做好记号的位置上。

(4) 将开关线做羊眼圈后接入平灯座的中心柱头上。

(5) 零线接入螺口平灯座与螺纹连接的接线柱柱头上。

(6) 用螺钉将灯座固定在圆木上。

2) 吊灯座的安装步骤

(1) 将两根绞合的塑料软线或花线的两端绝缘层削去。

(2) 将上端软线穿入挂线盒盖孔内打个结,使其能承受吊灯的重力。

(3) 将上端软线两个线头分别穿过挂线盒底座侧孔,接到两个接线柱上,罩上挂线盒盖。

(4) 下端软线穿入吊灯座盖孔内打一个结,把两个线头接到吊灯座上的两个接线柱上,罩上吊灯座盖子即可。

3. 日光灯的安装

日光灯又称荧光灯,它是一种利用气体放电而发光的光源。日光灯具有光线柔和、发光效率高和寿命长等特点。

1) 日光灯的工作原理

日光灯的结构及电路连接如图 3-11 所示。当开关 S 闭合后,220 V 电压加到启辉器两端。因启辉器内部动静触片之间距离很近，两触片间的空气就被电离发出辉光，辉光的热量使动静触片弯曲并接触，于是电路中就有电流通过。电流通过使灯管中灯丝发热，灯管内温度升高，当达到 850~900 ℃时，灯管内汞蒸发变为气体。同时，因为启辉器动静触片接触，空气电离停止导致辉光消失，从而使触片冷却不再弯曲，使动静触片分离。触片分离导致电路中电流急剧变小，从而使镇流器产生反向感应电动势与 220 V 电压叠加到灯管的两侧，使灯管中汞蒸气电离，产生紫外线，激发灯管壁上的荧光粉发光。

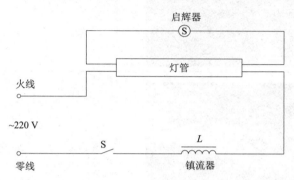

兆欧表

图 3-11　日光灯的结构及电路连接

灯管内汞蒸气电离后，汞蒸气变成导电的气体，它一方面发出紫外线激发荧光粉发光，另一方面将两灯丝电气连通。两灯丝通过电离的汞蒸气接通后，它们之间的电压下降，启辉器之间的电压也下降，无法产生辉光，内部动静触片处于断开状态，这时取下启辉器，灯管照样发光。

2）日光灯的安装

日光灯的安装如表 3-4 所示。

表 3-4　日光灯的安装

序号	图示	操作步骤
1		灯管座接线，将导线接在灯管座的接线柱上
2		把接好的灯管座分别安装在灯管架的两端

续表

序号	图示	操作步骤
3	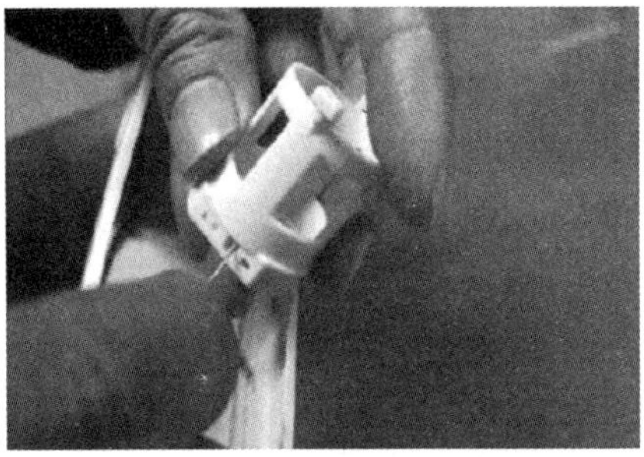	两端灯管座各出一根导线接到启辉器座的两端
4	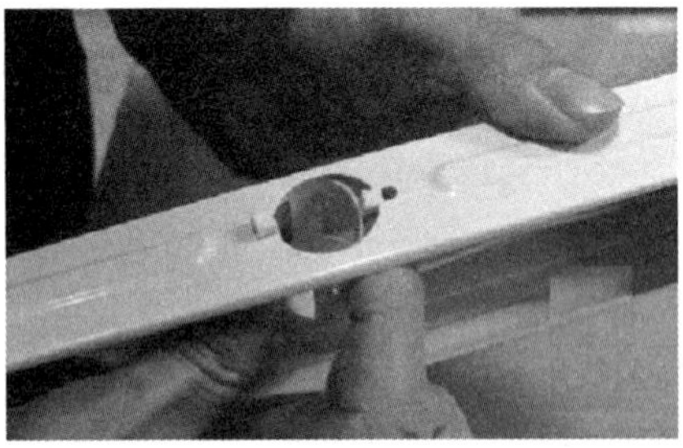	将启辉器座安装在灯管架上
5	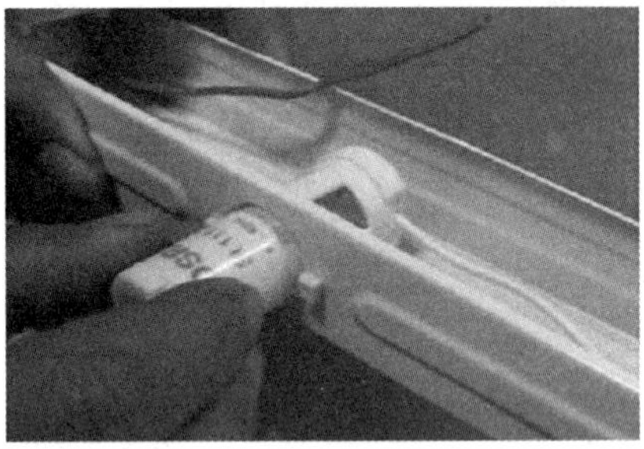	将启辉器安装在启辉器座上,到位后顺时针拧90°
6	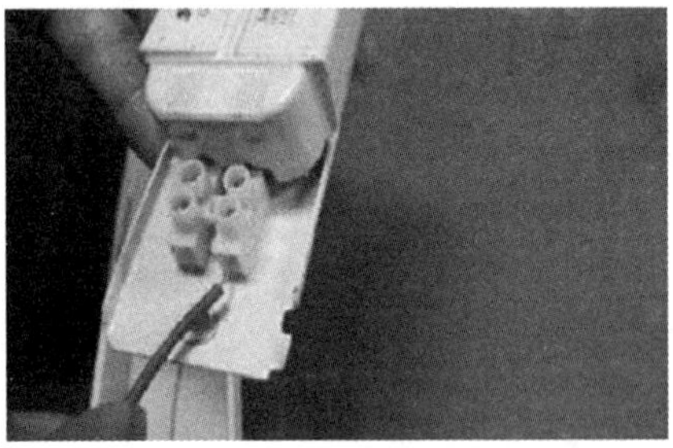	镇流器的一端接到灯管座一端的另一根线上
7	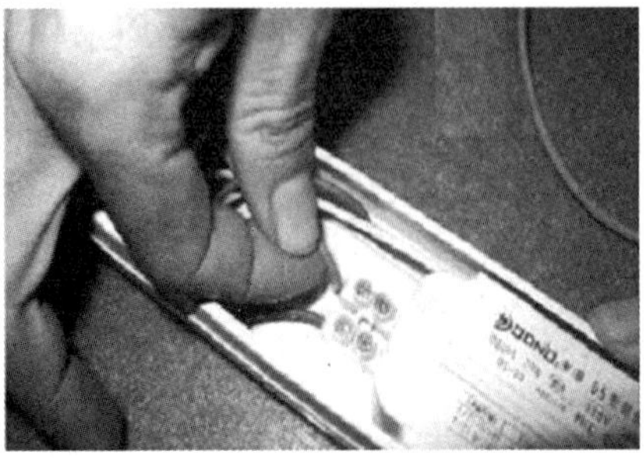	镇流器的另一端接到火线上

续表

序号	图示	操作步骤
8	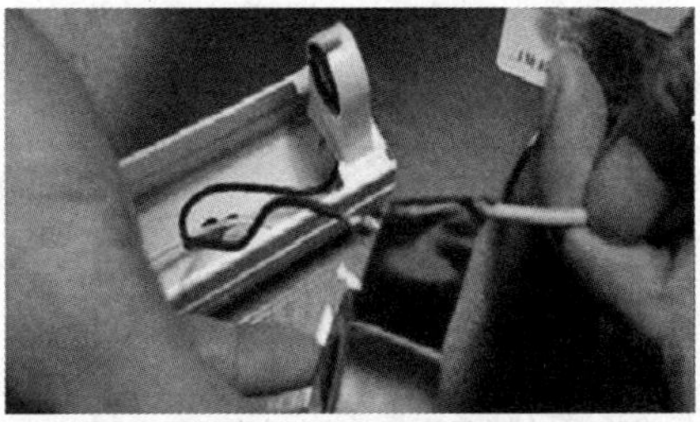	另一端灯管座剩余的导线接到零线上
9	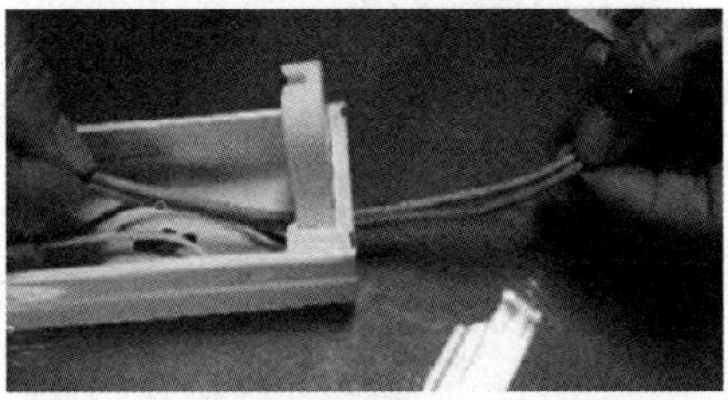	将零、火线引线穿出灯管架，盖上外盖
10		盖上外盖，安装灯管，安装时注意管座的对位
11	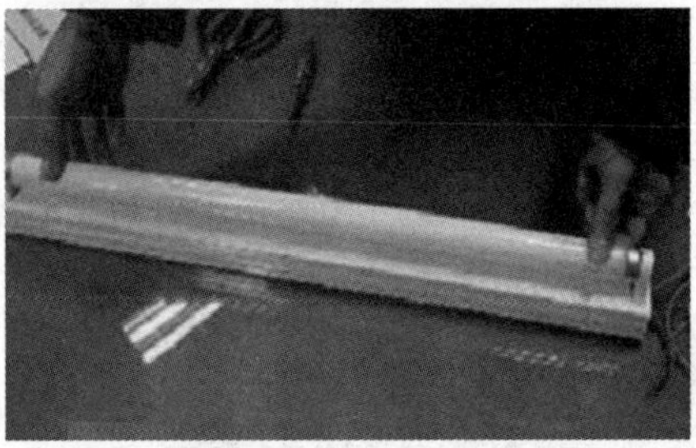	灯管安装到位后，顺时针或逆时针旋转90°，至此，完成日光灯的安装

任务实施

（1）检查白炽灯和日光灯及灯座是否齐备、完整。
（2）依照实际安装位置，确定白炽灯和日光灯的安装位置并做好标记。
（3）按照规范，进行白炽灯和日光灯及灯座的安装。
（4）用万用表或兆欧表检测线路绝缘和通断状况，确保无误后，接入电源，合闸试灯。

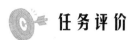 **任务评价**

评分标准见表3-5。

表3-5 评分标准

序号	项目内容	评分标准	配分	扣分	得分
1	灯具安装	（1）元件布置不合理，扣10分； （2）灯座和吊线盒等安装松动，每处扣5分； （3）电气元件损坏，每处扣10分	70		
2	通电试验	安装错误，导致短路、断路故障，每多通电一次扣10分，扣完20分为止	20		
3	安全文明生产	违反操作规程，扣10分	10		
4	工时：30 min	不准超时			
5	备注	合计	100		
		教师签字		年 月 日	

 参考资料

（1）通电试验前，要认真核对电路图，检查安装接线的正确性。
（2）通电试验前，应有人进行监护。

> **小故事**
>
> **"中国第一台自制的数控机床"**
>
> 1958年，北京第一机床厂与清华大学合作，试制出中国第一台数控机床——X53K1三坐标数控机床。这台数控机床的诞生，填补了中国在数控机床领域的空白。参加研制的全体工作人员，包括教授、工程技术人员、工人、学生等，平均年龄只有24岁。他们只凭着一页"仅供参考"的资料卡和一张示意图，攻下一道又一道难关，用了9个月的时间终于研制成功数控系统，由它来控制机床的工作台和横向滑鞍以及立铣头进给运动，实现了三个坐标联动。这台数控机床的研制成功，为中国机械工业开始高度自动化奠定了基础。
>
>

任务 3.3　室内配电线路的安装

任务描述

你是电气施工人员，收到一份新的图纸，需要根据设计要求进行施工安装。在了解企业生产过程、生产纲领、工序、工步及安全生产等基本知识后，首先应根据设计要求进行室内配电线路的安装。

任务目标

（1）掌握室内线路安装的技术规范和技能要求。
（2）能够按照技术规范和技能要求进行室内配电线路的安装。

实施条件

（1）工作场地：生产车间或实训基地。
（2）安全工装：工作服、安全帽、防护眼镜等防护用品。
（3）实训器具：电工工具一套，钢锯一套，管子套螺纹绞板一套，$\phi25$ mm 电线管 2 m，$\phi1.2$ mm 钢丝引线 2.5 m，BVR 2.5 mm^2 铜芯导线 2.5 m（4 根）等。

建议学时

8 学时。

相关知识

室内线路的安装有明线安装和暗线安装两种。
在安装室内线路时，常用的配线方式有塑料护套线配线、线管配线、线槽配线和桥架配线等。选择配线方式时应根据室内环境的特征和安全要求等因素决定。

一、塑料护套线配线

1. 使用场合

塑料护套线是一种将双芯或多芯绝缘导线并在一起，外加塑料保护层的双绝缘导线，具有防潮、耐酸、耐腐蚀及安装方便等优点，广泛用于家庭、办公等室内配线中。塑料护套线一般用铝片或塑料线卡作为导线的支持物，直接敷设在建筑物的墙壁表面，有时也可直接敷设在空心楼板中。

2. 护套线配线的步骤与工艺要求

基本操作步骤：定位→划线→铝片卡的固定→敷设导线。
（1）定位。定位首先要确定灯具、开关、插座和配电箱等电气设备的安装位置，然后再确定导线的敷设位置，墙壁和楼板的穿孔位置。确定导线走向时，尽可能沿房檐、线脚、墙角等处敷设；在确定灯具、开关、插座等电气设备时，要求铝片卡之间的距离为150～300 mm。在距开关、插座、灯具的木台50 mm处及导线转弯两边的80 mm处，都需设置铝片卡的固定点，如图3-12所示。

（2）画线。画线要求清晰、整洁、美观、规范。画线时应根据线路的实际走向，使用粉笔、铅笔或边缘有尺寸刻度的木板条画线。凡有电气设备固定点的位置，都应在固定点中心处做一个记号，如图3-13所示。

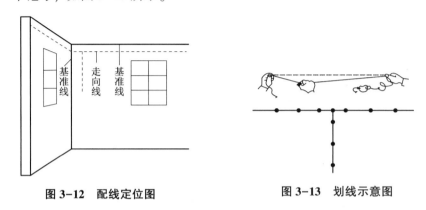

图3-12　配线定位图　　　　　　图3-13　划线示意图

（3）铝片卡的固定。铝片卡或塑料卡的固定应根据具体情况而定。在木质结构、涂灰层的墙上，选择适当的小铁钉或小水泥钉即可将铝片卡或塑料卡钉牢；在混凝土结构上，可用小水泥钉钉牢，也可采用环氧树脂黏接。在小铁钉无法钉入的墙面上，应凿眼安装木榫，如图3-14所示。

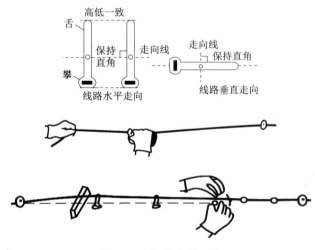

图3-14　铝片卡的固定

（4）敷设导线。为了使护套线敷设得平直，可在直线部分的两端各装一副瓷夹板。敷线时，先把护套线一端固定在瓷夹内，然后拉直并在另一端收紧护套线后固定在另一副瓷夹中，最后把护套线依次夹入铝片卡或塑料卡中。护套线转弯时应成小弧形，不能用力硬扭成直角。护套线均置于铝片卡线的定位孔后，将铝片线卡收紧夹持护套线，如图3-15所示。

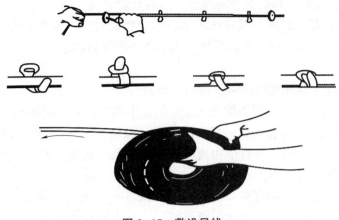

图 3-15 敷设导线

二、线管配线

1. 线管配线的方法

把绝缘导线穿在管内配线称为管内配线。线管配线有耐潮、耐腐、导线不易受机械损伤等优点，适用于室内外照明和动力线路的配线。线管配线有明配和暗配两种。明配时把线管敷设在明露处，要求配线横平竖直、管路短、弯头少。暗配时，首先要确定好线管进入设备器具盒的位置，计算好管路敷设长度，再进行配管施工。在配合土建施工中将管与盒按已确定的安装位置连接起来，并在管与管、盒的连接处焊上接地跨接线，使金属外壳连成一体。

电线或电缆常用管有焊接钢管、电线管、硬质和软质塑料管、蛇皮软管等。

2. 线管连接

（1）钢管与钢管连接：钢管与钢管之间的连接，无论是明配管还是暗配管，最好采用管箍连接。为了保证管接口的严密性，管子的丝扣部分，应顺螺纹方向缠上麻丝，再用管钳拧紧。

（2）钢管与接线盒的连接：钢管的端部与各种接线盒连接时，应采用在接线盒内各用一个薄型螺母夹紧线管的方法。

（3）硬塑料管的连接。

①加热连接法。一是直接加热连接法：直径为 50 mm 及以下的塑料管可采用直接加热连接法。连接前先将管口倒角，然后用喷灯、电炉等热源对插接段加热软化后，趁热插入外管并调到两管的轴心一致时，迅速浸湿使冷却硬化。二是模具胀管法：直径 65 mm 及以上的塑料管的连接可用模具胀管法，待塑料管加热软化后，将加热的金属模具趁热插入外管头部，然后用冷水冷却到 50 ℃，退出模具。在接触面上涂黏合剂，再次稍微加热后两管对插，插接到位后用水冷却硬化，连接完成。完成上述工序后，可用相应的塑料焊条在接口处圆周焊接一圈，以提高机械强度和防潮性能。

②套管连接法：将两根塑料管在接头处加专用套管完成。

3. 线管的固定

（1）线管明线的固定：线管明线敷设时应采用管卡支持，在线管进入开关、灯座、插座和接线盒孔前 300 mm 处和线管弯头两边,都需要管卡固定。

(2)线管在墙内暗线固定:线管在砖墙内暗线敷设时,一般在土建砌砖时预埋,否则应先在砖墙上留槽或开槽,然后在砖缝里打入木榫并用铁钉固定。

4. 扫管穿线

穿线工作一般在土建和墙壁粉刷工程结束后进行。

(1)穿线前应清扫线管,用压缩空气或在钢丝上绑以擦布,将管内杂质和水分清除。

(2)当钢丝引线从一端传入另一端有困难时,可从管子的两端同时传入钢丝引线,引线两端弯成小钩。当钢丝引线在管中相遇时,用手转动引线将其钩在一起,然后把一根引线拉出,即可将导线牵引入管。

(3)导线穿入线管前,应在管口套上护圈,截取导线并剖削两端导线绝缘层,做好导线的标记,之后将所有的导线与钢丝引线缠绕,一个人将导线送入,另一人在另一端慢慢拽拉,直到穿入完毕。

三、线槽配线

塑料槽板(阻燃型)布线是把绝缘导线敷设在塑料槽板的线槽内,上面用盖板把导线盖住。这种布线方式适用于办公室等干燥房屋内的照明,也适用于工程改变更换线路以及弱电线路吊顶内暗敷等场所使用。塑料槽板布线通常在墙体抹灰粉刷后进行。

线槽的种类很多,不同的场合应合理选用。如一般室内照明等线路选用 PVC 矩形截面的线槽;如果用于地面布线应采用带弧形截面的线槽;用于电气控制一般采用带隔栅的线槽。

1. 塑料槽板布线的步骤

基本操作步骤描述:选择线槽→画线定位→固定槽板→敷设导线。

(1)选择线槽:根据导线直径及各段线槽中导线的数量确定线槽的规格。线槽的规格是以矩形截面的长、宽来表示的,弧形一般用宽度表示。

(2)画线定位:为使线路安装得整齐、美观,塑料槽板应尽量沿房屋的线脚、横梁、墙角等处敷设,并与用电设备的进线口对正,与建筑物的线条平行或垂直。

选好线路敷设路径后,根据每节 PVC 槽板的长度,确定 PVC 槽板底槽固定点的位置(先确定每节塑料槽板两端的固定点,然后按间距 500 mm 以下均匀地确定中间固定点)。

(3)固定槽板:PVC 槽板安装前应首先将平直的槽板挑选出来,剩下的弯曲槽板应设法利用在不显眼的地方。

(4)敷设导线:敷设导线应以一分路一条 PVC 槽板为原则。PVC 槽板内不允许有导线接头,以减少隐患,如必须接头时要加装接线盒。

2. 塑料槽板布线的安装方法

(1)选用槽板:根据电源、开关盒、灯座的位置,量取各段线槽的长度,用锯分别截取。在线槽直角转弯处应采用 45°拼接。

(2)钻孔:用手电钻在线槽内钻孔(钻孔直径 $\phi 4.2$ mm 左右),用作线槽的固定,相邻固定孔之间的距离应根据线槽的长度确定,一般距线槽的两端为 5~10 mm,中间为 300~500 mm。线槽宽度超过 50 mm,固定孔应在同一位置的上下分别钻两个孔。中间两钉之间距离一般不大于 500 mm。

(3) 固定槽板：

①将钻好孔的线槽沿走线的路径用自攻螺钉或木螺钉固定。

②如果是固定在砖墙等墙面上，应在固定位置上画出记号，用冲击钻或电锤在相应位置上钻孔，钻孔直径一般为 $\phi 8$ mm，其深处应略大于塑料胀管或木榫的长度。理好木榫，用木螺钉固定槽底；也可用塑料胀管来固定槽底。

(4) 敷设导线：导线敷设到灯具、开关、插座等接头处，要留出长 100 mm 左右导线用作接线。在配电箱和集中控制的开关板等处，按实际需要留足长度，并做好统一标记，以便接线时识别。

(5) 固定盖板：在敷设导线的同时，边敷线边将盖板固定在槽底板上。

四、桥架配线

桥架配线广泛应用于工业电气设备、厂房照明及动力、智能化建筑的自控系统等场所。桥架由 1.5 mm 厚的轻型钢板冲压成型并进行镀锌或喷塑处理。它的规格型号种类繁多，但结构大致相仿。桥架上面配盖，并配有托盘、托臂、二通、三通、四通、弯头、立柱、变径连接头等辅件，由于零部件标准化、通用化，所以架空安装及维修较方便。

桥架配线的安装形式很多，主要有悬空安装、沿墙或柱安装、地坪支架安装等。图 3-16 所示为桥架配线的组合安装形式。

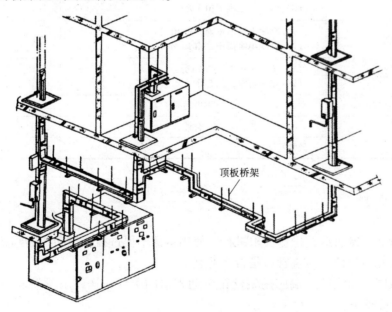

图 3-16 桥架配线的组合安装形式

任务实施

(1) 用弯管器弯 90°角。

(2) 将电线管锯削。

(3) 套螺纹。用 0.5~2 in 管子套螺纹绞板将电线管两端套螺纹。
(4) 穿钢丝引线。
(5) 穿导线。

任务评价

评分标准见表 3-6。

表 3-6 评分标准

序号	项目内容	评分标准	配分	扣分	得分
1	弯管	(1) 弯管工具使用不正确，扣 5 分； (2) 管子弯裂，扣 10 分； (3) 管子弯瘪，尚能使用，扣 15 分；不能使用，扣 40 分； (4) 管子两端管口不平，翘度大于 5 mm 扣 5 分，大于 10 mm，扣 10 分； (5) 弧度不圆整，扣 10 分； (6) 弯曲角度每超过 5°，扣 5 分	40		
2	锯削	(1) 管口不平直，扣 5 分； (2) 尺寸不符，扣 5 分	10		
3	套螺纹	(1) 管牙绞烂，扣 20 分； (2) 管牙太紧，扣 10 分； (3) 管口有毛刺，扣 5 分	20		
4	穿导线	(1) 穿线方法不正确，扣 10 分； (2) 穿线绝缘损伤，扣 10 分	20		
5	安全文明生产	(1) 不清理场地，扣 10 分； (2) 锯条折断，扣 5 分	10		
6	工时：120 min	不准超时			
7	备注	合计	100		
		教师签字		年 月 日	

参考资料

(1) 锯管和套螺纹应按操作要求进行，使用钢锯不得过猛，以防折断锯条。
(2) 锯削完后倒角，检查管口是否有毛刺。
(3) 穿线时，拉线的一端应用钢丝钳带动露出的引线；送线一端防止拉线过猛伤手，两端拉松配合应默契。

基础篇

电工基本技能训练

项目 4

电子基本工艺与技能训练

任务 4.1　电子焊接基本操作与元器件识别

任务描述

为了满足各种复杂电路的焊接要求，需要电工完成手工焊接 PCB 及其他元器件，检查板卡焊接质量，确保完成生产任务及达到品质要求。同时，要熟悉各种焊接工具的使用和 IC、电容、电阻等通用元器件的选用，有工作认真、工作细心、忠实肯干的工作精神和有良好的团队精神。

任务目标

（1）装配工具的认识及使用。
（2）电烙铁的检测、安装与维修。
（3）焊锡及电烙铁的感性认识。

实施条件

（1）工作场地：生产车间或实训基地。
（2）安全工装：工作服、安全帽、防护眼镜等防护用品。
（3）实训器具：电烙铁、烙铁架、万用表等所用工具。

相关知识

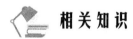

一、焊锡丝选择

1. 焊锡丝的分类方法

按金属合金材料来分类，可分为锡铅合金焊锡丝、纯锡焊锡丝、锡铜合金焊锡丝、锡银铜合金焊锡丝、锡铋合金焊锡丝、锡镍合金焊锡丝及特殊含锡合金材质的焊锡丝。

按焊锡丝助剂的化学成分来分类，可分为松香芯焊锡丝、免清洗焊锡丝、实芯焊锡丝、权脂型焊锡丝、单芯焊锡丝、三芯焊锡丝、水溶性焊锡丝、铝焊锡丝、不锈钢焊锡丝。

按熔解温度来分类，可分为低温焊锡丝、常温焊锡丝、高温焊锡丝。

2. 焊锡丝选择方法

（1）看外观。目测检查，好的焊锡丝应光滑、有光泽，无氧化、发黑现象。（高品质的焊锡丝都配有一层膜保护，以免氧化）焊锡丝的质量一般是颜色发亮的较好，暗的焊锡丝则含铅量较高，并且相对不太容易熔化。好的焊锡丝的颜色是闪亮色（有铅）或银白色（无铅），而不是白色。

（2）用手摸。好的焊锡丝发白发亮，用手擦拭不容易涂到手上，而含铅量高的焊锡丝则发黑，用手擦拭容易涂黑手。锡的延展性很好，纯度越高的锡线越不易折断。当然，含锡量高的焊锡丝本身很软，不属于硬金属制品。

（3）润湿性。从润湿性能来判断。无铅焊锡丝则要根据是否符合ROHS标准，有无助焊剂残留、有无卤素、上锡速度来判断。烟雾、飞溅、残留、亮度也是判断焊锡丝好坏的标准。

（4）包装。注意焊锡丝的包装外观，虽然包装外观不能代表品质，但凡是正规厂家出品的焊锡丝都会有相应的详细标识，如果有质量问题便可更好地查证。在产品标识里应该标明此焊锡丝的含锡量或度数、含铅量、助焊剂量、熔点、包装质量等焊锡丝应有的基本信息。

二、电烙铁的使用方法

1. 准备工作

1）电烙铁使用注意事项

新电烙铁使用前，应用细砂纸将烙铁头打光亮，通电烧热，蘸上松香后用烙铁头刃面接触焊锡丝，使烙铁头上均匀地镀上一层锡。这样做，便于焊接和防止烙铁头表面氧化。旧的烙铁头如严重氧化而发黑，可用钢锉或烙铁清洁器锉去表层氧化物，使其露出金属光泽后，重新镀锡，才能使用。

电烙铁要用220 V交流电源，使用时要特别注意安全。应认真做到以下几点。

（1）电烙铁插头最好使用三极插头，要使外壳妥善接地。

（2）使用前，应认真检查电源插头、电源线有无损坏，并检查烙铁头是否松动。

（3）电烙铁使用中，不能用力敲击，要防止跌落。烙铁头上焊锡过多时，可用布擦掉，不可乱甩，以防烫伤他人。

（4）焊接过程中，电烙铁不能到处乱放。不焊时，应放在烙铁架上。注意电源线不可搭在烙铁头上，以防烫坏绝缘层而发生事故。

（5）使用结束后，应及时切断电源，拔下电源插头。冷却后，再将电烙铁收回工具箱。

2）焊锡和助焊剂

焊接时，还需要焊锡和助焊剂。

（1）焊锡：焊接电子元件一般采用有松香芯的焊锡丝。这种焊锡丝，熔点较低，而且内含松香助焊剂，使用极为方便。

（2）助焊剂：常用的助焊剂是松香或松香水（将松香溶于酒精中）。使用助焊剂可以帮助清除金属表面的氧化物，既利于焊接，又可保护烙铁头。焊接较大元件或导线时，也可采用焊锡膏。但它有一定的腐蚀性，焊接后应及时清除残留物。

3）辅助工具

为了方便焊接操作，常采用尖嘴钳、偏口钳、镊子和小刀等作为辅助工具，应学会正确使用这些工具。

三、焊前处理

焊接前，应对元件引脚或电路板的焊接部位进行焊前处理。

1. 清除焊接部位的氧化层

可将断锯条制成小刀，刮去金属引线表面的氧化层，使引脚露出金属光泽。

印刷电路板可用细砂纸将铜箔打光，然后涂上一层松香酒精溶液。

2. 元件镀锡

在刮净的引线上镀锡。可将引线蘸一下松香酒精溶液后，再将带锡的热烙铁头压在引线上，并转动引线，即可使引线均匀地镀上一层很薄的锡层。导线焊接前，应将绝缘外皮剥去，再经过上面两项处理，才能正式焊接。若是多股金属丝的导线，打光后应先拧在一起，然后再镀锡。

刮去氧化层，均匀镀上一层锡。

四、焊接技术

焊接技术

做好焊前处理之后，就可正式进行焊接。

1. 焊接方法

（1）右手持电烙铁，左手用尖嘴钳或镊子夹持元件或导线。焊接前，电烙铁要充分预热。烙铁头刃面上要吃锡，即带上一定量焊锡。

（2）将烙铁头刃面紧贴在焊点处。电烙铁与水平面大约成60°角，以便于熔化的锡从烙铁头上流到焊点上。烙铁头在焊点处停留的时间控制在2~3 s。

（3）抬开烙铁头，左手仍持元件不动，待焊点处的锡冷却凝固后，才可松开左手。

（4）用镊子转动引线，确认不松动，然后可用偏口钳剪去多余的引线。

2. 焊接质量

焊接时，要保证每个焊点焊接牢固、接触良好，要保证焊接质量。

良好的焊点应是锡点光亮、圆滑而无毛刺，锡量适中。锡和被焊物融合牢固，不应有虚焊和假焊。

虚焊是焊点处只有少量锡焊住，造成接触不良、时通时断。假焊是指表面上好像焊上了，但实际上并没有焊上，有时用手一拔引线就可以从焊点中拔出。这两种情况将给电子制作的调试和检修带来极大的困难。只有经过大量的、认真的焊接实践，才能避免这两种情况的发生。

焊接电路板时，一定要控制好时间，时间太长，电路板将被烧焦或造成铜箔脱落。从电路板上拆卸元件时，可将烙铁头贴在焊点上，待焊点上的锡熔化后，将元件拔出。

焊接时助焊剂（松香和焊油）是关键，新鲜的松香和无腐蚀性的焊油可以帮助我们更好地完成焊接，而且可以让表面光洁漂亮，使用时可以多用点助焊剂。

五、焊接技巧

在维修制作过程中，焊接工作是必不可少的。它不但要求将元件固定在电路板上，而且要求焊点必须牢固、圆滑，所以焊接技术的好坏直接影响电子制作的成功与否，因此焊接技术是每一个电子制作爱好者必须掌握的基本功。现在将焊接的要点介绍如下。

1. 焊接方法

元件必须清洁和镀锡，电子元件在保存的过程中，由于空气氧化的作用，元件引脚上附有一层氧化膜，同时还有其他污垢，焊接前可用小刀刮掉氧化膜，并且立即涂上一层焊锡（俗称搪锡），然后再进行焊接。经过上述处理后元件容易焊牢，不容易出现虚焊现象。

（1）焊接温度和焊接时间。焊接时应使电烙铁的温度高于焊锡的温度，但也不能太高，以烙铁头接触松香刚刚冒烟为好。焊接时间太短，焊点的温度过低，焊点熔化不充分，焊点粗糙容易造成虚焊，反之焊接时间过长，焊锡容易流淌，并且容易使元件过热损坏。

（2）焊接点的上锡数量。焊接点上的焊锡数量不能太少，太少了焊接不牢，机械强度也差。而太多则容易造成外观一大堆而内部未接通的情况。焊锡应该刚好将焊接点上的元件引脚全部浸没，轮廓隐约可见为好。

（3）注意烙铁和焊接点的位置。初学者在焊接时，一般会将电烙铁在焊接处来回移动或者用力挤压，这种方法是错误的。正确的方法是用电烙铁的搪锡面去接触焊接点，这样传热面积大，焊接速度快。

2. 焊接后的检查

焊接结束后必须检查有无漏焊、虚焊以及由于焊锡流淌造成的元件短路。虚焊较难发现，可用镊子夹住元件引脚轻轻拉动，如发现摇动应立即补焊。

六、电阻

1. 分类

按结构分可分一般电阻器、片形电阻器、可变电阻器（可调电阻器或电位器）。按材料分可分为合金型、薄膜型和合成型。

合金型又分为精密线绕电阻（型号为 RX）、功率型线绕电阻、精密合金箔电阻三种。

薄膜型又可分为金属电阻（型号为 RJ）、金属氧化膜电阻（型号为 RY），以及碳膜电阻（型号为 RT）三种。

合成型又可分为实芯电阻（型号为 S）、高压合成膜电阻（型号为 RHY）、真空兆欧合成膜电阻（高阻型，型号为 RH）、金属玻璃釉电阻（型号为 RI）以及集成电阻等。

2. 主要技术参数

1）额定功率

额定功率指在电路中长期工作不损坏，或不显著改变其性能所允许消耗的最大功率。几种常用电阻功率等级如表 4-1 所示。

表 4-1 常用电阻功率等级

名称	额定功率/W					
实芯电阻器	0.25	0.5	1	2	5	10
线绕电阻器	0.5	1	2	6	10	15
	25	35	50	75	100	150
薄膜电阻器	0.025	0.05	0.125	0.25	0.5	1
	2	5	10	25	50	100

小于 1 W 的电阻器在电路图中常不用数字标出额定功率,大于 1 W 的电阻器常用阿拉伯数字表示,如 2 W。在电路中表示电阻器的额定功率的图形符号如图 4-1 所示。

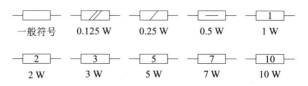

图 4-1 电阻额定功率符号

2)标称阻值和偏差

常用的标称阻值有 E6、E12、E24、E28、E96、E192 系列,分别适用于±20%、±10%、±5%、±2%、±1%、±0.5% 的电阻器。电阻器的标称阻值系列如表 4-2 所示。

表 4-2 中的标称值可以乘以 10^n,如 4.7 Ω 这个标称值,可有 0.047 Ω、0.47 Ω、47 Ω、470 Ω、4.7 kΩ、4.7 MΩ 等标称值的电阻。

电阻器的标称值及允许偏差一般标示在电阻体上。其标志方法有三种:直标法、文字符号法、色标法。

表 4-2 电阻器的标称阻值系列

标称阻值系列	精度	电阻器、电位器、电容器标称值							
E24	±5%	1.0	1.1	1.2	1.3	1.5	1.6	1.8	2.0
		2.2	2.4	2.7	3.0	3.3	3.6	3.9	4.3
		4.7	5.1	5.6	6.2	6.8	7.5	8.2	9.1
E12	±10%	1.0	1.2	1.5	1.8	2.2	2.7	—	—
		3.3	3.9	4.7	5.6	6.8	8.2	—	—
E6	±20%	4.0	1.5	2.2	3.3	4.7	6.8	—	—

(1)直标法:用阿拉伯数字和单位符号在电阻器上直接标出标称值,其允许偏差直接用百分数表示,如图 4-2 所示。

(2)文字符号法:用阿拉伯数字和文字符号两者有规律的组合来表示标称阻值和允许偏差。用文字符号(见表 4-3)表示电阻单位。标称阻值的整数部分放在标示电阻单位的文字符号前,标称阻值的小数部分放在标示电阻单位符号后,如 1R5 表示

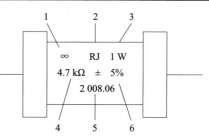

图 4-2 电阻直标法
1—商标;2—型号;3—功率;
4—阻值;5—生产日期;6—精度

1.5 Ω，5K1 表示 5.1 kΩ。表示电阻允许偏差的文字符号如表 4-4 所示。

（3）色标法：色标的基本色码及其意义如表 4-5 所示。

表 4-3 表示电阻单位的文字符号

文字符号	R	K	M	G	T
所表示的单位	欧姆（Ω）	千欧（kΩ、10^3 Ω）	兆欧（MΩ、10^6 Ω）	吉欧（GΩ、10^9 Ω）	太欧（TΩ、10^{12} Ω）

表 4-4 表示电阻允许偏差的文字符号

偏差/%	±0.1	±0.25	±0.5	±1	±2	±5	±10	±20	±50
文字符号	B	C	D	F	G	J	K	M	N

表 4-5 色标的基本色码及其意义

颜色	第1数字	第2数字	第3数字（4环电阻无此环）	乘数	允许偏差
黑	0	0	0	10^0	—
棕	1	1	1	10^1	±1%
红	2	2	2	10^2	±2%
橙	3	3	3	10^3	—
黄	4	4	4	10^4	—
绿	5	5	5	10^5	±0.5%
蓝	6	6	6	—	±0.25%
紫	7	7	7	—	±0.1%
灰	8	8	8	—	—
白	9	9	9	—	—
金	—	—	—	10^{-1}	±5%
银	—	—	—	10^{-2}	±10%

表 4-5 可以归纳口诀如下："棕 1 红 2 橙为 3，4 黄 5 绿 6 是蓝，7 紫 8 灰 9 雪白，黑金银"；或"棕红橙黄绿，蓝紫灰白黑，金银"。

色标（色环）电阻的表示法如图 4-3 所示。特别指出：3 环电阻的允许偏差均为 ±20%。

图 4-3 色环电阻

4 环或 5 环电阻的最后一环（表示精度的色环）的宽度一般为前几环的 1.5~2.0 倍，或与前一环的间距是前面间距的 1.5~2.0 倍。举例而言，某 3 环电阻的色环颜色为第 1 色环"棕"、第 2 色环"黑"、第 3 色环"红"。由色环对照表可知，"棕"代表 1，"黑"代表 0，"红"代表 10^2，因此这个电阻器的电阻值为 $10×10^2$ Ω（1±20%）= 1 000 Ω（1±20%），3 环电阻的精度都为 ±20%。

再如，某四环电阻的色环颜色为第 1 色环"棕"、第 2 色环"黑"、第 3 色环"红"、第 4 色环"金"。由色环对照表可知，"棕"代表 1，"黑"代表 0，"红"代表 10^2，"金"代表允许偏差±5%，因此这个电阻器的电阻值为 $10×10^2$ Ω（1±5%）= 1 000 Ω（1±5%），即 1 kΩ（1±5%）。

对于 5 环电阻，首先找出表示允许偏差的，比较粗的，或间距较远的色环将它放在右边。从左向右，前 3 条色环分别表示 3 个数字，第 4 条色环表示乘数，第 5 条表示允许偏差。例如，蓝紫绿黄棕表示 $675×10^4$ = 6.75 MΩ，允许偏差为±1%。

一般情况下，金色和银色只能是乘数和允许偏差，一定放在右边；表示允许偏差的色环比别的色环稍宽，或离别的色环稍远。

3. 贴片电阻

贴片电阻的识别方法有两种。

（1）E-24 标注方法：有两位有效数字，允许偏差有±2%（-G）、±5%（-J）、±10%（-K）。

贴片电阻的识别和标注方法（1）：常用电阻标注，XXY，XX 代表底数，Y 代表指数。例如，470 = $47×10^0$ = 47（Ω）；103 = $10×10^3$ = 10（kΩ）；224 = $22×10^4$ = 220（kΩ）。

贴片电阻的识别和标注方法（2）：小于 10 Ω 的电阻的标注，用 R 代表单位为欧姆的电阻小数点，用 m 代表单位为毫欧的电阻小数点。例如：1R0 = 1.0 Ω；R20 = 0.20 Ω；5R1 = 5.1 Ω；R007 = 7.0 MΩ；4M7 = 4.7 MΩ。

（2）E-96 标注方法：有三位有效数字，允许偏差有 1%（-F）。

贴片电阻的识别和标注方法（1）：常用电阻标注，XXXY，XXX 代表底数，Y 代表指数。例如，4 700 = $470×10^0$ = 470（Ω）；1 003 = $100×10^3$ = 100（kΩ）；2 203 = 220 kΩ。

贴片电阻的识别和标注方法（2）：小于 0 的电阻的标注，用 R 代表单位为欧姆的电阻小数点，用 m 代表单位为毫欧的电阻小数点。例如，1R00 = 1.00 Ω；R200 = 0.200 Ω；5R10 = 5.10 Ω；R007 = 7.00 MΩ；4M70 = 4.70 MΩ。

4. 电位器（可调电阻）

电位器是一种可调电阻器，对外一般有三个引出端，其中两个固定端，一个滑动端（也叫中心抽头）。滑动端在两个固定端之间的电阻体做机械运动，使其与固定端之间的电阻发生变化，而两个固定端之间的阻值不变。两个固定端的阻值等于一个固定端与滑动端之间的电阻与另一个固定端与滑动端之间的阻值之和。

七、电容

1. 电容的标志方法

（1）直标法。用字母和数字把型号、规格直接标在外壳上。例如 CY510I：CY 是电容器的型号，表示云母电容，510 表示电容器的容量为 510 μF，I 表示允许偏差。

电解电容为带有极性的电容，一般以 μF 为单位，如 10 μF/25 V，表示耐压 25 V，电容值为 10 μF。电解电容正负极的判断：如果是新电容，其插针长的为正极，如果是用过的，电容上带一条"-"的标志的那一面是负极。

（2）用 2~4 位数字表示电容量的有效数字，再用字母表示数值的量级，如 1p2 表示

1.2 pF；220n 表示 0.22 μF；3μ3 表示 3.3 μF；2m2 表示 2 200 μF。

(3) 用数码表示，数码一般为 3 位数，前 2 位为容量有效数字，第 3 位数是倍乘数，但第 3 位倍乘数是 0 时，表示×10^{-1}，单位一律是 pF，如 102 表示：$10×10^2 = 1\,000$（pF）；223 表示：$22×10^3 = 0.022$（μF）；474 表示：$47×10^4 = 0.47$（μF）；150 表示：$15×10^{-1} = 1.5$（pF）。

(4) 色标法。电容器的色标法原则上与电阻器色标法相同，标志颜色符号所代表的数其单位为 pF。

(5) 贴片电容的识别方法：如果上面带有数字则与用数码表示的方法一致，如果不带数字，则按其大小判断其容量。

2. 允许偏差的标志方法

允许偏差的标志方法一般有三种：其一是将容量的允许偏差直接标在电容器上；其二是用罗马数字"Ⅰ""Ⅱ""Ⅲ"标在电容器上分别表示±5%、±10%、±20% 三个允许偏差等级；其三是用英文表示误差等级，如用 J、K、M 和 N 分别表示±5%、±10%、±20% 和 ±30% 的允许偏差，用 D、F、G 分别表示±0.5%、±1%、±2% 的允许偏差，而用 P、S 和 Z 分别表示（0~100）%、（-20~50）% 和（-20~80）% 的允许偏差。例如，标有"224K"字样的电容器，其标称容量为 $22×10^4$ pF，其允许偏差为±10%。

电容器的允许偏差除按上述方法标志外，也有采用色标法来标志的。电容器的色标法原则上与电阻器色标法相同。

3. 电容的主要参数——额定工作电压

电容器在规定的温度下，长期可靠地工作时所能承受的最高直流电压称为电容器的额定工作电压，又称耐压值。耐压值的大小与电容器的介质材料及厚度有关。另外，温度对电容器的耐压也有很大影响。常用固定电容器的耐压值有 1.6 V、4 V、6.3 V、10 V、16 V、25 V、32 V＊、40 V、50 V＊、63 V、100 V、125 V＊、160 V、250 V、300 V＊、400 V、450 V＊、500 V、630 V、1 000 V 等多种等级，其中有"＊"符号的只限于电解电容器用。耐压值一般也是直接标在电容器上的，但也有一些电解电容器在正极根部标上色点来代表不同耐压等级，如棕色代表耐压值为 6.3 V，而红色代表 10 V，灰色代表 16 V 等。

八、二极管

1. 二极管的单向导电性

【试验】二极管的单向导电性试验。

将二极管、电源、灯、开关按图 4-4（a）、图 4-4（b）接好进行试验。

试验结果：图 4-4（a）的灯亮；图 4-4（b）的灯不亮。

为什么？这需要具有一定的知识，下面对此加以分析。

1）PN 结

(1) P 型半导体。在 4 价的硅（或锗）晶体中掺入微量 3 价的物质（如硼 B），就形成 P 型半导体，P 型半导体主要靠空穴导电。

(2) N 型半导体：在硅（或锗）晶体中掺入微量 5 价的物质（如磷 P），就形成 N 型半导体，N 型半导体主要靠自由电子导电。

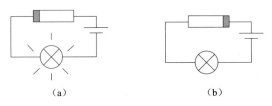

图 4-4　二极管的单向导电性试验

(a) 二极管加正向电压；(b) 二极管加反向电压

(3) PN 结的形成：如图 4-5 所示。

把 P 型半导体和 N 型半导体按照一定的结构和工艺结合在一起就形成了 PN 结。在 PN 结的形成过程中，在交界面附近，N 型半导体区中浓度较高的自由电子会越过交界面扩散到浓度较低的 P 型半导体区中，并与 P 型半导体中空穴复合，在 N 区一侧留下不能移动的正离子电荷区。同时，P 区浓度较高的空穴越过交界面扩散到浓度较低的 N 区中并与自由电子

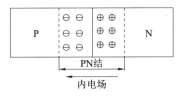

图 4-5　PN 结的形成

复合，P 区因失去空穴而留下不能移动的负离子电荷区，从而在交界面附近形成了一个由 N 区指向 P 区的内电场。内电场能阻碍多数载流子的继续扩散，因此便称此空间电荷区为阻挡层，空间电荷区没有载流子，所以也叫耗尽层，又叫 PN 结。

(4) PN 结的单向导电：

①PN 结正偏导通，正偏又叫正向偏置，是指 PN 结的 P 区接高电位，N 区接低电位时的偏置状态，此时，由于外电场的加入，PN 结内电场被削弱，阻挡层变薄，多数载流子扩散运动增强，在 PN 结内形成较大的扩散电流，PN 结正向导通，PN 结导通时内电阻很小。

②PN 结反偏截止，反偏又叫反向偏置，是指 PN 结 P 区接低电位、N 区接高电位时的状态，此时，由于反向外电场的加入，PN 结内电场被加强，阻挡层变厚，多数载流子的扩散运动几乎停止，少数载流子在内外电场的作用下越过 PN 结形成很小的反向电流，PN 结反向截止。PN 结截止时内电阻很大。

2) 二极管的构成、符号及分类

(1) 二极管的构成：把 PN 结封装在管壳内，从 P 区和 N 区各接出一条引线，就制成一只二极管，如图 4-6 所示，N 区引出端为负极（阴极），P 区引出端为正极（阳极）。

图 4-6　二极管外形及符号

(2) 二极管符号：二极管的文字符号为"V"或"VD"，图形符号如图 4-6 所示。图形符号中尖头指向为 PN 结正向偏置时管中电流的方向。

(3) 二极管的分类：根据制造工艺和结构的差异，二极管可分点接触型（PN 结面积小）、面接触型（PN 结面积大）及平面型二极管；根据材料不同，可分为硅二极管和锗二极管两类；根据用途不同，又可分为普通二极管、整流二极管和稳压二极管。

2. 二极管的伏安特性

【试验】用晶体管图示仪或按图 4-7 所示电路测量二极管的伏安特性。

将二极管、电源、电阻伏特表、微安表、开关按图 4-7（a）、图 4-7（b）接好进行试验。分别用二极管 2AP、2CP 做试验得出伏安特性曲线如图 4-8 所示。

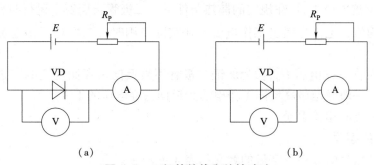

图 4-7　二极管的伏安特性试验

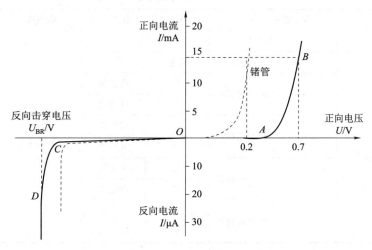

图 4-8　二极管的伏安特性曲线

二极管的伏安特性是指加在二极管两端的电压和流过二极管的电流之间的关系特性。

1）正向特性

（1）不导通区（死区）。当二极管承受正向电压 U_F 小于某一个值时，正向电流几乎为零，二极管表现出很大的内阻，我们把这段区域称为不导通区或死区，如图 4-8 的 OA 段，A 点所对应的电压叫死区电压，一般硅二极管的死区电压约为 0.5 V，锗二极管约为 0.2 V。

（2）导通区。当正向电压 U_F 上升到大于死区电压时，正向电流 I_F 增长很快，二极管的正向电阻很小，二极管正向导通。我们把这一区域（AB 段）称为导通区。导通以后，二极管两端的正向电压可近似地认为是导通时的管压降，硅管约为 0.7 V，锗管约为 0.3 V。

2）反向特性

（1）反向截止区。当二极管承受不大于某一数值的反向电压时，反向电流很小（近似为 0），且在一定范围内不随反向电压改变而改变，此时内电阻很大，此区域称为反向截止区，如 OC 段。

(2) 反向击穿区。当反向电压增大到超过某个值时，反向电流急剧加大，这种现象称为反向击穿，这时的电压叫反向击穿电压。反向击穿破坏了二极管的单向导电特性，如果没有限流措施，二极管可能会因过热而损坏。

3. 二极管的主要参数

（1）最大整流电流 I_{FM}：在规定的散热条件下，二极管长期安全运行时允许通过的最大正向电流的平均值，也称为额定工作电流。在实际使用时，二极管正向电流的平均值应低于此值。

（2）最高反向工作电压 U_{RM}：为保证二极管不被反向击穿而规定的二极管允许承受的最高反向电压。一般规定最高反向工作电压为反向击穿电压的 1/3。

其他参数可查阅相关手册。

4. 二极管的型号

国产二极管型号的数字及字母的意义如表 4-6 所示。

表 4-6　国产二极管型号数字及字母的意义

第一部字（数字）		第二部分（字母）		第三部分（拼音）		第四部分	第五部分
电极数		材料及极性		类型			
符号	含义	符号	含义	符号	含义		
2	二极管	A	N 型锗材料	P	普通管	用数字表示序号	用汉语拼音表示规格号
				Z	整流管		
		B	P 型锗材料	W	稳压管		
				U	光电管		
		C	N 型硅材料	K	开关管		
				C	参量管		
		D	P 型硅材料	L	整流堆		
				S	隧道管		

例：型号 2AP9 表示 N 型锗材料的普通二极管。2AP 主要用于检波和小电流整流；2CP 主要用于小功率整流；2CZ 主要用于大功率整流。

我们常用的为 1N400 系列（国外）：

1N4001，普通整流二极管，1 A，耐压为 50 V；

1N4002，普通整流二极管，1 A，耐压为 100 V；

1N4003，普通整流二极管，1 A，耐压为 200 V；

1N4004，普通整流二极管，1 A，耐压为 300 V；

1N4005，普通整流二极管，1 A，耐压为 600 V；

1N4006，普通整流二极管，1 A，耐压为 800 V；

1N4007，普通整流二极管，1 A，耐压为 1 000 V。

5. 特殊二极管

几种特殊二极管如表 4-7 所示。

表 4-7　几种特殊二极管

名称	稳压二极管	发光二极管	光电二极管
实例			
符号	─▶├─ V或VD	─▶├─ V或VD	─▶├─ V或VD
作用	稳压	将电信号转化成光信号	将光信号转换成电信号
又称	齐纳二极管	LED	光敏二极管
特性	工作在反向区。 它是以特殊工艺制造的面接触型二极管，反向击穿区的曲线更为陡峭。正常工作在反向击穿状态，其特点是反向电流在一定的范围内变化时，其两端的电压基本不变	工作在正向区。 具有工作电压低、耗电少等优点。当加正向电源时，不同材料制成的将发出不同颜色的光（颜色有白、红、绿、黄等），广泛应用于单个显示电路或做成七段显示器、LED 点阵	工作在正向区。 当光电二极管上加有反向电压时，它的反向电流与光照强度成正比，可用来测量光的强度；光电二极管上不加电压，在光的照射下，PN 结产生正向电压，可当作微型光电池使用
部分型号	有 2CW、2DW 等	有 2EF31、2EF201 等	测光的有 2CU、2DU 等，光电池有 2CR、2DR 等

九、三极管

三极管的判断

（1）测试三极管要使用万用表的欧姆挡，并选择 $R\times 100$ 或 $R\times 1\text{ k}$ 挡位。红表笔所连接的是表内电池的负极，黑表笔则连接着表内电池的正极。

三极管

假定我们并不知道被测三极管是 NPN 型还是 PNP 型，也分不清各管脚是什么电极。测试的第一步是判断哪个管脚是基极。这时，任取两个电极（如这两个电极为 1、2），用万用表两支表笔颠倒测量它的正、反向电阻，观察表针的偏转角度；接着，再取 1、3 两个电极和 2、3 两个电极，分别颠倒测量它们的正、反向电阻，观察表针的偏转角度。在这三次颠倒测量中，必然有两次测量结果相近：即颠倒测量中表针一次偏转大，一次偏转小；剩下一次必然是颠倒测量前后指针偏转角度都很小，这一次未测的那只管脚就是我们要寻找的基极。

（2）PN 结，定管型。找出三极管的基极后，就可以根据基极与另外两个电极之间 PN 结的方向来确定管子的导电类型。将万用表的黑表笔接触基极，红表笔接触另外两个电极中的任一电极，若表头指针偏转角度很大，则说明被测三极管为 NPN 型管；若表头指针偏转角度很小，则被测管即 PNP 型。

（3）顺箭头，偏转大。找出了基极 B，另外两个电极哪个是集电极 C，哪个是发射极 E 呢？这时可以用测穿透电流 I_{CEO} 的方法确定集电极 C 和发射极 E。

①对于 NPN 型三极管，根据这个原理，用万用表的黑、红表笔颠倒测量两极间的正、

反向电阻 R_{CE} 和 R_{EC}，虽然两次测量中万用表指针偏转角度都很小，但仔细观察发现，总会有一次偏转角度稍大，此时电流的流向一定是：黑表笔→C 极→B 极→E 极→红表笔，电流流向正好与三极管符号中的箭头方向一致（"顺箭头"），所以此时黑表笔所接的一定是集电极 C，红表笔所接的一定是发射极 E。

②对于 PNP 型的三极管，道理也类似于 NPN 型，其电流流向一定是：黑表笔→E 极→B 极→C 极→红表笔，其电流流向也与三极管符号中的箭头方向一致，所以此时黑表笔所接的一定是发射极 E，红表笔所接的一定是集电极 C。

操作指导

【操作训练一】 电阻的测量与质量判断

通常直接用万用表电阻挡进行粗略的测量。测量时手指不要接触被测电阻的两根引线，避免人体电阻对测量的影响。测量时注意挡位：一般使指针停在表盘中间偏左的位置。在电位器的测量时，调动滑动端时，电阻值应平稳变动，无跌落、跳跃、抖动等现象。否则，电位器不正常。

电阻器的电阻体或引线折断或烧焦等，可以从外观上看出。内部损坏或阻值变化较大，可用万用表欧姆挡测量校对。若电阻内部由于引线有缺陷，以致接触不良时，用手轻轻摇动引线，可以发现松动现象；测量时，表针指示不稳。

电阻器的精密测量应用单臂或双臂电桥来进行。

找一定数量的电阻来训练识别。找相当量的色环电阻来训练读数并测量校对。

【操作训练二】 电容的识别、检测

通常用万用表的欧姆挡来判断电容器的性能、好坏、容量、极性（电解电容）等。测量过程中要合理选用万用表的量程。一般情况下 5 000 pF 以下的电容器要用电容表来测量。

1. 电容器的性能及好坏的判断

将万用表的两表笔分别接触电容器的两极，表头指针应向正向偏摆，然后逐渐向反方向复原，最终退至接近∞处。

（1）最终停止时的稳定读数为电容器的漏电阻值；其值一般为几百到几千兆欧姆，阻值越大，绝缘性能越好。

（2）如果在测试过程中指针无偏摆现象，说明电容器内部已断路。

（3）如果在测试过程中指针无返回现象，且阻值很小或为 0，说明电容器已短路。

（4）对容量越小的电容器，其阻值越小。

2. 电容器容量的判断

用红黑表笔分别接电容器的两极，表笔先正摆，然后复原。接着对调红黑表笔，表头指针又偏摆，且较前次大，并又逐渐复原。电容器的容量越大，指针摆动幅度越大，复原速度越慢。这样可以粗略地估计容量的大小，具体的容量需用容量表来测量。

3. 电解电容器的极性判断

用上述方法分别测出正反漏电阻的大小，电阻大时，黑表笔接的是电容器的正极。原

因是：正接时，电容器的漏电流小，漏电电阻就大；反接时，电容器的漏电流大，漏电电阻就小。另外，电解电容器的两管脚一长一短，长的一端为正极，且在电解电容器短的一端侧面印有很多"-"符号，如图 4-9 所示。

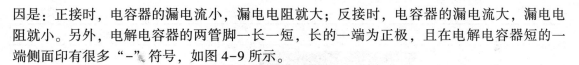

图 4-9　电解电容器极性的判断

【操作训练三】二极管的识别与检测

1. 二极管的识别

二极管的识别如表 4-8 所示。

表 4-8　二极管的识别

名称	实物	用途
普通二极管		如 1N4000 系列，1N4001~1N4007，数字越大耐压越高
开关二极管		如 IN4148，主要用于开关性能要求高的地方
螺旋式整流器		主要应用于机床的整流
平板式整流器		主要应用于大电流的整流

67

续表

名称	实物	用途
快恢复二极管		主要应用于需要快恢复的场所
整流二极管		如 1N5408，用于一般整流
肖特基二极管		开关性能特好，应用于要求开关性能特高的场所

2. 二极管的检测

二极管的简易检测可通过万用表来完成。

测试前应选好挡位，一般对于耐压低、电流小的二极管可选 $R\times 100$ 或 $R\times 1\text{k}$ 挡，并先将两表笔短接调零。需要注意的是，万用表的红表笔（正端）接表内电池的负极，黑表笔（负端）接表内电池的正极。

1）质量的判别

把红、黑两只表笔分别搭在二极管的两极，测试二极管的正、反向电阻，如图 4-10 所示。由二极管的特性可知，正向电阻越小越好，但不能为 0；反向电阻越大越好，但不能为 ∞，二极管的正反向电阻相差越大，表明二极管的单向导电性越好，若正反向电阻很接近，表明管子已坏；若正反向电阻都很小或为零，表明管子已被击穿，内部已短路；若正反向电阻都很大，表明管子内部已开路。

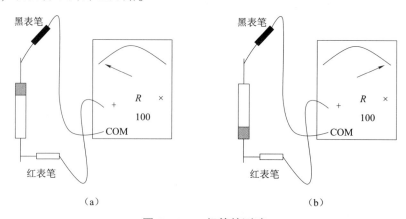

图 4-10 二极管的测试

(a) 正向电阻；(b) 反向电阻

2）极性的判别

测试二极管的正、反向电阻，测得的阻值较小时，与黑表笔相连的是二极管的正极；测得的阻值较大时，与黑表笔相连的是二极管的负极。

由于二极管正向特性曲线起始端的非线性，PN 结的正向电阻是随外加电压的变化而变化的，故同一个二极管用不同电阻挡测得的电阻值会有差别。

参考资料

（1）网址链接或二维码。
（2）小提示。

任务 4.2　串联型稳压电源的安装与调试

任务描述

随着人们生活水平的日益提高，通信技术不断发展，同学们天天使用手机，手机的充电器就是一个稳压电源。在电子生产实习中，经常需要用到稳压电源，为后一级电路提供稳定的直流电压。

任务目标

（1）掌握串联型稳压电源电路的组成和工作原理。
（2）印刷电路板的制作工艺；串联型稳压电源的制作安装与调试。
（3）培养安全第一的工作作风。

实施条件

（1）工作场地：生产车间或实训基地。
（2）安全工装：工作服、安全帽、防护眼镜等防护用品。
（3）工具器材：电烙铁、烙铁架、示波器等所用工具。

相关知识

一、常用电子元器件的识别及性能测试

1. 电子元器件的识别（电阻、电容、稳压二极管、二极管）
（1）色环电阻识别。
（2）电容极性判断及容量识读。
（3）稳压二极管极性及性能判别。

(4) 二极管极性及性能判别。

2. 电子元器件性能的测试

(1) 测电阻实验：读出实验箱器件库电阻器的标称值，用万用表测出实际的电阻值。

(2) 测二极管实验：用万用表判断实验箱器件库二极管的好坏；检测二极管的正负极以及正向压降。

(3) 根据替代法测定电阻的伏安特性。

(4) 根据替代法测定二极管的伏安特性。

(5) 根据串、并联电路的特点进行串、并联电路电流以及电压测定。

二、元器件布局

(1) 先把与结构相关的接插件及高的器件布局好，接着把重要的芯片布局好，然后放置它的外围器件，如 MCU，DDR 等，且还要考虑电源以及高频线等的走线。

(2) 高压元器件和低压元器件之间最好有较宽的电气隔离带，有时有必要采用双层设计。

(3) 对于易产生噪声的元器件，如时钟发生器和晶振等高频器件，在放置的时候应当尽量利用接口来连接，以提高电路板整体的抗干扰的能力以及工作的可靠性。

(4) 在电源和芯片的周围尽量放置去耦电容和滤波电容。去耦电容和滤波电容的布置是改善电路板电源质量、提高抗干扰能力的一项重要措施。

(5) 元器件的编号应该紧靠元器件的边框布置，大小统一，方向整齐，不与元器件、过孔和焊盘重叠，元器件的编号应该紧靠元器件的边框布置，大小统一，方向只允许两个方向。

(6) 布局优先采用单面布器件，如果一定要用两面，一面主要是芯片，另外一面只是电阻、电容器件。

任务实施

(1) 元器件管脚及连线焊接。
① 元器件引脚处理。
② 绝缘线线头的处理。

(2) 通电调试。能及时快速地检测电缆存在的故障隐患，降低保障人员的劳动强度，减少人为差错，提高测试速度和测试准确性，缩短电缆检测时间，提高检测效率，适用于军用、民用领域中大型装备、分系统。

(3) 加入示波器观察某点电流并进行记录。

任务评价

评分标准见表 4-9。

项目 4　电子基本工艺与技能训练

表 4-9　评分标准

序号	项目内容	考核要求	评分标准	配分	扣分	得分
1	按图焊接	正确使用工具及仪表，焊接质量可靠，焊接技术符合工艺要求	（1）布局不合理，扣 2 分； （2）焊点粗糙、拉尖、有焊接残渣，每处扣 2 分； （3）元件虚焊、气孔、漏焊、松动、损坏元件，每处扣 2 分； （4）引线过长、焊剂没擦干净，每处扣 2 分； （5）元件的标称值不直观、安装高度不符合要求，每处扣 2 分； （6）工具、仪表使用不正确，每次扣 5 分； （7）焊接时损坏元件，每只扣 5 分	30		
2	调试	在规定的时间内，利用仪器、仪表进行通电调试	（1）通电 1 次不成功扣 10 分，2 次不成功扣 20 分，3 次不成功扣 30 分； （2）调试过程中损坏元件，每只扣 4 分	30		
3	测试	在所焊接的电子线路板上，用双踪示波器测试电路中某点的电压波形，并绘出波形，写出峰值	（1）开机准备工作不熟练，扣 5 分； （2）测量过程中操作步骤错误，每错一步扣 5 分； （3）波形绘制错，扣 5 分； （4）写出的峰值错误，扣 10 分	30		
4	安全文明生产		违反安全文明生产，每次扣 2 分	10		
5	备注		合计	100		
			教师签字　　　　实用时间	年　　月　　日		

元器件明细及设备如表 4-10 所示。

表 4-10　元器件明细及设备

符号	名称	规格及型号	数量	单位
VD1~VD4	二极管	1N4007	4	件
VD6	稳压管	1.4 V	1	件
VT7、VT8、VT10	三极管	9013	3	件
VT9	三极管	9011	1	件
R_1	电阻	2 kΩ、1/8 W	1	件
R_2	电阻	680 kΩ、1/8 W	1	件
R_3、R_9、R_{10}	电阻	160 Ω、1/8 W	3	件
R_4	电阻	3 Ω、1/8 W	1	件
R_{P1}	微调电位器	1 kΩ	1	件
R_{P2}	微调电位器	10 kΩ	1	件
C_1	电解电容器	470 μF、25 V	1	件
C_2	电解电容器	47 μF、25 V	1	件
C_3	电解电容器	100 μF、25 V	1	件
T	电源变压器	220 V/9 V	1	件
FU1、FU2	熔断器	1 A	2	只
—	印刷电路板	105 mm×130 mm	1	件

续表

符号	名称	规格及型号	数量	单位
—	焊锡丝	φ2	适量	—
—	电子焊接工具	—	1	套
—	示波器	—	1	台

背景知识

一、串联型稳压电路的组成及分析

图 4-11 所示为带直流负反馈放大电路的稳压电路。稳压管 VD1 和电阻 R_2 给直流放大比较管 VT3 的发射极提供稳定的基准电压。基准电压的稳压值还可利用电压不同的硅、锗二极管与稳压管串联来调整或多个相同或不同稳压值的稳压管串联，如图 4-11 所示。R_3、R_4 组成分压（取样）电路，从输出电压 U_o 中取出变化的信号电压，使 $U_{B4}=\dfrac{R_4}{R_3+R_4}U_o$，并把它加到放大管 VT3 的基极，于是 VT3 的基极和发射极间电压 $U_{BE3}=U_{B4}-U_Z=\dfrac{R_4}{R_3+R_4}U_o-U_Z$。由于 U_{B3} 是 U_o 的一部分且只随 U_o 变化，故称为取样电压，它和基准电压 U_Z 比较后的电压差值即 U_{BE3} 经 VT3 比较放大后加到三极管 VT2 的基极上，使 VT2 自动调整管压降 U_{CE2} 的大小，以保证输出电压稳定。R_1 是放大管 VT3 的集电极负载电阻，又是调整管 VT2 的集电极偏置电阻。

串联型稳压
电路分析

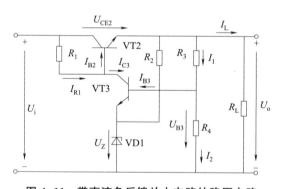

图 4-11　带直流负反馈放大电路的稳压电路

为什么 VT2 的基极电位变化能自动调整管压降 U_{CE2} 的大小？

这可从图 4-11 中看出，当 VT2 处于放大状态时，基极电位升高，基极电流 I_{B2} 最大，集电极电流 $I_{C2}=\beta I_{B2}$ 最大，管压降 U_{CE2} 下降。

该电路的稳压过程如下：如果输入电压 U_i 增大，或负载电阻 R_L 增大，输出电压 U_o 也增大，通过取样电路将这个变化加在 VT3 管的基极上使 U_{B3} 增大。由于 U_Z 是一个恒定值，所以 U_{BE3} 增大，导致 I_{B3} 和 I_{C3} 增大，R_1 上电压降增大，使调整管基极电压减少，基极电流减少，管压降 U_{CE2} 增大，从而使输出电压保持不变。

同理，当输入电压 U_i 减少或负载电阻 R_L 减少，引起输出电压 U_o 减小时，三极管 VT3 的基极电压减少，VT2 的基极电压增大，从而使调整管的管压降减少，维持输出电压不变。

由于 $U_{BE3} = \dfrac{R_4}{R_3+R_4} U_o - U_Z$，而电路中的 U_Z 是定值，U_{BE3} 也基本不变，因此在保证一定输入电压 U_i 条件下，稳压电路的输出电压 U_o 应该满足

$$U_o = \dfrac{R_4}{R_3+R_4}(U_{BE3}-U_Z)$$

此式表明在一定的条件下，U_o 与取样电阻有关，改变 R_3、R_4 数值，可在一定范围内改变输出电压数值，但 U_o 不可能超过 U_i。

另外从图 4-11 中可看出，$U_o = U_i - (I_{B2}+I_{C3})R_1 - U_{BE2}$。由于 R_L 减小时，I_L 增大，U_o 降低，I_{C3} 减小，I_{B2} 增大，当 I_{C3} 为零时 I_{B2} 最大，此时 $U_o = U_i - I_{B2}R_1 - U_{BE2}$。又由于 $I_{B2} \approx \dfrac{I_{B2}}{\beta_2} \approx \dfrac{I_L}{\beta_2}$，代入上式则额定输出电流为

$$I_L = \beta_2 \dfrac{U_i - U_{BE2} - U_o}{R_1}$$

从上面分析可知，带有直流负反馈放大电路的串联稳压电路的反馈电压是从输出电压 U_o 中取出，并与基准电压 U_Z（图 4-12）相比较，然后把差值电压进行放大后去控制调整管，调节其管压降，U_{CE2} 使输出电压保持稳定。

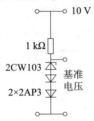

图 4-12 基准电压的构成

二、提高扩大输出电流的方法

在实际的调整电路中，当一只三极管的电流不能满足要求时，可以将特性一致的三极管并联起来使用，如图 4-13（a）所示。为使各管电流基本均衡，接入均流电阻 R。为避免增加功耗，阻值不宜过大，一般取零点几欧。

调整管大多采用大功率三极管，而大功率三极管的 β 往往比较小。由于三极管的基极电流 $I_B \approx \dfrac{I_L}{\beta}$，所以输出电流较大时，稳压电路用的调整管要求有较大的 I_B。

如果比较放大电路输出的电流较小，不足以控制调整管集电极电流，那么可以用复合管来担任调整管，如图 4-13（b）所示。其中大功率管 VT1 的 I_{E1} 提供输出电流，VT1 管的 I_{B1} 就是 VT2 管的输出电流 I_{E2}，而 VT2 管的基极电流 I_{B2} 取决于比较放大电路的输出电流，显然 $I_{E1} \approx \beta_1\beta_2 I_{B2}$，这样比较放大电路输出较小的电流，就足以保证它对调整管的有效控制。但是 VT2 管的穿透电流经 VT1 管放大，其影响增大，为了减少复合管的穿透电流，在电路

中接入 R_B，使调整管不致在高温时失控，以提高温度稳定性，如图4-13（c）所示。

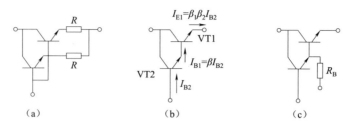

图 4-13 调整管的并联、复合管电路及减小集电极的漏电流的方法
(a) 调整管并联使用；(b) 复合管电路；(c) 减少 I_{CEO} 的影响

操作指导

【技能操作一】 手工印刷电路板的制作

1. 印刷电路板的设计原则

印刷电路板图的设计是根据电路图进行的，所以必须研究电路中各元件的排列，确定它们在印刷电路板上的最佳位置。在确定元件的位置时，还应考虑各元件的尺寸、质量、物理结构、放置方式、电气连接关系、散热及抗电磁干扰的能力等因素。可先草拟几种方案，经比较后确定最佳方案，并按正确的比例画出设计图样。

一般情况下，印刷电路板放置元件的一面称为元件面，另一面用于布置印制电路（对于双面板，元件面也需要布线），这一面称为印刷面或焊接面。

1）元件的安装

要将一定数量的元件按原理图中的电气连接关系安装在印刷电路板上，必须事先知道各元件的安装数据，以便元件布局。一般采用下述方法确定元件的安装数据：

（1）设计者提供元件正确的安装资料。

（2）若没有提供元件安装数据，应按照元件型号查手册找出元件的安装数据。

（3）想办法找到元件样品，实测元件，确定元件安装数据。

2）元件排列的原则

元件排列对电子设备的性能影响很大，不同电路在元件排列时有不同的要求。元件排列的一般原则如下。

（1）按信号流向排列，一般从输入级开始，到输出级终止。

（2）发热量较大的元件，应加装散热器，或尽可能放置在有利于散热的位置以及靠近机壳处。如电源电路中发热量较大的器件，可以考虑放在机壳上。

（3）对于比较大、重的元件，要另加支架或紧固件，不能直接焊在印刷电路板上。

（4）热敏元件要远离发热元件。

（5）某些元件或导线间有较大电位差者，应加大它们之间的距离。

（6）尽可能缩短高频元件的连接线，设法减小它们的分布参数和相互间的干扰。易受干扰的元件应加屏蔽。

（7）可调元件布置时，要考虑调节的方便。

（8）对称电路，如推挽功率放大器、差动放大器、桥式电路等，应注意元件的对称性，尽可能使其分布参数一致。

（9）每个单元电路应以核心器件为中心，要为它进行布局。

（10）元件的排列应均匀、整齐、紧凑。单元电路之间的引线应尽可能短，引线的数目应尽可能少。

（11）位于边缘的元件，离印刷电路板边缘的距离至少应大于 2 mm。

（12）元件外壳之间的距离，应根据它们之间的电压来确定，不应小于 0.5 mm。个别密集的地方应加套管。

（13）需要固定的线路板，应留有紧固的位置。放置紧固件的位置应考虑安装、拆卸的方便。

（14）若有引出线，最好使用接线插头。

（15）有铁芯的电感线圈，应尽量相互垂直放置，且远离以减小相互的耦合。

3）布线的原则

根据上述原则排定元件之后，就可按所排元件的位置开始实施布线。印刷电路板布线的原则如下。

（1）布线要短。尤其是晶体管的基极、高频引线、高低电位差比较大而又相邻近的引线，要尽可能短，间距要尽量大。

（2）一般将公共地线布置在边缘部分，便于将印刷电路板安排在机壳上。电源、滤波、控制、直流导线等低频电路亦应靠近边缘部位。边缘应留有一定距离，一般不应少于 2 mm。

（3）高频元件和高频引线一般布置在中间，以减小它们对地和机壳的分布电容。

（4）拐弯要采用圆角。因直角、尖角印制导线对高频和高电压影响较大，拐弯处圆弧半径 R 应大于 2 mm。

（5）在条件允许的情况下，线条可适当加粗，间距可适当加大。

（6）大面积空白处要开"天窗"。大面积铜箔下，受热后排出的气体不便排出，易使铜箔膨胀、脱落，所以大面积铜箔下要开"天窗"以利散热。

（7）单面印刷电路板上的印制导线不能交叉。遇见此情况，可绕着走线或平行走线。高频电路中的高频引线、管子引线、输入/输出线要短而直，避免相互平行。交叉导线回避不了时，可采用外跨导线的方法解决。交叉导线较多时，可采用双面板或多层板。

（8）一般情况下，双面板应垂直布线。如果元件面水平布线，则印制面布线应与元件面布线垂直。如果线路较复杂，走线走不通时，需调整元件的布局。

（9）走线正确，布线均匀。印刷电路板的布置是一项实践性很强的工作，以上原则在不同情况下有其不同的侧重点，应根据具体的电路特点和机械结构要求灵活运用。

2. 草图的绘制

1）分析电路图

（1）理解电路图的工作原理，找出可能引起干扰的干扰源，并确定采取抑制的措施。

（2）熟悉电路图中的每个元器件，掌握每个元器件的外形尺寸、封装形式、引线方式、排列顺序、各管脚能力、散热片面积等。

（3）确定印刷电路板参数，根据元器件尺寸、元器件在板上的安装方式、排列方式和印刷电路板在整机内的安装位置，确定其尺寸及厚度参数。

(4) 确定印刷电路板对外连接方式。

2) 排板草图的绘制步骤

(1) 按草图尺寸取方格纸或坐标纸。

(2) 画出板面轮廓尺寸，留出板面各工艺孔空间，而且还留出图样技术要求说明空间。

(3) 用铅笔画出元器件外形轮廓，小型元件可不画轮廓，但要做到心中有数。

(4) 标出焊盘位置、勾勒印制导线。

(5) 复核后，擦掉外形轮廓，用绘图笔重描焊点及印制线。

(6) 标明焊盘尺寸、线宽，注明印制板技术要求。

3. 手工制作印刷电路板

手工制作印刷电路板有涂图法、贴图法、铜箔粘贴法。这里只介绍涂图法。

(1) 选择敷铜板，清洁表面：根据电路要求，裁好敷铜板的尺寸和形状；先用砂纸打磨边缘，再用去污粉、水、布将板面擦亮、冲净，之后用干布擦干。

(2) 复印印制电路：将设计好的印制电路图用复写纸复印在敷铜板上（注意复印时，电路图与敷铜板对齐，并用胶带纸贴牢，等到用铅笔或复写笔描完图形并检查无误后再将其揭开）。

(3) 描板：首先准备好黑色的调和漆（漆的稠稀适中，以用小棍子蘸漆后能刚好往下滴为好），然后用毛笔或直线笔按印刷电路图描板（线条要均匀、焊盘要描圆）。

(4) 腐蚀电路板：第一步，用 1∶2（质量比）三氯化铁、水调制的腐蚀液，并放置在玻璃或陶瓷平盘容器内。将描好、漆干、修整、无错的描板放入腐蚀液。为了加快速度可以加热或加大三氯化铁的浓度，但温度不得超过 50 ℃。第二步，腐蚀好后，用水冲净、布擦干。第三步，用蘸有稀盐酸的棉球擦掉保护漆。

(5) 修板：与电路图对照确定无误，用刀子修整导电条的边缘和焊盘，使其平滑无毛刺、焊点圆滑。

(6) 钻孔：按图样所描尺寸钻孔（孔要正、垂直且位于焊盘中心，光滑、无毛刺），用细砂纸轻轻擦亮，用干布去粉末。

(7) 涂助焊剂：第一步，用松香、酒精按 1∶2 的溶剂比配成助焊剂；第二步，将电路板在烤箱烤至烫手时，喷或刷助焊剂；第三步，助焊剂干燥后，印制板即制好。

【技能操作二】 串联型稳压电源的制作

(1) 按原理图 4-14 准备元器件，按装配图正确安装元器件，如图 4-15 所示。

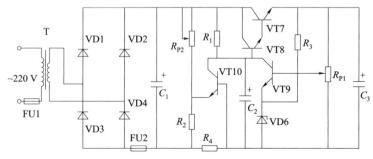

图 4-14　串联型稳压电源原理图

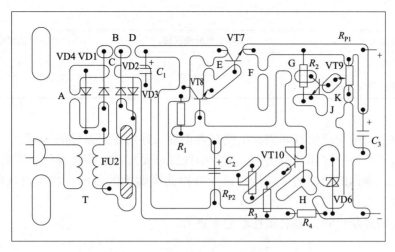

图 4-15 串联型稳压电源装配图

（2）检查元器件安装正确无误后，将断口 B、C、D、G、I、K 各处焊好，接通电源。

（3）将万用表拨至直流电压挡，测 C_3 两端的电压，调节 R_{P1}，使电压在 3~6 V 内变动。

（4）接负载调试输出 3 V 时接上 30 Ω 负载电阻。负载电阻接入前和接入后，输出电压的变化小于 0.5 V 即可。

（5）电路调试。

①用万用表电压挡测量并记录电源变压器次级、C_1 电解电容两端及 VT7、VT8、VT9 各极的电压值。

串联型稳压电源安装调试

②用电烙铁把断口 E 焊好，相当于 VT7 集电结短路。调节 R_{P1}，观察输出电压有没有变化，并测量和记录 VT7、VT8、VT9 各极对地电压值，测量结果与①对照。当 VT7 集电结短路时，观察数据有什么变化并得出结论。最后用电烙铁把断口 E 焊开。

③用电烙铁把断口 G 焊开，相当于 VT9 的 C-E 开路。调节 R_{P1}，观察输出电压有没有变化，并测量和记录 VT7、VT8、VT9 各极对地电压值，测量结果与①对照。当 VT9 的 C-E 开路时，观察数据有什么变化并得出结论。最后用电烙铁把断口 G 焊好。

④用电烙铁把断口 K 焊开，相当于 R_{P1} 微调电位器下端开路。调节 R_{P1}，观察输出电压有什么变化，并测量和记录 VT7、VT8、VT9 各极对地电压值，测量结果与①对照，观察数据有什么变化并得出结论。最后用电烙铁把断口 K 焊好。

⑤将制作、调试结果填入表 4-11 中。

表 4-11 测试结果表

测量点	未接负载时电压值/V			接入负载后电压值/V		
变压器的次级	—			—		
C_1 的两端	—			—		
VT7	$U_E=$	$U_B=$	$U_C=$	$U_E=$	$U_B=$	$U_C=$
VT8	$U_E=$	$U_B=$	$U_C=$	$U_E=$	$U_B=$	$U_C=$

续表

测量点	未接负载时电压值/V	接入负载后电压值/V
VT9	$U_E=$ $U_B=$ $U_C=$	$U_E=$ $U_B=$ $U_C=$
调试中出现的故障及调试方法		

注意事项：
①焊接前要对照图纸检查印刷板电路是否正确，判别各元器件的好坏。
②焊接时要严格按操作规程进行，元件引线成型要规范，焊接操作步骤要正确。
③每进行一步训练调试前，应从理论上分析此项训练的目的，将会出现的结果做到心中有数后才动手操作。
④接通或断开断口时，都必须在断电下进行。

任务4.3　调压恒温线路的安装与调试

任务描述

调压恒温电路的安装与调试

各种电热恒温控制设备都由恒温控制器控制被控部位介质（空气、液体或固体）的温度值。但是，经常会出现这种情况，即被控温介质的温度值超出控温设定的允许误差值。例如，一些功率较大的恒温干燥箱，因箱内空间较小，而负载电炉丝的功率较大，有的恒温箱又没有通风鼓风设置，用该电路能很好地解决。

任务目标

（1）掌握晶闸管、双向晶闸管、单结晶体管的工作原理。
（2）识别整流桥、晶闸管、单结晶体管、热敏电阻，制作恒温电路。
（3）培养7S工作作风。

实施条件

（1）工作场地：生产车间或实训基地。
（2）安全工装：工作服、安全帽、防护眼镜等防护用品。
（3）工具器材：电烙铁、烙铁架、示波器等所用工具。

相关知识

一、常用电子元器件的识别及性能测试

1. 电子元器件的识别（电阻、电容、二极稳压管、二极管）

（1）色环电阻识别。

（2）电容极性判断及容量识读。
（3）稳压二极管极性及性能判别。
（4）二极管极性及性能判别。

2. 电子元器件性能的测试

（1）测电阻实验：读出实验箱器件库电阻器的标称值，用万用表测量出实际电阻值。

（2）测二极管实验：用万用表判断实验箱器件库二极管的好坏；检测二极管的正负极、正向压降。

（3）根据替代法测定电阻的伏安特性。

（4）根据替代法测定二极管的伏安特性。

（5）根据串并联电路的特点进行串、并联电路的测定电流电压。

二、元器件布局

（1）先把与结构相关的接插件及高的器件布局好，接着把重要的芯片布局好，然后放置它的外围器件，如 MCU、DDR 等，且还要考虑电源、高频线等的走线。

（2）高压元器件和低压元器件之间最好要有较宽的电气隔离带，有时有必要采用双层设计。

（3）对于易产生噪声的元器件，如时钟发生器和晶振等高频器件，在放置时应当尽量把它们放置在靠近 CPU 的时钟输入端。

（4）在电源和芯片周围尽量放置去耦电容和滤波电容。去耦电容和滤波电容的布置是改善电路板 EMC 的。

（5）元器件的编号应该紧靠元器件的边框布置，大小统一、方向整齐且只允许两个方向，不与元器件、过孔和焊盘重叠。

（6）布局优先采用单面布器件，如果一定要两面，一面主要是芯片，另外一面只是电阻、电容器件。

任务实施

（1）元器件管脚及连线焊接。
①元器件引脚处理。
②绝缘线线头的处理。

（2）通电调试。能及时快速地检测电缆存在的故障隐患，降低保障人员的劳动强度，减少人为差错，提高测试速度和测试准确性，缩短电缆检测时间，提高检测效率，适用于军用、民用领域中大型装备、分系统。

（3）加入示波器观察某点电流并进行记录。

任务评价

评分标准见表4-12。

表4-12 评分标准

序号	项目内容	考核要求	评分标准	配分	扣分	得分
1	按图焊接	正确使用工具及仪表，焊接质量可靠，焊接技术符合工艺要求	(1) 布局不合理，扣2分； (2) 焊点粗糙、拉尖、有焊接残渣，每处扣2分； (3) 元件虚焊、气孔、漏焊、松动、损坏元件，每处扣2分； (4) 引线过长、焊剂不擦干净，每处扣2分； (5) 元件的标称值不直观、安装高度不符合要求，每处扣2分； (6) 工具、仪表使用不正确，每次扣5分； (7) 焊接时损坏元件，每只扣5分	30		
2	调试	在规定的时间内，利用仪器、仪表进行通电调试	(1) 通电1次不成功扣10分，2次不成功扣20分，3次不成功扣30分； (2) 调试过程中损坏元件，每只扣4分	30		
3	测试	在所焊接的电子线路板上，用双踪示波器测试电路中某点的电压波形，并绘出波形，写出峰值	(1) 开机准备工作不熟练，扣5分； (2) 测量过程中操作步骤每错一步，扣5分； (3) 波形绘制错误，扣5分； (4) 写出的峰值错误，扣10分	30		
4	安全文明生产		违反安全文明生产，每次扣2分	10		
5	备注		合计	100		
			教师签字	实用时间	年 月 日	

设配环境

元器件明细如表4-13所示。

表4-13 元器件明细

符号	名称	型号与规格	数量
R_1	电阻	200 Ω 1/4 W	1
R_2	电阻	250 Ω 1/4 W	1
R_3、R_9、R_{10}	电阻	1 kΩ 1/4 W	3
R_4	电阻	3.6 kΩ 1/4 W	1
R_7	电阻	5.1 kΩ 1/4 W	1
R_8	电阻	510 Ω 1/4 W	1
R_{11}	电阻	1.6 kΩ 1/4 W	1
R_{12}	电阻	2 kΩ 1/4 W	1
R_{13}	电阻	330 Ω 1/4 W	1
R_{14}	电阻	100 Ω 1/4 W	1

续表

符号	名称	型号与规格	数量
R_{15}	电阻	50 Ω、1/4 W	1
R_6	热敏电阻	RRC 1.1 kΩ	1
C_1	电解电容	0.1 μF、50 V	1
VC	整流桥堆	1 A/50 V	1
VD1	稳压二极管	2CW22K、27 V	1
VD2	稳压二极管	2CW54、6.2 V	1
VT3、VT4	三极管	9013	2
VT5	三极管	9012	1
VT6	单结晶体管	BT33	1
VT8	双向晶闸管	1 A/500 V	1
VD7	二极管	IN4007	1
R_5	微调电位器	3.6 kΩ	1
T	电源变压器	BK-50, 220 V/36 V	1
—	万能线路板	105 mm×130 mm	1

背景知识

一、单向晶闸管

1. 晶闸管的结构符号及工作原理

单向晶闸管（简称晶闸管）内有三个 PN 结，它们是由相互交叠的 4 层 P 区和 N 区所构成的，如图 4-16（a）所示。晶闸管的三个电极是从 P1 区引出阳极 A，从 N2 区引出阳极 K，从 P2 区引出控制极 G，因此它是一个四层三端半导体器件。我们可以把图 4-16（a）所示晶闸管看成是由两部分组成的，如图 4-16（b）所示，把晶闸管等效为两只三极管组成的一对互补管，如图 4-16（c）所示。

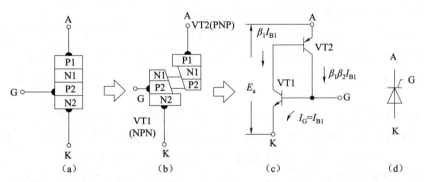

图 4-16 单向晶闸管

当接上电源后，VT1 及 VT2 都处于放大状态，若在 G、K 极加入一个正触发信号，就相当于在 VT1 基极与发射极回路中有一个控制电流 I_G，它就是 VT1 的基极电流 I_{B1}。经放大后，VT1 产生集电极电流 I_{C1}。此电流流出 VT2 的基极，成为 VT2 的基极电流。于是，VT2 产生了集电极电流 I_{C2}，I_{C2} 再流入 VT1 的基极，再次得到放大。这样依次循环下去，一瞬间便可使 VT1 和 VT2 全部导通并达到饱和。所以，当晶闸管加上正电压后，一输入触发信号，它就会立即导通。晶闸管一经导通，由于导致 VT1 基极上总是流过比控制极电流 I_C 大得多的电流，所以即使触发信号消失后，晶闸管仍能保持导通状态。只有降低电源电压，使 VT1、VT2 集电极电流小于某一维持导通的最小值，晶闸管才能转为关断状态。

如果把电源反接，VT1 和 VT2 都不具备放大工作条件，即使有触发信号，晶闸管也无法工作而处于关断状态。同样，在没有输入触发信号或触发信号极性相反时，即使晶闸管加上正向电压，它也无法导通。

晶闸管的图形符号如图 4-16（d）所示，文字符号为 VT。

2. 晶闸管的导通及关断条件

（1）晶闸管的导通条件：在晶闸管的阳极 A 和阴极 K 两端加正向电压，同时在它的门极 G 和阴极 K 两端也加正向电压，两者缺一不可。

（2）晶闸管一旦导通，门极即失去控制作用，因此门极所加的触发电压一般为脉冲电压。晶闸管从阻断变为导通的过程称为触发导通。门极触发电流一般只有几十毫安到几百毫安，而晶闸管导通后，可以通过几百、几千安的电流。

（3）晶闸管的关断条件：使流过晶闸管的阳极电流小于维持电流 I_H，或将阳极电压降为零或使阳极电压反向。

3. 晶闸管的伏安特性

晶闸管阳极 A 与阴极 K 之间的电压与晶闸管阳极电流之间的关系称为晶闸管伏安特性，如图 4-17 所示。正向特性位于第一象限，反向特性位于第三象限。

1）反向特性

当控制极 G 开路，阳极加上反向电压时 J2 结正偏，但 J1、J3 结反偏。此时只能流过很小的反向饱和电流，当电压进一步提高到 J1 结的雪崩击穿电压后，同时 J3 结也击穿，电流迅速增加，如图 4-17 中的特性曲线 OR 段开始弯曲，弯曲处的电压 U_{RO} 称为"反向转折电压"。此后，晶闸管会发生永久性反向击穿。

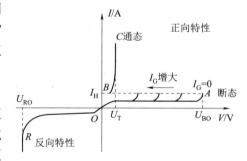

图 4-17 晶闸管的伏安特性

2）正向特性

当门极 G 开路，阳极 A 加上正向电压时，J1、J3 结正偏，但 J2 结反偏，这与普通 PN 结的反向特性相似，也只能流过很小电流，这叫正向阻断状态，当电压增加，如图 4-17 所示的特性曲线 OA 段开始弯曲，弯曲处的电压 U_{BO} 称为"正向转折电压"。

由于电压升高到 J2 结的雪崩击穿电压后，J2 结发生雪崩倍增效应，在结区产生大量的电子和空穴，电子进入 N1 区，空穴进入 P2 区。进入 N1 区的电子与由 P1 区通过 J1 结注入 N1 区的空穴复合。同样，进入 P2 区的空穴与由 N2 区通过 J3 结注入 P2 区的电子复合，雪崩击穿后，进入 N1 区的电子与进入 P2 区的空穴各自不能全部复合掉。这样，在 N1 区就有电子积累，在 P2 区就有空穴积累，结果使 P2 区的电位升高，N1 区的电位下降，J2 结变成正偏，只要电流稍有增加，电压便迅速下降，出现所谓负阻特性，如图 4-17 中的虚线 AB 段。这时 J1、J2、J3 三个结均处于正偏，晶闸管便进入正向导电状态——通态，此时，它的特性与普通的 PN 结正向特性相似，如图 4-17 所示的 BC 段。

3）触发导通

在门极 G 上加入正向电压时，因 J3 正偏，P2 区的空穴进入 N2 区，N2 区的电子进入 P2 区，形成触发电流 I_{GT}。在晶闸管的内部正反馈作用的基础上，加上 I_{GT} 的作用，使晶闸管提前导通，导致图中的伏安特性 OA 段左移，I_{GT} 越大，特性左移越快。

4. 晶闸管的主要参数

（1）断态重复峰值电压 U_{DRM}：门极开路，重复率为 50 次/s，每次持续时间不大于 10 ms 的断态最大脉冲电压，$U_{DRM} = 90\% U_{DSM}$，U_{DSM} 为断态不重复峰值电压。U_{DSM} 应比 U_{BO} 小，所留的裕量由生产厂家决定。

（2）反向重复峰值电压 U_{RRM}：其定义同 U_{DSM} 相似，$U_{RRM} = 90\% U_{RSM}$，U_{RSM} 为反向不重复峰值电压。

（3）额定电压：选 U_{DRM} 和 U_{RRM} 中较小的值作为额定电压，使用时额定电压应为正常工作峰值电压的 2~3 倍，应能承受经常出现的过电压。

（4）通态平均电流 $I_{T(AV)}$：工频正弦半波的全导通电流在一个整周期内的平均值，是在环境温度为 40 ℃稳定结温情况下不超过额定值，所允许的最大平均电流作为该器件的额定电流。

（5）通态平均电压 $U_{T(AV)}$：晶闸管通过正弦半波的额定通态平均电流时，器件阳极 A 和阴极 K 间电压的平均值一般称为管压降，为 0.8~1.0 V。

（6）维持电流 I_H：晶闸管从通态到断态，维持通态的最小通态电流（数十毫安到一百多毫安）。

二、双向晶闸管

1. 双向晶闸管的结构和特性

双向晶闸管的结构、等效电路和符号如图 4-18（a）~图 4-18（c）所示，相当于两个反并联连接的普通晶闸管。它有三个电极，两个主电极 A1（T1）、A2（T2），一个门极 G，在门极触发信号的作用下主电极的正反两个方向均可触发导通，电压电流特性如图 4-18（d）所示。

2. 触发方式

双向晶闸管门极加正负触发电压都能使管子触发导通，因此有如下 4 种触发方式。

（1）Ⅰ₊触发方式，即 A1 为正，A2 为负，U_G 为正（相对 A2），特性曲线在第一象限。

（2）Ⅰ₋触发方式，即 A1 为正，A2 为负，U_G 为负（相对 A2），特性曲线在第一象限。

（3）Ⅲ₊触发方式，即 A1 为负，A2 为正，U_G 为正（相对 A2），特性曲线在第三象限。

（4）Ⅲ₋触发方式，即 A1 为负，A2 为正，U_G 为负（相对 A2），特性曲线在第三象限。

在实际中多采用（Ⅰ₊Ⅲ₋）和（Ⅰ₋Ⅲ₋）两种组合的触发方式。

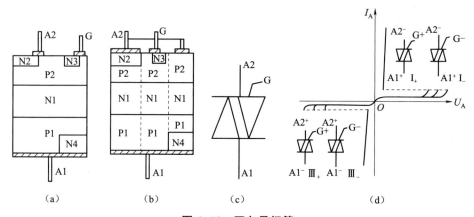

图 4-18 双向晶闸管

(a) 结构;(b) 等效电路;(c) 符号;(d) 电压电流特性

三、单结晶体管

1. 单结晶体管的结构和符号

单结晶体管又叫双基极二极管,它有三个电极:一个发射极(E)和两个基极(第一基极 B1、第二基极 B2),发射极 E 跟两个基极 B1、B2 之间只形成一个 PN 结,所以称为单结晶体管。单结晶体管的结构符号如图 4-19(a)、图 4-19(b)所示。它的等效电路如图 4-19(c)所示。R_{B1}、R_{B2} 是两个基极之间的等效电阻,R_{B1} 是第一基极 B1 与 PN 结之间的电阻,其数值随发射极电流 I_E 而变化;R_{B2} 是第二基极 B2 与 PN 结之间的电阻,其数值与发射极电流无关。发射极与两个基极之间的 PN 结可用一个等效二极管 VD 表示。

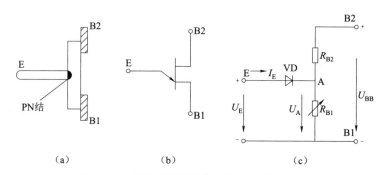

图 4-19 单结晶体管结构、符号和等效电路

(a) 结构;(b) 符号;(c) 等效电路

2. 单结晶体管的特性

(1) 当发射极电压 U_E 小于峰点电压 U_P 时,单结晶体管截止,只有很小的发射极漏电流,发射极与第一基极的等效电阻可认为无穷大 $R_{EB1} \to \infty$。

(2) 当发射极电压 U_E 等于峰点电压 U_P 时,单结晶体管导通 R_{EB1} 较小,导通后当 $U_E \leqslant U_V$ 时,管子由导通重新变为截止。

(3) 两个基极的电压为零时,发射极与第二基极的等效电阻基本为 0。

（4）不同的单结晶体管有不同的 U_P 和 U_V，同一只单结晶体管，不同的电源电压 U_{BB}、U_P 和 U_V 也不同。

实训指导

实训操作一

1. 单向晶闸管极性的判断

（1）对晶闸管的电极有的可从外形封装加以判别，如外壳就为阳极，阴极引线比门极引线长。

（2）万用表简单判别。将万用表拨至 $R\times 1$ k 或 $R\times 100$ 挡，分别测量各脚间的正反向电阻；如测得某两脚之间的电阻较大（约 80 kΩ），再将两表笔对调，重测这两脚之间的电阻；如阻值较小（约为 2 kΩ），这时黑表笔所接触的引脚为门极 G，红表笔所接触的引脚为阴极 C，当然剩余的一个引脚就为阳极 A。在测量中如出现正反向阻值都很大，则应更换引脚位置重新测量，直到出现上述情况为止。

2. 晶闸管质量好坏的判别

晶闸管质量好坏的判别可以从四个方面进行：第一是三个 PN 结应完好；第二是当阴极与阳极间电压反向连接时能够阻断，不导通；第三是当门极开路时，阴极与阳极间的电压正向连接时也不导通；第四是给门极加上正向电流，给阴极与阳极加正向电压时，晶闸管应当导通，把门极电流去掉，仍处于导通状态。

用万用表的欧姆挡测量晶闸管的极间电阻，就可对前三个方面的好坏进行判断。具体方法如下。

（1）用 $R\times 1$ k 或 $R\times 10$ k 挡测阴极与阳极之间的正反向电阻（控制极不接电压），此两个阻值均应很大。电阻值越大，表明正反向漏电电流越小。如果测得的阻值较低，或近于无穷大，说明晶闸管已经击穿短路或已经开路，此晶闸管不能再使用了。

用 $R\times 1$ k 或 $R\times 10$ k 挡测阳极与门极之间的电阻，电阻值很小表明晶闸管已经损坏。

（2）用 $R\times 1$ k 或 $R\times 100$ 挡测门极与阴极之间的 PN 结的正反向电阻，如出现正向阻值不能无穷大，正常情况是反向阻值明显大于正向阻值。

（3）用 $R\times 1$ k 或 $R\times 10$ k 挡让黑、红表笔分别接触阳极 A、阴极 K，再将控制极 G 与黑表笔接触，这时可看见万用表导通，慢慢使控制极断开（阳极、阴极保持接触），此时，如果万用表仍然导通，说明晶闸管是好的；但如果晶闸管不能保持导通，不能说明它是坏的，因为可能是控制极电流小于它的最小维持电流。

3. 单向与双向晶闸管区别

双向晶闸管等效于两只单向晶闸管反向并联而成。即其中一只单向硅阳极与另一只阴极相连，其引出端称 T1 极，其中一只单向硅阴极与另一只阳极相连，其引出端称 T2 极，剩下则为控制极（G）。

1）单、双向晶闸管的判别

先任测两个极，若正、反向测指针均不动（$R\times 1$ 挡），可能是 A、K 或 G、A 极（对单向可控硅）也可能是 T2、T1 或 T2、G 极（对双向晶闸管）。

若其中有一次测量指示为几十至几百欧姆,则必为单向可控硅,且红表笔所接的为 K 极,黑表笔接的为 G 极,剩下的即 A 极。

若正、反向测均为几十至几百欧姆,则必为双向可控硅。再将旋钮拨至 $R×1$ 或 $R×10$ 挡复测,其中必有一次阻值稍大,则稍大的一次红表笔接的为 G 极,黑表笔所接的为 T1 极,余下的是 T2 极。

2)性能的差别

将旋钮拨至 $R×1$ 挡,对于 1~6 A 单向可控硅,红表笔接 K 极,黑表笔同时接通 G、A 极,在保持黑表笔不脱离 A 极状态下断开 G 极,指针应指示几十欧姆至 100 Ω,此时可控硅已被触发,且触发电压低(或触发电流小)。然后瞬时断开 A 极再接通,指针应退回 ∞ 位置,则表明晶闸管良好。

对于 1~6 A 双向可控硅,红表笔接 T1 极,黑表笔同时接 G、T2 极,在保证黑表笔不脱离 T2 极的前提下断开 G 极,指针应指示为几十至一百多欧姆(视晶闸管电流大小、厂家不同而异)。然后将两表笔对调,重复上述步骤再测一次,指针指示还要比上一次稍大十几至几十欧姆,则表明晶闸管良好,且触发电压(或电流)小。若保持接通 A 极或 T2 极时断开 G 极,指针立即退回 ∞ 位置,则说明可控硅触发电流太大或损坏。

对于单向可控硅,闭合开关 K,灯应发亮,断开 K 灯仍不熄灭,否则说明可控硅损坏。

对于双向可控硅,闭合开关 K,灯应发亮,断开 K 灯应不熄灭。然后将电池反接,重复上述步骤,均应是同一结果,才说明是好的,否则说明该器件已损坏。

实训操作二　单结管的简易测试

1. 判定发射极 E

将万用表电阻挡置于 $R×1$ k 挡,用两表笔测得任意两个电极间的正、反向电阻均相等(2~10 kΩ)时,这两个电极即 B1 和 B2,余下的一个电极为发射极 E。

2. 区分第一基极 B1 与第二基极 B2

将黑表笔接 E 极,用红表笔依次去接触另外两个电极,分别测得正向电阻值。由于管子构造上的原因,第二基极 B2 靠近 PN 结,所以发射极 E 和 B2 间的正向电阻应比 E 与 B1 间的正向电阻小一些。它们的数量级上应在几到十几千欧范围内。因此,当按上述接法测得的阻值较小时,其红表笔所接的电极即 B2,测得阻值较大时,红表笔所接的电极则为 B1。

实训操作三　恒温箱的制作与调试

1. 恒温箱的工作原理

用一个装有加热源(220 V、15 W 的小灯泡)的盒子来模拟恒温箱,通过盒子内温度传感元件——热敏电阻,可以及时得到恒温箱内部温度情况的电信号,以便构成闭环控温系统。图 4-20 所示为自动调压恒温系统电路。

2. 电路组成

它由主回路和触发控制回路两部分组成。

项目4 电子基本工艺与技能训练

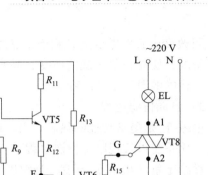

图 4-20 自动调压恒温系统电路

1) 主回路

它由一个双向晶闸管构成交流调压电路来对恒温箱内的加热源供电。主回路电源电压为交流 220 V。

2) 触发控制回路

这是一个由单结晶体管作为振荡元件的触发电路,主要由梯形波发生电路(VC、R_1、VD1)、给定电压电路(R_2、VD2、R_5)、反馈电路(R_6)、桥式输入电路(R_5、R_6、R_9、R_{10})、差分放大电路(R_3、R_4、R_7、VT3、VT4)、二级放大电路(VT5、R_{11}、R_{12})和脉冲振荡电路(R_{11}、R_{12}、R_{13}、R_{14}、C_1、VT5、VT6)组成。

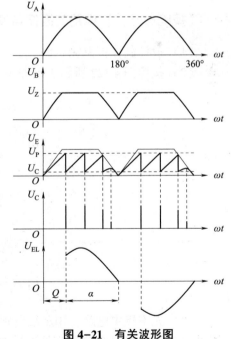

图 4-21 有关波形图

(1) 梯形波发生电路。整流桥(VC)对交流电压进行整流,经 R_1、VD1 削波得到图4-21所示 U_B 梯形波。这种梯形波一方面为单结晶体管提供正向工作电压;另一方面可以加宽输出脉冲的移相范围。

(2) 给定信号、反馈信号比较电路。VT3、VT4 和 R_3、R_4 等构成了一个差动电路。其中给定量调节电阻 R_5 和温度反馈电阻 R_6 以及两个基准电阻 R_9、R_{10} 组成的平衡电桥构成了差动放大器两侧的输入偏置电路,差动放大器放大的是平衡电桥的差值信号 ΔU_i ($= U_{B3} - U_{B4}$)。不论是人为调节电阻 R_5,还是因恒温箱内温度变化使 R_6 阻值变化,都会使 ΔU_i 变化,以至于改变放大器的输出值。在这里,平衡电桥的电源 U_C 是由稳压管 VD2 在 U_B 的基础上再次稳压得到的。这种两次稳压的方法可更有效地防止外界电压波动对平衡电桥的影响。R_1、R_2 分别是两个稳压管的限流电阻。

(3) 放大和脉冲振荡电路。差动放大器输出电压 U_E 由 VT5 管放大,并被转换为单结晶体管发射极回路中电容 C_1 的充电电流信号 i_C。改变

U_E，可改变电容器电压上升到单结晶体管峰点电压 U_P 值的速度，从而改变振荡电路输出脉冲的密度，使控制角 α 随之改变，晶闸管的输出电压 U_o（也是加热器的输入电压）也随之改变，箱内的温度也就改变。

3）自动恒温过程

电阻 R_6 是呈负特性的热敏电阻，即当温度下降时，其阻值上升，所以当恒温箱温度变化时，该系统可实现以下恒温过程。

设给定量（R_5 值）不变，当温度下降时有：

$t\ ℃\downarrow\to R_6\uparrow\to\Delta U_i\uparrow\to U_E\downarrow\to i_C\downarrow\to\alpha\downarrow\to\theta\uparrow\to U_o\uparrow\to t\ ℃\uparrow\to R_6\downarrow$ 直到 ΔU_i（电桥平衡）$=0\to U_E$（仅指交流成分）$=0\to i_C=0\to U_o=0$。

操作指导

【技能操作一】元器件的检测

(1) 整流桥的检测：各取 5 个有好有坏的二极管、半整流桥、整流桥，让学生从外观结构上找出管脚，并同时用万用表测量其好坏及极性。

(2) 热敏电阻的测量：取一些热敏电阻，让学生测量其电阻阻值随温度变化的情况。

(3) 晶闸管及双向晶闸管的测量：取一定量的晶闸管及双向晶闸管，让学生从外观结构上找出管脚，并同时用万用表判断其好坏及极性。

(4) 单结晶体管的测量：取 5 只单结晶体管，让学生从外观结构上找出管脚，并同时用万用表测量其管脚。

【技能操作二】电路的制作与调试

(1) 设计制作恒温箱电路。

(2) 按照图 4-22 所示正确安装各元器件，热敏电阻 R_6 可用导线连接安放在恒温箱内。

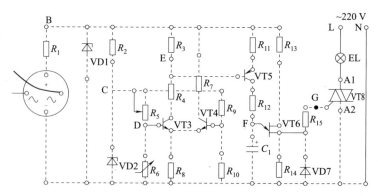

图 4-22 恒温箱万能板布件接线图

(3) 先不接主电路，用示波器观察 G 点波形，看是否有触发脉冲产生；调节微调电位器 R_5，观察脉冲的疏密程度是否受 R_5 的控制。

(4) 安装好主回路部分，并与触发回路连接。调节 R_5，灯的亮暗程度应连续可调。

（5）将 R_5 抽头置于中间位置，用双踪示波器测试 A~G 各点相对于零点的电压波形，并把测试结果记录下来。最后分析它们之间的相位、周期、幅度及与控制角 α 的关系。

（6）改变电位器 R_5 的值，分别测量最大和最小给定时的触发角 α 和负载电压 U_L 的波形，同时观察灯对应的亮度。

（7）效果测试：在灯灭时，打开恒温箱盖，或在灯亮时，关闭恒温箱盖，观察该系统自动恒温现象。

（8）根据需要做相应的纪录，如绘制表格，记录测试参数、波形以及分析结论和调试体会等。

（9）注意事项：

①需自行绘制恒温箱图纸，并标出尺寸。

②元件应排列整齐、布局合理。

③焊点应光滑平整。

④与主回路相连接之前，用示波器观察 VT6 第一基极的输出脉冲，调节 R_5 观察脉冲相位是否可以移动。

⑤用示波器测试波形时，两条测试线中只能有一条的接地线接电路零点；而另一条测试线的接地线悬空，以免通过两根接地线使电路短路。

提高篇

电工专项技能训练

项目 5

三相异步电动机的典型控制线路安装与调试

任务 5.1 三相异步电动机手动正转控制线路的安装与调试

任务描述

手动正转控制线路，包括用刀开关控制、用组合开关控制和用低压断路器又称自动空气开关或自动断路器控制的三相异步电动机电路，对这些电路分析、安装和调试。

（1）根据电动机的额定参数合理选择低压电器，并对元器件的质量好坏进行检验，核对元器件的数量，在规定时间内，按电路图的要求，正确、熟练地安装；准确、安全地连接电源，进行通电试车。

（2）正确使用工具、仪表，安装质量要可靠，安装、布线技术要符合工艺要求。

（3）做到安全操作，文明生产。

任务目标

（1）熟悉三相异步电动机手动正转控制线路的电路组成结构；了解相关低压电器的结构、原理及选用标准。

（2）掌握三相异步电动机手动正转控制线路的工作原理，熟悉线路的安装步骤及工艺要求。

实施条件

1）工作场地

生产车间或实训基地。

2）安全工装

工作服、安全帽、防护眼镜等防护用品。

3）实训器具

（1）电工常用工具：测电笔、螺钉旋具、尖嘴钳、斜口钳、剥线钳、电工刀等。

（2）仪表：5050 型兆欧表、T301-A 型钳形电流表、MF-47 型万用表。

（3）器材。

①控制网板（500 mm×400 mm×10 mm）。
②导线：动力电路采用 BVR1.5 mm² （黑色）塑铜线；接地线采用 BVR（黄绿双线）塑铜线，截面积至少 1.5 mm²；导线数量按板前线槽布线方式预定。
③电气元件见表 5-1。

表 5-1 手动正转控制线路元件明细

代号	名称	型号	规格	数量
M	三相异步电动机	Y100L2	3 kW、380 V、6.8 A、丫接法、1 420 r/min	1
QS	开启式负荷开关	HK1-30/3	三极、380 V、30 A、熔体直连	1
QS	封闭式负荷开关	HH4-30/3	三极、380 V、30 A、配熔体 20 A	1
QS	组合开关	HZ10-25/3	三极、380 V、25 A	1
QS	低压断路器	DZ5-20/330	三极复式脱扣器、380 V、20 A、整定 10 A	1
FU	瓷插式熔断器	RC1A-30/20	380 V、30 A、配熔体 20 A	3

相关知识

低压电器是组成电动机基本控制线路的控制电器。而电动机的基本控制线路又是组成各种机床及机械设备的电气控制线路的基本环节。因此，掌握好本课题的内容和要求，对掌握各种机床及机械设备的电气控制线路的安装、调试与维修具有很重要的作用。

在生产机械的电气图中，常用来表示电气线路的有电路图（也称原理图）和接线图（也称互连图）两种。

电气系统的原理图是根据生产机械运动形式对电气设备的要求绘制而成的，用来协助理解电气设备的各种功能。它是采用国家规定的图形符号和文字符号并按工作顺序排列，详细表示电路、设备或成套装置的全部基本组成和连接关系，而不考虑其实际位置的一种简图。图中各元件、器件和设备的可动部分通常应表示在非激励或不工作的状态或位置。同时各图形符号表示的方法可以采用集中表示法，也可以采用半集中表示法和分开表示法，但属于同一个电器的各元件应该用相同的文字符号表示。

电气系统的原理图通常由主电路和辅助电路两部分组成。

主电路（也称动力电路）是通过强电流的电路，它包括电源电路、受电的动力装置及其控制、保护电器支路等，是由电源开关、电动机、熔断器、接触器主触点、热继电器热元件等组成的。

电气识图与绘制

辅助电路是通过弱电流的电路。对一般生产机械设备的辅助电路，总的包括控制电路、照明电路和信号电路等，是由各类接触器、继电器的线圈、辅助触点、按钮、限位开关的触点及照明、信号灯等组成的。

在原理图上，主电路、控制电路、照明电路和信号电路应按功能分开绘出。一般将主电路绘在图纸的左侧，控制电路绘在主电路的右侧，照明、信号电路与主电路和控制电路分开绘出。主电路中的电源电路绘成水平线，相序 L1、L2、L3 自上而下排列，中性线 N 和保护地线 PE 依次放在相线下面。每个受电的负载及控制、保护电路支路，应垂直电源电路画出。控制和信号电路应垂直绘在两条或几条水平电源线之间。耗电元件（如线圈、电磁离合器、信号灯等）应直接连接在下方的水平电源线上。而控制触点、信号灯等应连接在上方水平电源线与耗能元件之间，并尽可能减少线条和避免线条交叉。为了看图方便，一般应自左至右或自上至下表示操作顺序。

电气原理图能充分表达电气设备和电器的用途、作用及工作原理，给电气线路的安装、调试和检修提供了依据。

电气接线图是根据电气设备和电气元件的实际位置和安装情况绘制的，以表示电气设备各个单元之间的接线关系，主要用于安装接线、线路检查、线路维修和故障处理。在实际应用中，接线图通常需要与原理图和位置图一起使用。

接线图中一般示出：项目的相对位置、项目代号、端子号、导线号、导线类型、导线截面积、屏蔽和导线绞合等内容。图中各个项目（如元件、器件、部件、组件、成套设备等）的表示方法，应采用简化外形（如正方形、矩形、圆形）表示，必要时也可用图形符号表示，符号旁应标注项目代号并应与原理图中的标注一致。

接线图中的导线可用连接线和中断线来表示，也可用线束来表示。在用线束来表示导线组、电缆等时可用加粗的线条表示，在不引起误解的情况下也可采用部分加粗。

生产机械的电气图，除电路图和接线图以外，一般还应有安装图，在必要时还需绘出系统图或框图、位置图、逻辑图等。

安装图是为用户提供安装电气设备所需的资料和参数。当未提供接线图时，安装图上还必须标明电源线的详细情况和控制柜外面分散安装的其他控制电器的位置等。

对于简单的电气设备，不一定要求绘出上面所提及的各种电气图，但通常应有电气原理图、接线图和安装图。

一、常用低压电器的识别

低压电器广泛应用于电力输配系统、电力拖动系统和自动控制设备中，它对电能的产生、输送、分配与应用起着开关、控制、保护与调节等作用。

正确识别常用低压电器，是维修电工在日常维修工作中进行选用、更换、购置和领用低压电器时的基本要求。

1. 低压电器的分类

1）根据在线路中所处的地位和作用分类

（1）低压控制电器：主要用于电力拖动系统中。这类电器有接触器、控制继电器、启动器、主令电器、控制器、电阻器、变阻器、电磁铁等。

（2）低压配电电器：主要用于低压配电系统及动力设备中。这类电器有刀开关、熔断器、低压断路器等。

2）根据动作方式分类

（1）自动切换电器。这类电器的特点是：它们完成接通、切断等动作，是依靠本身参数的变化或外来信号自动进行的，而不是用人力直接操作的，如接触器、控制继电器等。

（2）非自动切换电器。这类电器主要是依靠外力来进行切换的，如刀开关、主令控制器等。

2. 低压电器的型号及意义

低压电器的种类繁多，我国编制的低压电器产品型号适用于12大类产品：刀开关和转换开关、熔断器、断路器、控制器、接触器、启动器、控制继电器、主令电器、电阻器、变阻器、调整器、电磁铁。

1) 低压电器的型号及组成形式

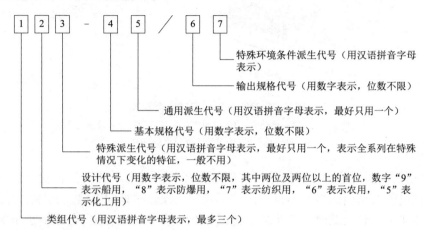

2) 低压电器型号意义举例

（1）RL1-15/2：RL 为类组代号，表示螺旋式熔断器；1 表示设计代号；15 表示熔断器的额定电流为 15 A，2 表示熔体的额定电流为 2 A。全型号表示：15 A 螺旋式熔断器，熔体额定电流为 2 A。

（2）HZ10-10/3：表示额定电流为 10 A 的三极组合开关。

（3）LA10-2H：表示按钮数为 2 的保护式按钮。

（4）CJ10-20：表示额定电流为 20 A 的交流接触器。

（5）JR16-20/3D：表示额定电流为 20 A 的带有断相保护的三极结构热继电器。

二、低压开关

低压开关主要作隔离、转换及接通和分断电路用，多数用作机床电路的电源开关和局部照明电路的控制开关，有时也可用来直接控制小容量电动机的启动、停止和正、反转。

低压开关一般为非自动切换电器，常用的主要类型有刀开关、组合开关和低压断路器。

1. 刀开关

刀开关的种类很多，在电力拖动控制线路中最常用的是由刀开关和熔断器组合而成的负荷开关。负荷开关分为开启式负荷开关和封闭式负荷开关两种。

1) 开启式负荷开关

开启式负荷开关又称为瓷底胶盖刀开关，简称闸刀开关。生产中常用的是 HK 系列开启式负荷开关，适用于照明、电热设备及小容量电动机控制线路中，供手动不频繁地接通和分断电路，并起短路保护作用。

（1）结构。HK 系列负荷开关由刀开关和熔断器组合而成，其结构如图 5-1（a）所示。开关的瓷底座上装有进线座、静触头、熔体、出线座和带瓷质手柄的刀式动触头，上面盖有胶盖以防止操作时触及带电体或分断时产生的电弧飞出伤人。

开启式负荷开关在电路图中的符号如图 5-1（b）所示。

（2）选用。开启式负荷开关的结构简单、价格便宜，在一般的照明电路和功率小于

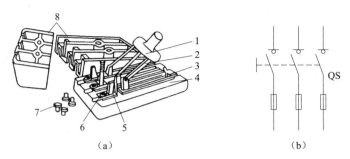

图 5-1 HK 系列开启式负荷开关

1—瓷质手柄；2—动触头；3—出线座；4—瓷底座；5—静触头；
6—进线座；7—胶盖紧固螺钉；8—胶盖

5.5 kW 的电动机控制线路中被广泛采用。但这种开关没有专门的灭弧装置，其刀式动触头和静夹座易被电弧灼伤引起接触不良，因此不宜用于操作频繁的电路。具体选用方法如下。

①用于照明和电热负载时，选用额定电压 220 V 或 250 V，额定电流不小于电路所有负载额定电流之和的两极开关。

②用于控制电动机的直接启动和停止时，选用额定电压 380 V 或 500 V，额定电流不小于电动机额定电流 3 倍的三极开关。

（3）安装与使用。

①开启式负荷开关必须垂直安装在控制屏或开关板上，且合闸状态时手柄应朝上。不允许倒装或平装，以防发生误合闸事故。

②开启式负荷开关控制照明和电热负载使用时，要装接熔断器作短路和过载保护。接线时应把电源进线接在静触头一边的进线座，负载接在动触头一边的出线座，这样在开关断开后，闸刀和熔体上都不会带电。开启式负荷开关用作电动机的控制开关时，应将开关的熔体部分用铜导线直连，并在出线端另外加装熔断器作短路保护。

③更换熔体时，必须在闸刀断开的情况下按原规格更换。

④在分闸和合闸操作时，动作应迅速，使电弧尽快熄灭。

2）封闭式负荷开关

封闭式负荷开关是在开启式负荷开关的基础上改进设计的一种开关。其灭弧性能、操作性能、通断能力和安全防护性能都优于开启式负荷开关。因其外壳多为铸铁或用薄钢板冲压而成，故俗称铁壳开关。可用于手动不频繁的接通和断开带负载的电路以及作为线路末端的短路保护，也可用于控制 15 kW 以下的交流电动机不频繁的直接启动和停止。

（1）结构。常用的封闭式负荷开关有 HH3、HH4 系列，其中 HH4 系列为全国统一设计产品，它的结构如图 5-2 所示。它主要由刀开关、熔断器、操作机构和外壳组成。这种开关的操作机构具有两个特点：一是采用了储能分合闸方式，使触头的分合速度与手柄的操作速

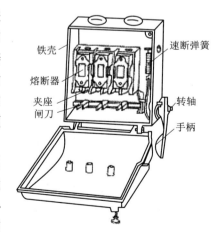

图 5-2 HH 系列封闭式负荷开关

度无关,有利于迅速熄灭电弧,从而提高开关的通断能力,延长其使用寿命;二是设置了联锁装置,保证开关在合闸状态下开关盖不能开启,而当开关盖开启时又不能合闸,确保操作安全。

封闭式负荷开关在电路图中的符号与开启式负荷开关相同。

(2) 选用。

①封闭式负荷开关的额定电压应不小于线路工作电压。

②封闭式负荷开关用于控制照明、电热负载时,开关的额定电流应不小于所有负载额定电流之和;用于控制电动机时,开关的额定电流应不小于电动机额定电流的3倍。

(3) 安装与使用。

①封闭式负荷开关必须垂直安装,安装高度一般离地不低于 1.3~1.5 m,并以操作方便和安全为原则。

②开关外壳的接地螺钉必须可靠接地。

③接线时,应将电源进线接在静夹座一边的接线端子上,负载引出线接在熔断器一边的接线端子上,且进出线都必须穿过开关的进出线孔。

④分合闸操作时,要站在开关的手柄侧,不准面对开关,以免因意外故障电流使开关爆炸,铁壳飞出伤人。

⑤一般不用额定电流 100 A 及以上的封闭式负荷开关控制较大容量的电动机,以免发生飞弧灼伤事故。

2. 组合开关

组合开关又叫转换开关,它体积小、触头对数多、接线方式灵活、操作方便,常用于交流 50 Hz、380 V 以下及直流 220 V 以下的电气线路中,供手动不频繁地接通和断开电路、换接电源和负载以及控制 5 kW 以下小容量异步电动机的启动、停止和反转。

1) 组合开关的结构

HZ 系列组合开关有 HZ1、HZ2、HZ3、HZ4、HZ5 以及 HZ10 等系列产品,其中 HZ10 系列是全国统一设计产品,具有性能可靠、结构简单、组合性强、寿命长等优点。目前在生产中广泛应用的是 HZ10 系列。

HZ10-10/3 型组合开关的外形与结构如图 5-3 所示。开关的三对静触头分别装在三层绝缘垫板上,并附有接线桩,用于电源及用电设备相接。动触头由磷铜片(或硬紫铜片)和具有良好灭弧性能的绝缘钢纸板铆合而成,并和绝缘垫板一起套在附有手柄的方形绝缘转轴上。手柄和转轴能在平行于安装面的平面内沿顺时针或逆时针方向每次转动 90°,带动三个动触头分别与三对静触头接触或分离,实现接通或分断电路的目的。开关的顶盖部分是由滑板、凸轮、扭簧和手柄等构成的操作机构。由于采用了扭簧储能,可使触头快速闭合或分断,从而提高了开关的通断

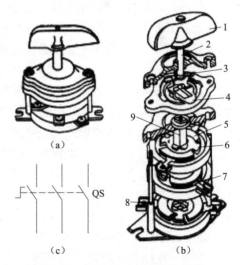

图 5-3 HZ10-10/3 型组合开关
(a) 外形;(b) 结构;(c) 动触头
1—手柄;2—转轴;3—弹簧;4—凸轮;
5—绝缘垫板;6—动触头;7—静触头;
8—接线端子;9—绝缘杆

能力。

组合开关的绝缘垫板可以一层层组合起来,最多可达 6 层。按不同方式配置动触头和静触头,可得到不同类型的组合开关,以满足不同的控制要求。

组合开关在电路图中的符号如图 5-3(c)所示。

2) 组合开关的选用

组合开关应根据电源种类、电压等级、所需触头数、接线方式和负载容量进行选用。用于直接控制异步电动机的启动和正反转时,开关的额定电流一般取电动机额定电流的 1.5~2.5 倍。

3) 组合开关的安装与使用

(1) HZ10 系列组合开关应安装在控制箱(或壳体)内,其操作手柄最好在控制箱的前面或侧面。开关为断开状态时应使手柄在水平旋转位置。HZ3 系列组合开关外壳上的接地螺钉应可靠接地。

(2) 若需在箱内操作,开关最好装在箱内右上方,并且在它的上方不安装其他电器,否则应采取隔离或绝缘措施。

(3) 组合开关的通断能力较低,不能用来分断故障电流。用于控制异步电动机的正反转时,必须在电动机完全停止转动后才能反向启动,且每小时的接通次数不能超过 15~20 次。

(4) 当操作频率过高或负载功率因数较低时,应降低开关的容量使用,以延长其使用寿命。

(5) 倒顺开关接线时,应将开关两侧进出线中的一相互换,并看清开关接线端标记,切忌接错,以免产生电源两相短路故障。

3. 低压断路器

低压断路器可简称断路器,是低压配电网络和电力拖动系统中常用的一种配电电器,它集控制和多种保护功能于一体,在正常情况下可用于不频繁地接通和断开电路以及控制电动机的运行。当线路发生短路、过载和失压等故障时,能自动切断故障电路,保护线路和电气设备。

低压断路器具有操作安全、安装使用方便、工作可靠、动作值可调、分断能力高、兼顾多种保护、动作后不需要更换元件等优点,因此得到广泛应用。

低压断路器按结构形式可分为塑壳式(又称装置式)、框架式(又称万能式)、限流式、直流快速式、灭磁式和漏电保护式六类。

在电力拖动控制系统中常用的低压断路器是 DZ 系列塑壳式断路器,如 DZ5 系列和 DZ10 系列。其中,DZ5 为小电流系列,额定电流为 10~50 A。DZ10 为大电流系列,额定电流有 100 A、250 A、600 A 三种。下面以 DZ5-20 型断路器为例介绍低压断路器。

1) 低压断路器的结构及工作原理

DZ5-20 型低压断路器的外形和结构如图 5-4 所示。

断路器主要由动触头、静触头、灭弧装置、操作机构、热脱扣器、电磁脱扣器及外壳等部分组成。其结构采用立体布置,操作机构在中间,上面是由加热元件和双金属片等构成的热脱扣器,作过载保护,配有电流调节装置,调节额定电流。下面是由线圈和铁芯等组成的电磁脱扣器,作短路保护,它也有一个电流调节装置,调节瞬时脱扣整定电流。主

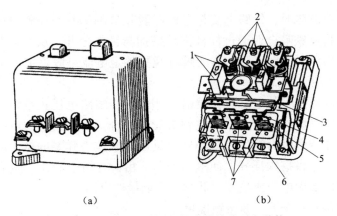

(a)　　　　　　　　　　　　　　　(b)

图 5-4　DZ5-20 型低压断路器的外形和结构

(a) 外形；(b) 结构

1—按钮；2—电磁脱扣器；3—自由脱扣器；4—动触头；5—静触头；6—接线柱；7—热脱扣器

触头在操作机构后面，由动触头和静触头组成，配有栅片灭弧装置，用以接通和分断主回路的大电流。另外还有常开和常闭辅助触头各一对。主、辅助触头的接线柱均伸出壳外，以便于接线。在外壳顶部还伸出接通（绿色）和分断（红色）按钮，通过储能弹簧和杠杆机构实现断路器的手动接通和分断操作。

低压断路器的工作原理如图 5-5（a）所示。使用时断路器的三副主触头串联在被控制的三相电路中，按下接通按钮时，外力使锁扣克服反作用弹簧的反力，将固定在锁扣上面的动触头与静触头闭合，并由锁扣锁住搭钩使动静触头保持闭合，开关处于接通状态。

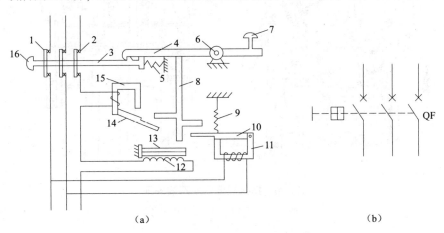

(a)　　　　　　　　　　　　　　　(b)

图 5-5　低压断路器工作原理示意图及符号

(a) 工作原理示意；(b) 符号

1—动触头；2—静触头；3—锁扣；4—搭钩；5—反作用弹簧；6—转轴座；
7—分断按钮；8—杠杆；9—拉力弹簧；10—欠压脱扣器衔铁；11—欠压脱扣器；
12—热元件；13—双金属片；14—电磁脱扣器衔铁；15—电磁脱扣器；16—按钮

当线路发生过载时，过载电流流过热元件产生一定的热量，使双金属片受热向上弯曲，通过杠杆推动搭钩与锁扣脱开，在反作用弹簧的推动下，动、静触头分开，从而切断电路，使用电子设备不致因过载而烧毁。

当线路发生短路故障时，短路电流超过电磁脱扣器的瞬时脱扣整定电流，电磁脱扣器产生足够大的吸力将衔铁吸合，通过杠杆推动搭钩与锁扣分开，从而切断电路，实现短路保护。低压断路器出厂时，电磁脱扣器的瞬时脱扣整定电流一般整定为 $10I_N$（I_N 为断路器的额定电流）。

欠压脱扣器的动作过程与电磁脱扣器恰好相反。当线路电压正常时，欠压脱扣器的衔铁被吸合，衔铁与杠杆脱离，断路器的主触头能够闭合；当线路上的电压消失或下降到某一数值时，欠压脱扣器的吸力消失或减小到不足以克服拉力弹簧的拉力时，衔铁在拉力弹簧的作用下撞击杠杆，将搭钩顶开，使触头分断。由此也可以看出，具有欠压脱扣器的断路器在欠压脱扣器两端无电压或电压过低时，不能接通电路。

需手动分断电路时，按下分断按钮即可。

低压断路器在电路图中的符号如图 5-5（b）所示。

在需要手动不频繁地接通和断开容量较大的低压网络或控制较大容量电动机（40~100 kW）的场合，经常采用框架式低压断路器。这种断路器有一个钢制或压缩的框架，断路器的所有部件都装在框架内，导电部分加以绝缘。它具有过电流脱扣器和欠电压脱扣器，可对电路和设备实现过载、短路、失压等保护。它的操作方式有手柄直接操作、杠杆操作、电磁铁操作和电动机操作四种。其代表产品有 DW10 和 DW16 系列，其外形如图 5-6 所示。

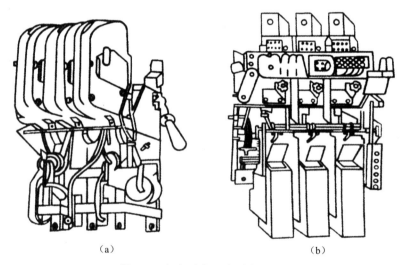

图 5-6 框架式低压断路器外形

（a）DW10 系列；（b）DW16 系列

2）低压断路器的一般选用原则

（1）低压断路器的额定电压和额定电流应不小于线路的正常工作电压和计算负载电流。

（2）热脱扣器的整定电流应等于所控制负载的额定电流。

（3）电磁脱扣器的瞬时脱扣整定电流应大于负载正常工作时可能出现的峰值电流。用于控制电动机的断路器，其瞬时脱扣整定电流可按下式选取：

$$I_Z \geqslant KI_{ST}$$

式中，K 为安全系数，可取值为 1.5~1.7；I_{ST} 为电动机的启动电流。

（4）欠压脱扣器的额定电压应等于线路的额定电压。

（5）断路器的极限通断能力应不小于电路最大短路电流。

3）低压断路器的选择与使用

（1）低压断路器应垂直于配电板安装，电源引线应接到上端，负载引线应接到下端。

（2）低压断路器用作电源总开关或电动机的控制开关时，在电源进线侧必须加装刀开关或熔断器等，以形成明显的断开点。

（3）低压断路器在使用前应将脱扣器工作面的防锈油脂擦拭干净；各脱扣器动作值一经调整好，不允许随意变动，以免影响其动作值。

（4）使用过程中，若遇到分断短路电流，应及时检查触头系统，若发现电灼烧痕，应及时修理或更换。

（5）断路器上的积尘应定期清除，并定期检查各脱扣器动作值，给操作机构添加润滑剂。

三、熔断器

熔断器是一种保护电器，广泛应用于配电电路的严重过载和短路保护。它具有结构简单、使用维护方便、动作可靠等优点。

熔断器

1. 熔断器的结构及类型

1）熔断器的结构

熔断器主要由熔体、熔管和熔座三部分组成。

熔体的材料有两种，一种是由铅、铅锡合金或锌等熔点较低的材料制成的，多用于小电流电路；另一种是由银或铜等熔点较高的材料制成的，主要用于大电流电路。熔体的形状多制成片状、丝状或栅状。

熔管是安装熔体的外壳，用绝缘耐热材料制成，在熔体熔断时兼有灭弧作用。

熔座是用来固定熔管和外接引线的底座。

2）熔断器的类型

熔断器按结构形式分可分为半封闭插入式、无填料封闭管式、有填料封闭管式和自复式四类。

（1）RC1A 系列插入式熔断器。RC1A 系列插入式熔断器也叫瓷插式熔断器，其结构如图 5-7 所示，主要用于交流 50 Hz，额定电压 380 V 及以下，额定电流 200 A 及以下的低压配电线路中，作为电气设备的短路保护及一定程度的过载保护。

（2）螺旋式熔断器。常用产品有 RL1、RL6、RL7、RLS2 等系列。图 5-8 所示为 RL1 系列螺旋式熔断器的结构示意图。该系列熔断器的熔断管内填充着石英砂，以增强灭弧性能。螺旋式熔断器具有熔断指示器，当熔体熔断时指示器会自动脱落，为检修提供了方便。该系列产品具有较高的分断能力，主要用于交流 50 Hz，额

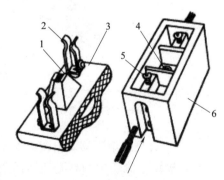

图 5-7 RC1A 系列插入式熔断器

1—熔丝；2—动触头；3—瓷盖；
4—空腔；5—静触头；6—瓷座

定电压 380 V 或直流额定电压 440 V 及以下电压等级的电力拖动电路或成套配电设备中，作短路和连续过载保护。

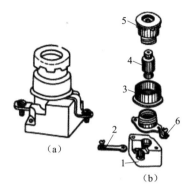

图 5-8　RL1 系列螺旋式熔断器
(a) 外形；(b) 结构
1—瓷座；2—下接线座；3—瓷套；4—熔断管；5—瓷帽；6—上接线座

(3) 封闭管式熔断器。封闭管式熔断器可分为有填料和无填料两种，RM10 系列为无填料的，其结构如图 5-9 所示。该种熔断器具有两个特点：一是其熔管为钢制管，当熔体熔断时熔管内壁会产生高压气体，加快电弧熄灭；二是熔体是用锌片制成变截面形状的，在短路故障时，锌片的狭窄部位同时熔断，形成较大空隙，使电弧容易熄灭。RT0、RT12 等系列为有填料的熔断器，它们的熔管用高频电工瓷制成。熔体是用网状紫铜片制成的，具有较大的分断能力，广泛用于短路电流较大的电力输配电系统中，还可用于熔断器式隔离器、开关熔断器等开关电路中。

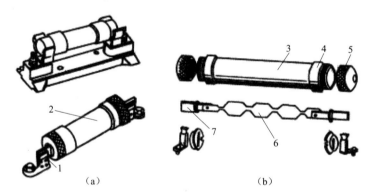

图 5-9　RM10 系列无填料封闭管式熔断器
(a) 外形；(b) 结构
1—夹座；2—熔断管；3—钢纸管；4—黄铜套管；5—黄铜帽；6—熔体；7—刀形夹头

(4) 自复式熔断器。自复式熔断器的熔体是用非线性电阻元件制成的。当电路发生短路时，短路电流产生的高温使熔体迅速汽化，阻值剧增，从而限制了短路电流。当故障清除后，温度下降，熔体重新固化恢复其良好的导电性。它具有限流作用显著、动作时间短、动作后不必更换熔体、可重复使用等优点，但因为它熔而不断，不能真正分断电路，只能限制故障电流，所以在实际应用中一般与断路器配合使用，常用产品为 RZ1 系列。

(5) 新型产品介绍。

①快速熔断器。快速熔断器主要用于半导体功率元件的过电流保护。半导体元件承受过电流能力差、耐热性差，快速熔断器可满足其需要。常用的快速熔断器有 RS0、RS3、RLS2 等系列。RS0 和 RS3 系列适用于半导体整流元件和晶闸管的短路保护。RLS2 系列适用于小容量硅元件的短路保护。

②高分断能力熔断器。根据德国 AEG 公司制造技术标准生产的 NT 型系列产品属于高分断能力熔断器，其额定电压可达 660 V，额定电流为 1 000 A，分断能力可达 120 kA，适用于工业电气装置、配电设备的过载和短路保护。

2. 熔断器的保护特性

（1）保护特性曲线。熔断器的保护特性曲线亦称安秒特性曲线，在规定条件下，是表征流过熔体的电流与熔体的熔断时间的曲线。图 5-10 所示为熔断器的保护特性曲线，从图上可以看出，它是反时限曲线。即熔断器通过的电流越大，熔断时间越短。普通熔断器的熔断时间与熔断电流的关系见表 5-2。

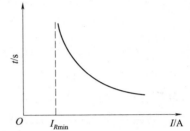

图 5-10 熔断器的时间-电流特性

表 5-2 熔断器的熔断时间与熔断电流的关系

熔断电流/A	1.25~1.30	1.6	2.0	2.5	3.0	4.0	10.0
熔断时间/s	—	3 600	40	8	4.5	2.5	0.4

（2）熔断器在电路图中的符号如图 5-11 所示，其文字符号为 FU。

图 5-11 熔断器的符号

3. 熔断器的选择

1）熔断器的类型选择

其类型根据使用环境、负载性质和各类熔断器的适用范围来选择。例如，用于照明电路或容量较小的电热负载，可选用 RC1A 系列瓷插式熔断器；在机床控制电路中，较多选用 RL1 系列螺旋式熔断器；用于半导体元件及晶闸管保护时，可选用 RLS2 或 RS0 系列快速熔断器。在一些有易燃气体或短路电流相当大的场合，则应选用 RT0 系列具有较大分断能力的熔断器等。

2）熔断器的额定电压和额定电流的选择

熔断器的额定电压必须等于或大于被保护电路的额定电压；熔断器的额定电流必须等于或大于所装熔体的额定电流。

3）熔体额定电流的选择

（1）对阻性负载电路（如照明电路或电热负载）的短路保护，熔体的额定电流应等于或稍大于负载的额定电流。

(2) 对电动机负载、熔体额定电流的选择要考虑冲击电流的影响，对一台不经常启动且启动时间不长的电动机的短路保护，熔体的额定电流（I_fu）应大于或等于 1.5~2.5 倍的电动机额定电流 I_N，即

$$I_\mathrm{fu} \geqslant (1.5 \sim 2.5) I_\mathrm{N}$$

式中，I_N 为电动机的额定电流。

当电动机频繁启动或启动时间较长时，上式的系数应增加到 3.0~3.5。

对于多台电动机的短路保护，熔体的额定电流应大于或等于最大容量电动机的额定电流加上其余电动机额定电流的总和，即

$$I_\mathrm{fu} \geqslant (1.5 \sim 2.5) I_\mathrm{Nmax} + \sum I_\mathrm{N}$$

式中，I_Nmax 为容量最大的一台电动机的额定电流；$\sum I_\mathrm{N}$ 为其他电动机的额定电流的总和。

4）额定分断能力的选择

熔断器的分断能力应大于电路中可能出现的最大短路电流。

5）熔断器选择性保护的选择

在电路系统中，为了把故障影响缩小到最小范围，电器应具备选择性的保护特性，即要求电路中某一支路发生短路或过载故障时，只有距离故障点最近的熔断器动作，而主回路的熔断器或断路器不动作，这种合理的选配称为选择性配合。在实际应用中可分为熔断器上一级和下一级的选择性配合以及断路器与熔断器的选择性配合等。对于熔断器上下级之间的配合，一般要求上一级熔断器的熔断时间至少是下一级的 3 倍；当上下级选用同一型号的熔断器时，其电流等级以相差 2 级为宜；若上下级所用的熔断器型号不同，则应根据保护特性上给出的熔断时间来选择。对于断路器与熔断器的选择性配合具体选择要参考各电器的保护特性。

四、电动机控制线路安装步骤和方法

安装电动机控制线路时，必须按照有关技术文件执行，并应适应安装环境的需要。

电动机的控制线路包含电动机的启动、制动、反转和调速等，大部分控制线路是采用各种有触点的电器，如接触器、继电器、按钮等。一个控制线路可以比较简单，也可以相当复杂。但是，任何复杂的控制线路总是由一些比较简单的环节有机地组合起来的。因此，对不同复杂程度的控制线路在安装时，所需要技术文件的内容也不相同。对于简单电气设备，一般可把有关资料归在一个技术文件里（如原理图），但该文件应能表示电气设备的全部器件，并能实施电气设备和电网的连接。

电动机控制线路的安装步骤和方法如下。

1. 按元件明细表配齐电气元件并进行检验

所有电气控制元器件，至少应具有制造厂的名称或商标、型号或索引号、工作电压性质和数值等标志。若工作电压标志在操作线圈上，则应使装在器件上线圈的标志是显而易见的。

2. 安装控制箱（柜或板）

控制板的尺寸应根据电器的安排情况决定。

1)电器的安排

尽可能组装在一起,使其成为一台或几台控制装置。只有那些必须安装在特定位置上的器件,如按钮、手动控制开关、位置传感器、离合器、电动机等,才允许分散安装在指定的位置上。

安装发热元件时,必须使箱内所有元件的温升保持在它们的容许极限内。对发热很大的元件,如电动机的启动、制动电阻等,必须隔开安装,必要时可采用风冷。

2)可接近性

所有电器必须安装在便于更换、检测方便的地方。

为了便于维修或调整,箱内电气元件的部位必须位于离地 0.4~2.0 m。所有接线端子,必须位于离地至少 0.2 m 处,以便于装拆导线。

3)间隔和爬电距离

安排器件必须符合规定的间隔和爬电距离,并应考虑有关的维修条件。

控制箱中的裸露、无电弧的带电零件与控制箱导体壁板间的间隙为:对于 250 V 以下的电压,间隙应不小于 15 mm;对于 250~500 V 的电压,间隙应不小于 25 mm。

4)控制箱内电器的安排

除必须符合上述有关要求外,还应做到以下几点。

(1)除了手动控制开关、信号灯和测量器件外,门上不要安装任何器件。

(2)由电源电压直接供电的电器最好装在一起,使其与只由控制电压供电的电器分开。

(3)电源开关最好装在箱内右上方,其操作手柄应装在控制箱前面或侧面。电源开关的上方最好不安装其他电器,否则应把电源开关用绝缘材料盖住,以防电击。

(4)箱内电器(如接触器、继电器等)应按原理图上的编号顺序,牢固地安装在控制箱(板)上,并在醒目处贴上各元件相应的文字符号。

(5)控制箱内电器安装板的大小必须能自由通过控制箱或壁龛的门,以便于装卸。

3. 布线

1)选用导线

导线的选用要求如下。

(1)导线的类型。硬线只能固定安装于不动部件之间,且导线的截面积应小于 0.5 mm^2。若在有可能出现振动的场合或导线的截面积大于等于 0.5 mm^2 时,必须采用软线。

电源开关的负载侧可采用裸导线,但必须是直径大于 3 mm 的圆导线或者是厚度大于 2 mm 的扁导线,并应有预防直接接触的保护措施(如绝缘、间距、屏护等)。

(2)导线的绝缘。导线必须绝缘良好,并应具有抗化学腐蚀能力。在特殊条件下工作的导线,必须同时满足使用条件的要求。

(3)导线的截面积。在必须能承受正常条件下流过的最大稳定电流的同时,还应考虑线路允许的电压降、导线的机械强度和与熔断器相配合。

2)敷线方法

所有导线从一个端子到另一个端子的走线必须是连续的,中间不得有接头。有接头的地方应加装接线盒。接线盒的位置应便于安装与维修,而且必须加盖,盒内导线必须留有足够的长度,以便于拆线和接线。

敷线时，对明露导线必须做到平直、整齐、走线合理等要求。

3）接线方法

所有导线的连接必须牢固，不得松动。在任何情况下，连接器件必须与连接导线截面积和材料性质相适应。

导线与端子的接线，一般一个端子只连接一根导线。有些端子不适合连接软导线时，可在导线端头上采用针形、叉形等冷压接线头。如果采用专门设计的端子，可以连接两根或多根导线，但导线的连接方式必须是工艺成熟的各种方式，如夹紧、压接、焊接、绕接等。这些连接工艺应严格按照工序要求进行。

导线的接头除必须采用焊接方法外，所有导线应当采用冷压接线头。如果电气设备在正常运行期间承受很大振动，则不允许采用焊接的接头。

4）导线的标志

（1）导线的颜色标志。保护导线 PE 必须采用黄绿双色；动力电路的中性线（N）和中间线（M）必须用浅蓝色；交流或直流动力电路应采用黑色；交流控制电路采用红色；直流控制电路采用蓝色；用作控制电路联锁的导线，如果是与外边控制电路连接，而且当电源开关断开仍带电时，应采用橘黄色或黄色；与保护导线连接的电路采用白色。

（2）导线的线号标志。导线线号的标志应与原理图和接线图相符合。在每一根连接导线的线头上必须套上标有线号的套管，位置应接近端子处。线号的编制方法如下。

主电路：三相电源按相序自上而下编号为 L1、L2、L3；经过电源开关后，在出线端子上按相序依次编号为 U11、V11、W11。主电路中各支路的编号，应从上至下、从左至右，每经过一个电气元件的线桩后，编号要递增，如 U11、V11、W11，U12、V12、W12，等等。单台三相交流电动机（或设备）的三根引出线按相序依次编号为 U、V、W（或用 U1、V1、W1 表示），多台电动机引出线的编号，为了不致引起误解和混淆，可在字母前冠以数字来区别，如 1U、1V、1W，2U、2V、2W，等等。在不产生矛盾的情况下，字母后应尽可能避免采用双数字，如单台电动机的引出线采用 U、V、W 的线号标志时，三相电源开关后的出线端编号可为 U1、V1、W1。当电路编号与电动机线端标志相同时，应三相同时跳过一个编号来避免重复。

控制电路与照明、指示电路：应从上至下、从左至右，逐行用数字依次编号，每经过一个电气元件的接线端子，编号要递增。编号的起始数字，除控制电路必须从阿拉伯数字 1 开始外，其他辅助电路依次递增 100 作起始数字，如照明电路编号从 101 开始；信号电路编号从 201 开始等。

5）控制箱（板）内部配线方法

一般采用能从正面修改配线的方法，如板前线槽配线或板前明线配线，较少采用板后配线的方法。

采用线槽配线时，线槽装线不要超过容积的 70%，以便安装和维修。线槽外部的配线，对装在可拆卸门上的电器接线必须采用互连端子板或连接器，它们必须牢固地固定在框架、控制箱或门上。若从外部控制、信号电路进入控制箱内的导线超过 10 根，则必须接到端子板或连接器件过渡，但动力电路和测量电路的导线可以直接接到电器的端子上。

6）控制箱（板）外部配线方法

除有适当保护的电缆外，全部配线必须一律装在导线通道内，使导线有适当的机械保护，防止液体、铁屑和灰尘的侵入。

（1）对导线通道的要求。导线通道应留有余量，允许以后增加导线。导线通道必须牢固可靠，内部不得有锐边和远离设备的运动部件。

导线通道采用钢管，壁厚应不小于 1 mm，如采用其他材料，壁厚必须有等效于壁厚为 1 mm 钢管的强度。若用金属软管时，必须有适当的保护。当利用设备底座作导线通道时，无须再加预防措施，但必须能防止液体、铁屑和灰尘的侵入。

（2）通道内导线的要求。移动部件或可调整部件上的导线必须用软线。运动的导线必须支撑牢固，使得在接线点上不致产生机械拉力，又不出现急剧的弯曲。

不同电路的导线可以穿在同一线管内，或处于同一个电缆之中。如果它们的工作电压不同，则所用导线的绝缘等级必须满足其中最高一级电压的要求。

为了便于修改和维修，凡安装在同一机械防护通道内的导线束，需要提供备用导线的根数为：当同一管中相同截面积导线的根数为 3~10 根时，应有 1 根备用导线，以后每增加 1~10 根需增加 1 根备用导线。

4. 连接保护电路

电气设备的所有裸露导体零件（包括电动机、机座等），必须接到保护接地专用端子上。

（1）连续性。保护电路的连续性必须用保护导线或机床结构上的导体可靠结合来保证。

为了确保保护电路的连续性，保护导线的连接件不得作任何别的机械紧固用，不得由于任何原因将保护电路拆断，不得利用金属软管作保护导线。

（2）可靠性。保护电路中严禁用开关和熔断器。除采用特低安全电压电路外，在接上电源电路前必须先接通保护电路；在断开电源电路后才断开保护电路。

（3）明显性。保护电路连接处应采用焊接或压接等可靠方法，连接处要便于检查。

5. 通电前检查

控制线路安装好后，在接电前应进行如下项目的检查。

（1）各个元部件的代号、标记是否与原理图上的一致和齐全。

（2）各种安全保护措施是否可靠。

（3）控制电路是否满足原理图所要求的各种功能。

（4）各个电气元件安装是否正确和牢靠。

（5）各个接线端子是否连接牢固。

（6）布线是否符合要求、整齐。

（7）各个按钮、信号灯罩、光标按钮和各种电路的绝缘导线的颜色是否符合要求。

（8）电动机的安装是否符合要求。

（9）保护电路导线连接是否正确、牢固可靠。测试外部保护导线端子与电气设备任何裸露导体零件和外壳之间的电阻应不大于 0.1 Ω。

（10）检查电气线路的绝缘电阻是否符合要求。其方法是：短接主电路、控制电路和信号电路，用 500 V 兆欧表测量与保护电路导线之间的绝缘电阻不得小于 1 MΩ。当控制电路或信号电路不与主电路连接的，应分别测量主电路与保护电路、主电路与控制和信号电路、控制和信号电路与保护电路之间的绝缘电阻。

6. 空载例行试验

通电前应检查所接电源是否符合要求。通电后应先点动，然后验证电气设备各个部分的工作是否正确和操作顺序是否正常。特别要注意验证急停器件的动作是否正确。验证时，如有异常情况，必须立即切断电源查明原因。

7. 负载型式试验

在正常负载下连续运行时，验证电气设备所有部分运行的正确性，特别要验证电源中断和恢复时是否会危及人身安全、损坏设备。同时要验证全部器件的温升不得超过规定的允许温升和在有载情况下验证急停器件是否仍然安全有效。

五、手动正转控制线路的工作原理

图 5-12 所示为手动正转控制线路，它是通过低压开关来控制电动机的启动和停止，在工厂中常被用来控制三相电风扇和砂轮机等设备。

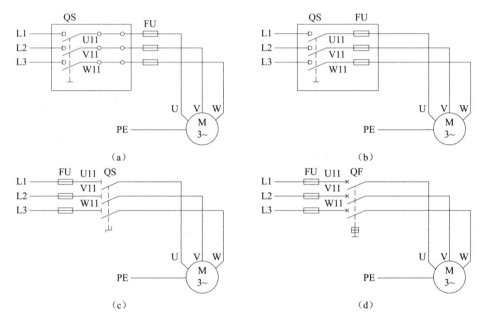

图 5-12　手动正转控制线路

在以上线路中，低压开关起接通、断开电源用；熔断器作短路保护用。

线路的工作原理如下。

启动：合上低压开关 QS 或 QF，电动机 M 接通电源启动运转。

停止：拉开低压开关 QS 或 QF，电动机 M 脱离电源失电停转。

任务实施

安装调试手动正转控制线路。

1. 安装步骤及工艺要求

（1）按表 5-1 配齐所用电气元件，并进行质量检验。

① 根据电动机的规格检验选配的低压开关、熔断器及导线的型号及规格是否满足要求。
② 所选用的电气元件的外观应完整无损，附件、备件齐全。
③ 用万用表、兆欧表检测电气元件及电动机的有关技术数据是否符合要求。

（2）在控制网板上按图 5-12 安装电气元件。电气元件应牢固，并符合工艺要求。

（3）连接控制开关至电动机的导线。控制开关必须安装在操作时能看到电动机的地方，以保证操作。

（4）连接好接地线。按规定要求，电动机和控制开关的金属外壳必须接到保护接地专用的端子上。

（5）检查安装质量，并进行绝缘电阻测量。

（6）将三相电源接入控制开关。

（7）经教师检查后进行通电试车。

2. 注意事项

（1）当控制开关远离电动机而看不到电动机的运转情况时，必须另设开车的信号装置。

（2）电动机使用的电源电压和绕组的接法必须与铭牌上规定的一致。

（3）接线时，必须先接负载端，后接电源端；先接接地线，后接三相电源相线。

（4）通电试车时，必须先空载点动后再连续运行；当运行正常时再接上负载运行；若出现异常情况应立即切断电源，进行检查。

（5）安装开启式负荷开关时，应将开关的熔体部分用导线直连，并在出线端另外加装熔断器作短路保护；安装组合开关、低压断路器时，则在电源进线侧加装熔断器。

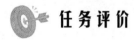

任务评价

评分标准见表 5-3。

表 5-3 评分标准

序号	项目内容	评分标准	配分	扣分	得分
1	装前检查	（1）电动机质量漏检查，每处扣 5 分； （2）低压开关漏检或错检，每处扣 5 分			
2	安装	（1）控制板或开关安装位置不适当或松动，扣 20 分； （2）紧固螺钉松动，每个扣 5 分			
3	接线及试车	（1）不会使用仪表及测量方法不正确，每个仪表扣 5 分； （2）各接点松动或不符合要求，每个扣 5 分； （3）接线错误造成通电试车一次不成功，扣 40 分； （4）控制开关进、出线接错，扣 20 分； （5）电动机接线错误，扣 30 分； （6）接线程序错误，扣 15 分； （7）漏接地线扣 30 分			
4	安全与文明生产	违反安全文明生产规程，扣 5~10 分			
5	定额时间	每超时 10 min 以内按扣 5 分计算			
6	开始时间	除定额时间外，各项内容的最高扣分不应超过配分数	合计		
7	备注	教师签字	实用时间	年 月 日	

任务 5.2 具有过载保护的接触器自锁正转控制线路的安装调试

任务描述

单向启动正转控制电路包括上节课已经学过的手动正转控制线路,还有点动正转控制线路、接触器自锁正转控制线路、具有过载保护的接触器自锁正转控制线路以及连续与点动混合正转控制线路。本次任务我们选择一个最有代表意义的具有过载保护的接触器自锁正转控制线路,作为项目任务进行学习。

对于这个电路,要学会分析、安装电路,并且还要对安装好的线路进行调试。任务要求如下。

(1) 根据电动机的额定参数合理选择低压电器,并对元器件的质量好坏进行检验,核对元器件的数量。

(2) 在规定时间内,依据电路图,按照板前明线布线的工艺要求,正确、熟练地安装布线;准确、安全地连接电源,在教师的监护下通电试车。

(3) 正确使用工具、仪表,安装质量要可靠,布线技术要符合工艺要求。

(4) 做到安全操作、文明生产。

任务目标

(1) 掌握具有过载保护的接触器自锁正转控制线路的工作原理,提高分析电路的能力。

(2) 了解相关低压电器的结构、原理及选用标准,提高识别、检修、选用常用低压电器的能力。

(3) 掌握板前明线布线的工艺要求,按工艺要求规范安装、调试线路。

实施条件

1. 工作场地

生产车间或实训基地。

2. 安全工装

工作服、安全帽、防护眼镜等防护用品。

3. 实训器具

(1) 电工常用工具:测电笔、螺钉旋具、尖嘴钳、斜口钳、剥线钳、电工刀等。

(2) 仪表:5050 型兆欧表、T301-A 型钳形电流表、MF-47 型万用表。

(3) 器材:

①控制网板(500 mm×400 mm×10 mm)。

②导线:主电路采用 BV1.5 mm² (黑色) 塑铜线;控制电路采用 BV1.0 mm² (红色) 塑铜线;按钮线采用 BVR0.75 mm² (绿色) 塑铜线;接地线采用 BVR (黄绿双线) 塑铜

线，截面至少 1.5 mm²；导线数量按板前明线布线方式预定若干。紧固体及编码套管若干。

③电气元件明细见表 5-4。

表 5-4　具有过载保护的接触器自锁正转控制线路元件明细

代号	名称	型号	规格	数量
M	三相异步电动机	Y112M-4	4 kW、380 V、8.8 A、丫接法、1 440 r/min	1
QS	组合开关	HZ10-25/3	三极、380 V、25 A	1
FU1	熔断器	RL1-60/25	60 A、配熔体 25 A	3
FU2	熔断器	RL1-15/2	15 A、配熔体 2 A	2
KM	接触器	CJ10-20	20 A、线圈电压 380 V	1
FR	热继电器	JR16-20/3	三极、20 A、整定电流 8.8 A	1
SB1、SB2	按钮	LA10-3H	保护式、按钮 3 个	1
XT	端子板	JD0-1020	380 V、10 A、20 节	1

相关知识

一、接触器

接触器是一种自动的电磁式开关，适用于远距离频繁地接通或断开交直流主电路及大容量控制电路。其主要控制对象是电动机，也可用于控制其他负载，如电热设备、电焊机以及电容器组等。它不仅能实现远距离自动操作和欠电压释放保护功能，而且具有控制容量大、工作可靠、操作频率高、使用寿命长等优点。因而在电力拖动系统中得到广泛应用。接触器按主触头通过的电流种类，分为交流接触器和直流接触器两种。

1. 交流接触器的结构

交流接触器主要由电磁系统、触头系统、灭弧装置及辅助部件等组成。CJ10-20 型交流接触器的结构如图 5-13（a）所示。

接触器

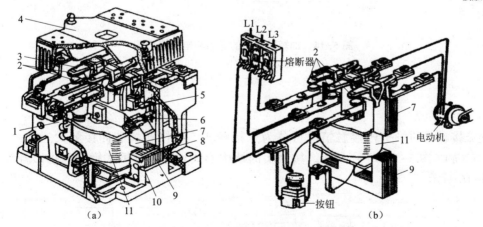

图 5-13　交流接触器的结构和工作原理
（a）结构；（b）工作原理
1—反作用弹簧；2—主触点；3—触点压力弹簧；4—灭弧室；5—辅助常闭触头；
6—辅助常开触头；7—动铁芯；8—缓冲弹簧；9—静铁芯；10—短路环；11—线圈

1)电磁系统

交流接触器的电磁系统主要由线圈、铁芯(静铁芯)和衔铁(动铁芯)三部分组成。其作用是利用电磁线圈的通电和断电,使衔铁和铁芯吸合或释放,从而带动动触头与静触头闭合或分断,实现接通或断开电路的目的。

为了减少工作过程中交变磁场在铁芯中产生的涡流及磁滞损耗,避免铁芯过热,交流接触器的铁芯和衔铁一般用E形硅钢片叠压铆成。尽管如此,铁芯仍是交流接触器发热的主要部件。为增大铁芯的散热面积,又避免线圈与铁芯直接接触而受热烧毁,交流接触器的线圈一般做成粗而短的圆筒形,并且绕在绝缘骨架上,使铁芯与线圈之间有一定间隙。另外,E形铁芯的中柱端面需留有0.1~0.2 mm的间隙,以减小剩磁影响,避免线圈断电后衔铁粘住不能释放。

交流接触器在运行的过程中,线圈中通入的交流电在铁芯中产生交变的磁通,因而铁芯与衔铁间的吸力也是变化的。这会使衔铁产生振动,发出噪声。为消除这一现象,在交流接触器铁芯和衔铁两个不同端部各开一个槽,槽内嵌装一个用铜、康铜或镍铬合金材料制成的短路环,又称减振环或分磁环,如图5-14(a)所示。铁芯装短路环后,当线圈通交流电时,线圈电流I_1产生磁通Φ_1,Φ_1的一部分穿过短路环,在环中产生感生电流I_2,I_2又会产生一个磁通Φ_2,由电磁感应定律知,Φ_1和Φ_2的相位不同,即Φ_1和Φ_2不同时为零,则由Φ_1和Φ_2产生的电磁吸力F_1和F_2不同时为零,如图5-14(b)所示。这就保证了铁芯与衔铁在任何时刻都有吸力,衔铁始终被吸住,振动和噪声会显著减小。

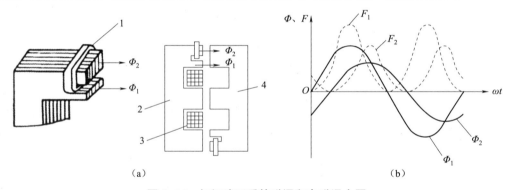

图5-14 加短路环后的磁通和电磁吸力图

(a)磁通示意图;(b)电磁吸力图

1—短路环;2—铁芯;3—线圈;4—衔铁

2)触头系统

交流接触器的触头按接触情况可分为点接触式、线接触式和面接触式三种,分别如图5-15(a)~图5-15(c)所示。按触头的结构形式划分,有桥式触头和指形触头两种,如图5-16所示。

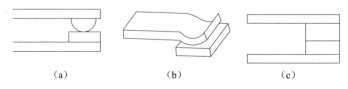

图5-15 触头的三种接触形式

(a)点接触;(b)线接触;(c)面接触

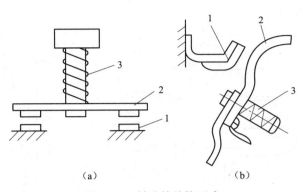

图 5-16 触头的结构形式
(a) 双断点桥式触头；(b) 指形触头
1—静触头；2—动触头；3—触头压力弹簧

CJ10 系列交流接触器的触头一般采用双断点桥式触头。其动触头桥用紫铜片冲压而成。由于铜的表面易氧化并形成一层导电性能很差的氧化铜，而银的接触电阻小且其黑色氧化物对接触电阻的影响不大，所以在触头桥的两端镶有银基合金制成的触头块。静触头一般用黄铜板冲压而成，一端镶焊触头块，另一端为接线座。在触头上装有压力弹簧以减小接触电阻并消除开始接触时产生的有害振动。

按通断能力划分，交流接触器的触头分为主触头和辅助触头。主触头用以通断电流较大的主电路，一般由三对接触面较大的常开触头组成。辅助触头用以通断电流较小的控制电路，一般由两对常开和两对常闭触头组成。所谓触头的常开和常闭，是指电磁系统未通电动作时触头的状态。常开触头和常闭触头是联动的。当线圈通电时，常闭触头先断开，常开触头随后闭合。当线圈断电时，常开触头首先恢复断开，随后常闭触头恢复闭合。两种触头在改变工作状态时，先后有个时间差，尽管这个时间差很短，但对分析线路的控制原理却起着很重要的作用。

3）灭弧装置

交流接触器在断开大电流或高电压电路时，在动、静触头之间会产生很强的电弧。电弧是触头间气体在强电场作用下产生的放电现象，电弧的产生，一方面会灼伤触头，减少触头的使用寿命；另一方面会使电路切断时间延长，甚至造成弧光短路或引起火灾事故。因此我们希望触头间的电弧能尽快熄灭。实验证明，触头开合过程中的电压越高、电流越大、弧区温度越高，电弧就越强。低压电器中通常采用拉长电弧、冷却电弧或将电弧分成多段等措施，促使电弧尽快熄灭。在交流接触器中常用的灭弧方法有以下几种。

（1）双断口电动力灭弧。双断口结构的电动力灭弧装置如图 5-17（a）所示。

这种灭弧方法是将整个电弧分割成两段，同时利用触头回路本身的电动力 F 把电弧向两侧拉长，使电弧热量在拉长的过程中散发、冷却而熄灭。容量较小的交流接触器，如 CJ10-10 型等，多采用这种方法灭弧。

（2）纵缝灭弧。纵缝灭弧装置如图 5-17（b）所示。由耐弧陶土、石棉水泥等材料制成的灭弧罩内每相有一个或多个纵缝，缝的下部较宽以便放置触头；缝的上部较窄，以便压缩电弧，使电弧与灭弧室壁有很好的接触。当触头分断时，电弧被外磁场或电动力吹入缝内，其热量传递给室壁，电弧被迅速冷却熄灭。CJ10 系列交流接触器额定电流在 20 A 及以上的，均采用这种方法灭弧。

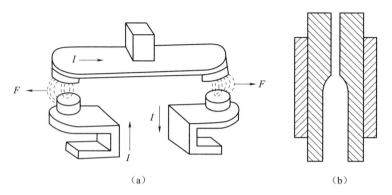

图 5-17 灭弧装置
(a) 双断口电动力灭弧；(b) 纵缝灭弧

(3) 栅片灭弧。栅片灭弧装置的结构及工作原理如图 5-18 所示。金属栅片由镀铜或镀锌铁片制成，形状一般为人字形，栅片插在灭弧罩内，各片之间相互绝缘。当动触头与静触头分断时，在触头间产生电弧，电弧电流在其周围产生磁场。由于金属栅片的磁阻远小于空气的磁阻，因此电弧上部的磁通容易通过金属栅片而形成闭合磁路，这就造成了电弧周围空气中的磁阻上疏下密。这一磁场对电弧产生向上的作用力，将电弧拉到栅片间隙中，栅片将电弧分割成若干个串联的短电弧。每个栅片成为短电弧的电极，将总电弧压降分成几段，栅片间的电弧电压都低于燃弧电压，同时栅片将电弧的热量吸收散发，使电弧迅速冷

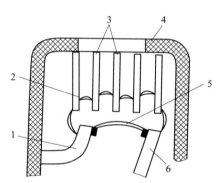

图 5-18 栅片灭弧装置
1—静触头；2—灭弧栅；3—金属栅片；
4—灭弧罩；5—电弧；6—动触头

却，促使电弧尽快熄灭。容量较大的交流接触器多采用这种方法灭弧，如 CJ10-40 型交流接触器。

4) 辅助部件

交流接触器的辅助部件有反作用弹簧、缓冲弹簧、触头压力弹簧、传动机构及底座、接线柱等。

反作用弹簧安装在动铁芯和线圈之间，其作用是线圈断电后，推动衔铁释放，使各触头恢复原状态。缓冲弹簧安装在静铁芯和线圈之间，其作用是缓冲衔铁在吸合时对静铁芯和外壳产生的冲击力，保护外壳。触头压力弹簧安装在动触头上面，其作用是增加动、静触头间的压力，从而增大接触面积，以减小接触电阻，防止触头过热灼伤。传动机构的作用是在衔铁或反作用弹簧的作用下，带动动触头实现与静触头的接通或分断。

2. 交流接触器的工作原理

交流接触器的工作原理如图 5-13 (b) 所示。当接触器的线圈通电后，线圈中流过的电流产生磁场，使铁芯产生足够大的吸力，克服反作用弹簧的反作用力，将衔铁吸合，通过传动机构带动辅助常闭触头先断开；然后三对主触头和辅助常开触头闭合。当接触器线

圈断电或电压显著下降时，由于电磁吸力消失或过小，衔铁在反作用弹簧力的作用下复位，通过传动机构带动三对主触头和辅助常开触头先恢复断开；辅助常闭触头后恢复闭合。

常用的 CJ0、CJ10 等系列的交流接触器在 0.85~1.05 倍的额定电压下，能保证可靠吸合。电压过高，磁路趋于饱和，线圈电流会显著增大。电压过低，电磁吸力不足，衔铁吸合不上，线圈电流会达到额定电流的十几倍，因此，电压过高或过低都会造成线圈过热而烧毁。

交流接触器在电路图中的符号如图 5-19 所示。

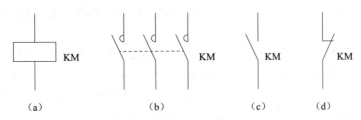

图 5-19 接触器的符号
（a）线圈；（b）主触头；（c）辅助常开触头；（d）辅助常闭触头

3. 交流接触器的选用

电力拖动系统中，交流接触器可按以下方法选用。

（1）选择接触器主触头的额定电压。接触器主触头的额定电压应大于或等于控制线路的额定电压。

（2）选择接触器主触头的额定电流。接触器控制电阻性负载时，主触头的额定电流应等于负载的额定电流。控制电动机时，主触头的额定电流应大于或稍大于电动机的额定电流。或按以下经验公式计算（仅适用于 CJ0、CJ10 系列）：

$$I_C = \frac{P_N \times 10^3}{K U_N}$$

式中　K——经验系数，一般取 1.0~1.4；

　　　P_N——被控制电动机的额定功率（kW）；

　　　U_N——被控制电动机的额定电压（V）；

　　　I_C——接触器主触头电流（A）。

若在频繁启动、制动及正反转的场合使用接触器，应将接触器主触头的额定电流降低一个等级。

（3）选择接触器吸引线圈的电压。当控制线路简单，使用电器较少时，为节省变压器，可直接选用 380 V 或 220 V 的电压。当线路复杂，使用电器超过 5 个时，从人身和设备安全的角度考虑，吸引线圈的电压要选低一些，可用 24 V、36 V 或 110 V 的线圈电压。

（4）选择接触器的触头数量及类型。接触器的触头数量、类型应满足控制线路的要求。

4. 交流接触器的安装与使用

1）安装前的检查

（1）检查接触器铭牌与线圈的技术数据（如额定电压、电流、操作频率等）是否符合实际使用要求。

(2) 检查接触器外观,应无机械损伤;用手推动接触器可动部分时,接触器应动作灵活,无卡阻现象;灭弧罩应完整无损,固定牢固。

(3) 将铁芯极面上的防锈油脂或粘在极面上的铁垢用煤油擦拭干净,以免多次使用后衔铁被粘住,造成断电后不能释放。

(4) 测量接触器的线圈电阻和绝缘电阻。

2) 交流接触器的安装

(1) 交流接触器一般应安装在垂直面上,倾斜度不得超过5°;若有散热孔,则应将有孔的一面放在垂直方向上,以利于散热,并按规定留有适当的飞弧空间,以免飞弧烧坏相邻电器。

(2) 在安装和接线时,注意不要将零件失落或掉入接触器内部。安装孔的螺钉应装有弹簧垫圈和平垫圈,并拧紧螺钉以防振动松脱。

(3) 安装完毕,检查接线正确无误后,在主触头不带电的情况下操作几次,然后测量产品的动作值和释放值,所测数值应符合产品的规定要求。

3) 日常维护

(1) 应对接触器做定期检查,观察螺钉有无松动,可动部分是否灵活等。

(2) 接触器的触头应定期清扫,保持清洁,但不允许涂油,当触头表面因电灼作用形成金属小颗粒时,应及时清除。

(3) 拆装时注意不要损坏灭弧罩。带灭弧罩的交流接触器绝不允许不带灭弧罩或带破损的灭弧罩运行,以免发生电弧短路故障。

5. 交流接触器的常见故障及处理方法

交流接触器在长期使用的过程中,由于自然磨损或使用维护不当,会产生故障而影响其正常工作。掌握接触器的常见故障处理办法可缩短电气设备的维修时间,提高生产效率。接触器的常见故障及处理方法如表5-5所示。

表5-5 接触器的常见故障及处理方法

故障现象	产生故障的原因	排除方法
触头过热	(1) 通过动、静触头间的电流过大; (2) 触头压力不足; (3) 触头表面接触不良	(1) 减小负载或更换触头容量大的接触器; (2) 调整触头压力弹簧或更换新触头; (3) 清洗修整触头使其接触良好
触头磨损	(1) 电弧或电火花的高温使触头金属气化; (2) 触头闭合时的撞击及触头表面的相对滑动摩擦	当触头磨损至超过原有厚度的1/2时,更换新触头
衔铁不释放	(1) 触头熔焊粘在一起; (2) 铁芯端面有油污; (3) 铁芯剩磁太大; (4) 机械部分卡阻	(1) 修理或更新触头; (2) 清理铁芯端面; (3) 调整铁芯的防剩磁间隙或更换铁芯; (4) 修理调整消除机械卡阻现象
衔铁振动或噪声大	(1) 衔铁或铁芯接触面上有锈垢、油污、灰尘等或衔铁是否歪斜; (2) 短路环损坏; (3) 可动部分卡阻或触头压力过大; (4) 电源电压偏低	(1) 清理或调整铁芯端面; (2) 更换短路环; (3) 调整可动部分及触头压力; (4) 提高电源电压

续表

故障现象	产生故障的原因	排除方法
线圈过热或烧毁	(1) 线圈匝间短路; (2) 铁芯与衔铁闭合时有间隙; (3) 电源电压过高或过低	(1) 更换线圈; (2) 修理调整铁芯或更换; (3) 调整电源电压
吸力不足	(1) 电源电压过低或波动太大; (2) 线圈额定电压大于实际电压; (3) 反作用弹簧压力过大; (4) 可动部分卡阻、铁芯歪斜	(1) 调整电源电压; (2) 更换线圈,使其电压值与电源电压匹配; (3) 调整反作用压力弹簧; (4) 调整可动部分及铁芯

二、热继电器

热继电器是利用流过继电器的电流所产生的热效应原理而动作的继电器。它主要用于电动机的过载保护、断相保护、电流不平衡运行的保护及其他电气设备发热状态的控制。

1. 热继电器的结构及工作原理

1) 结构

目前我国生产的 JR16、JR20 等系列热继电器得到广泛应用。图 5-20 所示为 JR16 系列热继电器的外形和结构。它主要由热元件动作机构、触头系统、电流整定装置、复位机构以及温度补偿元件等部分组成。

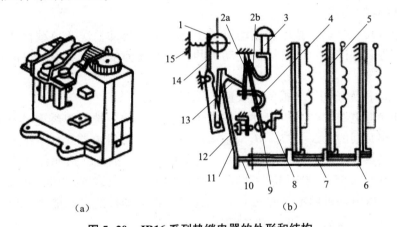

图 5-20 JR16 系列热继电器的外形和结构

(a) 外形;(b) 结构

1—电流调节凸轮;2—片簧;3—手动复位按钮;4—弓簧;5—主双金属片;
6—外导板;7—内导板;8—静触头;9—动触头;10—杠杆;11—复位调节螺钉;
12—补偿双金属片;13—推杆;14—连杆;15—压簧

(1) 热元件:热继电器的测量元件,由主双金属片和电阻丝组成。主双金属片是将两种不同线膨胀系数的金属片用机械辗压的方式使之形成一体。金属片的材料多为铁镍铬合金和铁镍合金。电阻丝一般用铜合金或镍铬合金等材料制成。

(2) 动作机构和触头系统:动作机构是由传递杠杆及弓簧式瞬跳机构组成的,它可保证触头动作迅速、可靠。触头一般由一个常开触头和一个常闭触头组成。

(3) 电流整定装置：通过电流调节凸轮和旋钮来调节推杆间隙，改变推杆可移动距离，从而调节整定电流值。

(4) 温度补偿元件：为了补偿周围环境温度所带来的影响，设置了温度补偿双金属片，其受热弯曲的方向与主双金属片一致，它可保证热继电器在-30~40 ℃环境温度内动作特性基本不变。

(5) 复位机构：可分为手动和自动两种形式，通过调整复位螺钉可自行选择。自动复位时间一般不大于 5 min，手动复位时间不大于 2 min。

2) 工作原理

热元件串接在电动机定子绕组中，常闭触头串接在控制电路的接触器线圈回路中。当电动机过载时，通过热元件的电流超过热继电器的整定电流，主双金属片受热向右弯曲，经过一定时间后，双金属片推动导板使热继电器触头动作，使接触器线圈断电，进而切断主电路，起到保护作用。电源切除后，主双金属片逐渐冷却恢复原位，动触头在弓簧的作用下自动复位。

热继电器的动作电流与周围环境温度有关，当环境温度变化时，主双金属片会发生零点漂移，即热元件未通过电流时主双金属片所发生的变形，导致热继电器在一定动作电流下的动作时间发生误差，为了补偿这种影响，设置了温度补偿双金属片，当环境温度变化时，温度补偿双金属片与主双金属片的弯曲方向一致，这样保证了热继电器在同一整定电流下动作行程基本不变。

2. 热继电器的选用

选用热继电器主要根据被保护电动机的工作环境、启动情况、负载性质、工作制及允许的过载能力等条件进行。以被保护电动机的工作制度为依据，对电动机的选择原则分述如下。

(1) 当电动机为长期工作或间断长期工作制时：

①为保证热继电器在电动机启动过程中不产生误动作，选取热继电器在 $6I_N$ 下的可返回时间为其动作时间的 0.5~0.7。$6I_N$ 下的动作时间可在热继电器安秒特性上查得。

②一般应使热继电器的额定电流略大于电动机的额定电流；热元件的整定电流一般为电动机额定电流的 0.95~1.05 倍，若电动机拖动的是冲性负载或启动时间较长，热继电器的整定电流值可取电动机额定电流的 1.1~1.5 倍；若电动机的过载能力较差，热继电器的整定电流可取电动机额定电流的 60%~80%。

③电动机断相保护时热继电器的选择与电动机定子绕组的接线形式有关。当电动机定子绕组为丫接法时，因为流过热继电器的电流即流过电动机绕组的电流，所以热继电器可以如实地反映电动机的过载情况，因此，带断相保护和不带断相保护的热继电器均可实现对电动机断相保护。当电动机定子绕组为△接法时，由前面的叙述已知，必须选用三相带断相保护的热继电器。

(2) 当电动机为反复短时工作制时：热继电器用于反复短时工作制的电动机时应考虑热继电器的允许操作频率。当电动机启动电流为 $6I_N$、启动时间为 1 s、电动机满载工作、通电持续率为 60% 时，每小时允许操作次数最高不超过 40 次。

(3) 对于正反转频繁通断工作的电动机，不宜采用热继电器作过载保护，可选用埋入电动机绕组的温度继电器或热敏电阻来保护。

3. 热继电器的安装与使用

（1）热继电器必须按照产品说明书中规定的方式安装。安装处的环境温度应与电动机所处环境温度基本相同。当与其他电器安装在一起时，应注意将热继电器安装在其他电器的下方，以免其动作特性受到其他电器发热的影响。

（2）热继电器安装时应清除表面尘污，以免因接触电阻过大或电路不通而影响热继电器的动作性能。

（3）热继电器出线端的连接导线，应按表5-6的规定选用。这是因为导线的粗细和材料将影响热元件端接点传导到外部热量的多少。导线过细，轴向导热性差，热继电器可能提前动作；反之，导线过粗，轴向导热快，热继电器可能滞后动作。

表 5-6 热继电器连接导线选用表

热继电器额定电流/A	连接导线截面积/mm²	连接导线种类
10	2.5	单股铜芯塑料线
20	4	单股铜芯塑料线
60	16	多股铜芯橡皮线

（4）使用中的热继电器应定期通电校验。此外，当发生短路事故后，应检查热元件是否已发生永久变形。若已变形，则需通电校验。因热元件变形或其他原因致使动作不准确时，只能调整其可调部件，而绝不能弯折热元件。

（5）热继电器在出厂时均调整为手动复位方式，如果需要自动复位，只要将复位螺钉顺时针方向旋转3~4圈，并稍微拧紧即可。

（6）热继电器在使用中应定期用布擦拭干净尘埃和污垢，若发现双金属片上有锈斑，应用清洁棉布蘸汽油轻轻擦除，切忌用砂纸打磨。

4. 热继电器的常见故障及维修

热继电器的常见故障有热元件烧断，热继电器误动作、不动作和接触不良几种情况。

（1）热元件烧断。当热继电器负荷侧出现短路或电流过大时，会使热元件烧断。这时应切断电源检查线路，排除电路故障，重新选用合适的热继电器。更换后应重新调整整定电流值。

（2）热继电器误动作。误动作的原因有：整定值偏小，以致未出现过载就动作；电动机启动时间过长，引起热继电器在启动过程中动作；设备操作频率过高，使热继电器经常受到启动电流的冲击而动作；使用场合有强烈的冲击及振动，使热继电器操作机构松动而使常闭触点断开；环境温度过高或过低，使热继电器出现过载而误动作，或出现过载而不动作，这时应改善使用环境条件，使环境温度不高于 40 ℃，不低于-30 ℃。

（3）热继电器不动作。由于整定值调整得过大或动作机构卡住、推杆脱出等原因均会导致过载，使热继电器不动作。

（4）热继电器常闭触点接触不良，将会使整个电路不工作，这时应清除触点表面的灰尘或氧化物。

三、按钮

按钮是主令电器的一种，它是一种利用人体某一部分（一般为手指）来施加力而操作的操动器,并具有储能弹簧复位的一种控制开关。在低压电路中,用于远距离控制各种电磁开关,再由电磁开关控制主电路的通断、功能转换或电气连续。

1. 按钮的外形及结构

控制按钮一般由按钮帽、复位弹簧、桥式动触头、常开静触头、支柱连杆及外壳等部分组成,如图5-21所示。

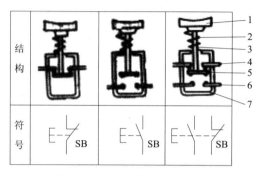

图5-21 按钮的结构与符号

1—按钮帽;2—复位弹簧;3—支柱连杆;4—常闭触头;
5—桥式动触头;6—常开静触头;7—外壳

按钮按静态(不受外力作用)时触头的分合状态,可分为常开按钮(启动按钮)、常闭按钮(停止按钮)和复合按钮。

常开按钮在常态下触头是断开的,当按下按钮帽时,触头闭合;松开后,按钮自动复位。

常闭按钮在常态下其触头是闭合的,当按下按钮帽时,触头断开;松开后,按钮自动复位。

复合按钮是将常开和常闭按钮组合为一体,当按下复合按钮时,常闭触头先断开,常开触头后闭合,当按钮释放后,在恢复弹簧作用下按钮复原,复原过程中常开触头先恢复断开,常闭触头后恢复闭合。

目前常用的控制按钮有LA18、LA19、LA20、LA25、LAY3系列。其中LA18系列采用积木式拼接装配基座,触头数目可按需要拼装,一般装成两常开两常闭,也可装成四常开四常闭或六常开六常闭几种形式。在结构上控制按钮有揿钮式、紧急式、钥匙式和旋钮式4种。

LA19系列的结构类似于LA18系列,它只有一对常开和一对常闭触头,是具有信号灯装置的控制按钮,其信号灯可用于交、直流6 V的信号电路。该系列按钮适用于交流50 Hz或60 Hz、电压380 V或直流220 V及以下、额定电流不大于5 A的控制电路,作为启动器、接触器、继电器的远距离控制之用。LA20系列按钮也是组合式的,它除带有信号灯外,还有两个或三个元件组合为一体的开启式或保护式产品。它有一常开一常闭、二常开二常闭和三常开三常闭三种。

为了便于识别,避免发生误操作,生产中用不同的颜色和符号标志来区分按钮的功能及作用。按钮颜色的含义见表5-7。

表 5-7 按钮颜色的含义

颜色	含义	说明	应用示例
红	紧急	紧急状态时操作	急停
黄	异常	异常状态时操作	干预、制止异常情况
绿	安全	正常状态准备时操作	启动
蓝	强制性的	要求强制动作状态时操作	复位功能
灰	未赋予特定含义	除急停以外的一般功能启动	启动、停止
白			启动（优先）、停止
黑			启动、停止（优先）

控制按钮在电路图中的符号如图 5-21 所示，其文字符号为 SB。

根据按钮的类型和用途不同，其符号也有变化，图 5-22 所示为部分特殊按钮的符号。

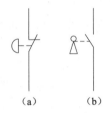

图 5-22 部分特殊按钮的符号
（a）急停按钮；（b）钥匙操作式按钮

2. 按钮的选择

（1）根据使用场合和具体用途选择按钮的种类。例如，嵌装在操作板上的按钮可选用开启式；需显示工作状态的选用光标式；在非常重要处，为防止无关人员误操作宜用钥匙操作式；在有腐蚀性气体处要用防腐式。

（2）根据工作状态指示和工作情况要求，选择按钮或指示灯的颜色。例如，启动按钮可选用白、灰或黑色，优先选用白色，也允许选用绿色。急停按钮应选用红色。停止按钮可选用黑、灰或白色，优先选用黑色，也允许选用红色。

（3）根据控制回路的需要选择按钮的数量，如单联钮、双联按钮或三联按钮等。

3. 按钮的安装与使用

（1）按钮安装在面板上时，应布置整齐，排列合理，如根据电动机启动的先后顺序，从上到下或从左到右排列。

（2）同一机床运动部件有几种不同的工作状态时（如上、下、前、后、松、紧等），应使每一对相反状态的按钮安装在一组。

（3）按钮的安装应牢固，安装按钮的金属板或金属按钮盒必须可靠接地。

（4）由于按钮的触头间距较小，如有油污等极易发生短路故障，所以应注意保持触头间的清洁。

（5）光标按钮一般不宜用于需长期通电显示处，以免塑料外壳过度受热而变形，使更换灯泡困难。

4. 按钮的常见故障及处理方法

按钮的常见故障及处理方法见表 5-8。

表 5-8 按钮的常见故障及处理方法

故障现象	可能的原因	处理方法
触头接触不良	（1）触头烧损； （2）触头表面有尘垢； （3）触头弹簧失效	（1）修整触头或更换产品； （2）清洁触头表面； （3）重绕弹簧或更换产品
触头间短路	（1）塑料受热变形，导致接线螺钉相碰造成短路； （2）杂物或油污在触头间形成通路	（1）更换产品，并查明发热原因，如灯泡发热所致，可降低电压； （2）清洁按钮内部

四、具有过载保护的接触器自锁正转控制线路的工作原理

图 5-23 所示为一个具有过载保护的接触器自锁正转控制线路。

单向启动

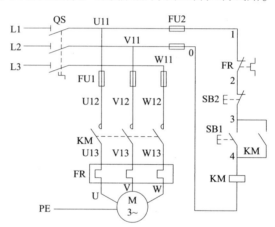

图 5-23 具有过载保护的接触器自锁正转控制线路

该线路的工作原理如下。

先合上电源开关 QS。

启动：按下 SB1→KM 线圈得电 ┌→KM 主触头闭合─────→电动机 M 启动连续运转。
                              └→KM 常开辅助触头闭合

当松开 SB1，其常开触头恢复分断后，因为接触器 KM 的常开辅助触头闭合时已将 SB1 短接，控制电路仍保持接通，所以 KM 继续得电，电动机 M 实现连续运转。像这种当松开启动按钮 SB1 后，接触器 KM 通过自身常开辅助触头而使线圈保持得电的控制叫作自锁。与启动按钮 SB1 并联起自锁作用的常开辅助触头叫作自锁触头。

停止：按下 SB2→KM 线圈失电 ┌→KM 主触头分断─────→电动机 M 失电停转。
                              └→KM 自锁触头恢复断开

当松开 SB2，其常闭触头恢复闭合后，因 KM 的自锁触头在切断控制电路时已分断，解除了自锁，SB1 也是分断的，所以 KM 不能得电，电动机 M 也不会转动。

自锁控制不但能使电动机连续运转，而且还有一个重要特点，就是具有欠压和失压

（或零压）保护作用。

1. 欠压保护

"欠压"是指线路电压低于电动机应加的额定电压。"欠压保护"是指当线路电压下降到某一数值时，电动机能自动脱离电源停转，避免电动机在欠压下运行的一种保护。采用接触器自锁控制线路就可避免电动机欠压运行。因为当线路电压下降到一定值（一般指低于额定电压85%以下）时，接触器线圈两端的电压也同样下降到此值，从而使接触器线圈磁通减弱，产生的电磁吸力减小。当电磁吸力减小到小于反作用弹簧的拉力时，动铁芯被迫释放，主触头、自锁触头同时分断，自动切断主电路和控制电路，电动机失电停转，达到了欠压保护的目的。

2. 失压（或零压）保护

失压保护是指电动机在正常运行时，由于外界某种原因引起突然断电时，能自动切断电动机电源，当重新供电时，保证电动机不能自行启动的一种保护。接触器自锁控制也可实现失压保护。因为接触器自锁触头和主触头在电源断电时已经断开，使控制电路和主电路都不能接通，所以在电源恢复供电时，电动机就不会自行启动运转，保证了人身和设备的安全。

3. 过载保护

如果电动机在运行过程中，由于过载或其他原因使电流超过额定值，那么经过一定时间，串接在主电路中热继电器的热元件因受热发生弯曲，通过动作机构使串接在控制电路中的常闭触头分断，切断控制电路，接触器KM的线圈失电，其主触头、自锁触头都恢复断开，电动机M失电停转，达到了过载保护的目的。

需要指出的是，在照明、电加热等电路中，熔断器既可作短路保护，也可作过载保护。但对三相异步电动机控制线路来说，熔断器只能用作短路保护。因为三相异步电动机的启动电流很大（全压启动时的启动电流能达到额定电流的4~7倍），若用熔断器作过载保护，则选择熔断器的额定电流就等于或略大于电动机的额定电流，这样电动机在启动时，由于启动电流大大超过了熔断器的额定电流，使熔断器在很短的时间内熔断，造成电动机无法正常启动。所以熔断器只能作短路保护，熔体额定电流应取电动机额定电流的1.5~2.5倍。

同样，热继电器在三相异步电动机控制线路中也只能作过载保护，不能作短路保护。因为热继电器的热惯性大，即热继电器的双金属片受热膨胀弯曲需要一定的时间。当电动机发生短路时，由于短路电流很大，热继电器还没来得及动作，供电线路和电源设备可能已经损坏。而在电动机启动时，由于启动时间很短，热继电器还未动作，电动机已启动完毕。总之，热继电器与熔断器两者所起的作用不同，不能相互代替。

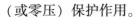

任务实施

安装调试具有过载保护的接触器自锁正转控制线路。

1. 安装步骤及工艺要求

（1）识读具有过载保护的接触器自锁正转控制线路（图5-23），明确线路所用电气元件及其作用，熟悉线路的工作原理。

（2）按表5-1配齐所需电气元件，并进行检验。

①电气元件的技术数据（如型号、规格、额定电压、额定电流等）应完整并符合要求，外观无损伤，备件、附件齐全完好。

②电气元件的电磁机构动作是否灵活，有无衔铁卡阻等不正常现象。用万用表检查电磁线圈的通断情况以及各触头的分合情况。

③接触器线圈额定电压与电源电压是否一致。

④对电动机的质量进行常规检查。

(3) 在控制板上按布置图（图5-24）安装电气元件，并贴上醒目的文字符号。工艺要求如下。

①组合开关、熔断器的受电端子应安装在控制板的外侧，并使熔断器的受电端为底座的中心端。

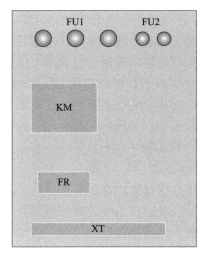

图5-24 元件布置图

②各元件的安装位置应整齐、匀称，间距合理，便于元件的更换。

③紧固元件时用力要均匀，紧固程度要适当。在紧固熔断器、接触器等易碎裂元件时，应用手按住元件一边轻轻摇动，一边用旋具轮换旋紧对角线上的螺钉，直到手摇不动后再适当旋紧些即可。

(4) 依据电路图按板前明线布线的工艺要求进行布线。

板前明线布线的工艺要求如下。

①布线通道尽可能少，同路并行导线按主、控电路分类集中，单层密排紧贴安装面布线。

②同一平面的导线应高低一致或前后一致，不能交叉。非交叉不可时，该根导线应在接线端子引出时就水平架空跨越，但必须走线合理。

③布线应横平竖直、分布均匀，变换走向时应垂直。

④布线时严禁损伤线芯和导线绝缘。

⑤布线顺序一般以接触器为中心，由里向外、由高至低，先控制电路、后主电路进行，以不影响后续布线为原则。

⑥在每根剥去绝缘层导线的两端套上编码套管。所有从一个接线端子（或接线柱）到另一个接线端子（或接线柱）的导线必须连续，中间无接头。

⑦导线与接线端子或接线柱连接时，不得压绝缘层、不反圈及不露铜过长。

⑧同一元件、同一回路的不同接点的导线间距离应保持一致。

⑨一个电气元件接线端子上的连接导线不得多于两根，每节接线端子板上的连接导线一般只允许连接一根。

(5) 根据电路图检查控制板布线的正确性。

(6) 安装电动机。

(7) 连接电动机和按钮金属外壳的保护接地线。

(8) 连接电源、电动机等控制板外部的导线。

(9) 自检。安装完毕的控制线路板，必须经过认真检查以后，才允许通电试车，以防错接、漏接造成不能正常运转或短路事故。

①按电路图或接线图从电源端开始，逐段核对接线及接线端子处线号是否正确，有无错接、漏接之处。检查导线接点是否符合要求，压接是否牢固。接触应良好，以免带负载运行时产生闪弧现象。

②用万用表检查线路的通断情况。检查时，应选用倍率适当的电阻挡，并进行校零，以防短路故障的发生。对控制线路的检查（可断开主电路），可将表笔分别搭在 U11、V11 线端上，读数应为"∞"。按下 SB 时，读数应为接触器线圈的直流电阻值。然后断开控制电路再检查主电路有无开路或短路现象，此时可手动来代替接触器通电进行检查。

③用兆欧表检查线路的绝缘电阻，其阻值不得小于 1 MΩ。

(10) 交验。

(11) 通电试车。为保证人身安全，在通电试车时，要认真执行安全操作规程的有关固定，即一人监护，一人操作。试车前应检查与通电试车有关的电气设备是否有不安全的因素存在，若查出应立即整改，然后才能试车。

①通电试车前，必须征得教师同意，并由教师接通三相电源 L1、L2、L3，同时在现场监护。学生合上电源开关 QS 后，用电笔检查熔断器出线端，氖管亮说明电源接通。按下 SB1 观察接触器情况是否正常，是否符合线路功能要求；观察电气元件动作是否灵活，有无卡阻及噪声过大等现象；观察电动机运行是否正常等。但不得对线路接线是否带电进行检查。观察过程中，若有异常现象应立即停车。当电动机运转平稳后，用钳形电流表测量三相电流是否平衡。

②试车成功率以通电后第一次按下启动按钮时计算。

③出现故障后，教师应指导学生检修。若需带电检查时，学生一定不要独立进行。检修完毕后，如需再次试车，也应该由教师现场监护，并做好时间记录。

④通电试车完毕，停转、切断电源。先拆除三相电源线，再拆除电动机线。

2. 注意事项

(1) 电动机及按钮的金属外壳必须可靠接地。接至电动机的导线必须穿在导线通道内加以保护，或采用坚韧的四芯橡皮线或塑料护套线进行临时通电校验。

(2) 电源进线应接在螺旋式熔断器的下接线座上，出线则应接在上接线座上。

(3) 热继电器的热元件应串接在主电路中，其常闭触头应串接在控制电路中。

(4) 热继电器的整定电流应按电动机的额定电流自行调整，绝对不允许弯折双金属片。

(5) 在一般情况下，热继电器应置于手动位置上。若需要自动复位时，可将复位调节螺钉沿顺时针方向向里旋足。

(6) 热继电器因电动机过载动作后，若需再次启动电动机，必须待热元件冷却后才能使热继电器复位。一般自动复位时间不大于 5 min，手动复位时间不大于 2 min。

(7) 若按钮有内接线时，用力不可过猛，以防螺钉打滑。

(8) 编码套管套装要正确。

(9) 启动电动机时，在按下启动按钮 SB1 的同时，还必须按住停止按钮 SB2，以保证万一出现故障时可立即按下停止按钮停车，以防事故扩大。

任务评价

评分标准见表5-9。

表5-9 评分标准

序号	项目内容	评分标准	配分	扣分	得分
1	装前检查	电气元件漏检或错检,每处扣1分	5		
2	安装元件	(1) 不按布置图安装扣15分; (2) 元件安装不牢固,每只扣4分; (3) 元件安装不整齐、不匀称、不合理,每只扣3分; (4) 损坏元件,每只扣15分	15		
3	布线	(1) 不按电路图接线扣25分; (2) 布线不符合要求:主电路,每根扣4分;控制电路,每根扣3分; (3) 接点松动、露铜过长、反圈等,每个扣1分; (4) 损伤导线绝缘或线芯,每根扣5分; (5) 编码套管套装不正确,每处扣1分; (6) 漏接接地线,扣10分	40		
4	通电试车	(1) 热继电器未整定或整定错误扣10分; (2) 熔体规格选用不当,扣10分; (3) 第一次试车不成功,扣20分; 第二次试车不成功,扣30分; 第三次试车不成功,扣40分	40		
5	安全文明生产	违反安全文明生产规程,扣5~40分			
	定额时间:2 h	每超时5 min以内,按扣5分计算			
6	备注	除定额时间外,各项内容的最高扣分不应超过配分数	合计		
7	开始时间	教师签字	实用时间	年 月 日	

任务5.3 三相异步电动机接触器联锁正反转控制线路的安装调试

任务描述

正转控制线路只能使电动机朝一个方向旋转,带动生产机械的运动部件朝一个方向运动。但许多生产机械往往要求运动部件能向正、反两个方向运动。如机床工作台的前进与后退,万能铣床主轴的正转与反转,起重机的上升与下降等,这些生产机械要求电动机能实现正反转控制。我们把这些能实现电动机正反转控制的线路统称为三相异步电动机正反转控制线路。

三相异步电动机接触器联锁正反转控制线路即其中的一种。我们要学会分析这个线路的工作原理,并且要安装、调试这个电路。任务要求如下。

（1）根据电动机的额定参数合理选择低压电器，并对元器件的质量好坏进行检验，核对元器件的数量。

（2）在规定时间内，依据电路图，按照板前线槽布线的工艺要求，运用技巧安装布线；准确、安全地连接电源，在教师的监护下通电试车。

（3）正确使用工具、仪表，安装质量要可靠，安装、布线技术要符合工艺要求。

（4）要做到安全操作、文明生产。

任务目标

（1）掌握三相异步电动机接触器联锁的正反转控制线路的工作原理，提高综合分析线路的能力。

（2）熟悉线路的安装、调试过程和工艺要求，培养运用技巧安装布线的能力。

（3）掌握板前线槽布线的工艺要求，培养比较、分析、归纳、总结问题以及动手解决实际问题的能力。

实施条件

1）工作场地

生产车间或实训基地。

2）安全工装

工作服、安全帽、防护眼镜等防护用品。

3）实训器具

（1）电工常用工具：测电笔、螺钉旋具、尖嘴钳、斜口钳、剥线钳、电工刀等。

（2）仪表：5050型兆欧表、T301-A型钳形电流表、MF-47型万用表。

（3）器材：

①控制网板（500 mm×400 mm×10 mm）。

②导线：主电路采用BV1.5 mm²（黑色）塑铜线；控制电路采用BV1.0 mm²（红色）塑铜线；按钮线采用BVR0.75 mm²（绿色）塑铜线；接地线采用BVR（黄绿双线）塑铜线，截面至少1.5 mm²；导线数量按板前明线布线方式预定若干。紧固体及编码套管若干。

③电气元件明细见表5-10。

表5-10 三相异步电动机接触器联锁的正反转控制线路元件明细

代号	名称	型号	规格	数量
M	三相异步电动机	Y112M-4	4 kW、380 V、8.8 A、丫接法、1 440 r/min	1
	电源开关			
	熔断器			
	熔断器			
	交流接触器			
	热继电器			
SB1~SB3	按钮			
	端子板			

相关知识

一、分析线路

当改变通入电动机定子绕组的三相电源的相序,即把接入电动机三相电源进线中的任意两相对调接线时,电动机就可以反转。常用的正反转控制线路有倒顺开关正反转控制线路;接触器联锁的正反转控制线路;按钮联锁的正反转控制线路以及按钮、接触器双重联锁的正反转控制线路等。本次课要学习的是接触器联锁的正反转控制线路,如图 5-25 所示。

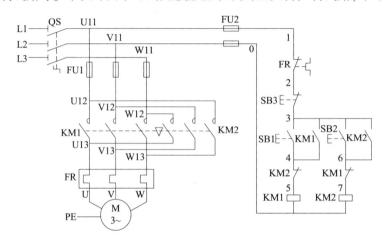

图 5-25 接触器联锁的正反转控制线路

图 5-25 所示的线路采用了两个接触器,即正转用的接触器 KM1 和反转用的接触器 KM2,它们分别由正转按钮 SB1 和反转按钮 SB2 控制。从主电路图中可以看出,这两个接触器的主触头所接通的电源相序不同,KM1 按 L1-L2-L3 相序接线,KM2 则按 L3-L2-L1 相序接线。相应的控制电路有两条:一条是由按钮 SB1 和 KM1 线圈等组成的正转控制电路;另一条是由按钮 SB2 和 KM2 线圈等组成的反转控制电路。

接触器联锁
正反转控制

必须指出,KM1 和 KM2 的主触头绝不允许同时闭合,否则将造成两相电源(L1 相和 L3 相)短路事故。为了避免两个 KM1 和 KM2 同时得电动作,就在正、反转控制电路中分别串接了对方接触器的一对常闭辅助触头,这样,当一个接触器得电动作时,通过其常闭辅助触头使另一个接触器不能得电动作,接触器间这种相互制约的作用叫作接触器联锁(或互锁)。实现联锁作用的常闭辅助触头称为联锁触头(或互锁触头),联锁符号用"▽"表示。

接触器联锁的正反转控制线路的工作原理如下。

先合上电源开关 QS。

1. 正转控制

按下SB1→KM1线圈得电 → KM1自锁触头闭合自锁 → 电动机M启动连续正转
　　　　　　　　　　　→ KM1主触头闭合
　　　　　　　　　　　→ KM1联锁触头分断对KM2联锁

2. 反转控制

停止时，按下停止按钮 SB3→控制电路失电→KM1（或 KM2）主触头分断→电动机 M 失电停转。

总结这种线路，其优点是工作安全可靠，其缺点是操作不方便。因电动机从正转变为反转时，必须先按下停止按钮后才能按反转启动按钮，否则由于接触器的联锁作用，不能实现反转。

二、板前线槽布线的工艺要求

前面学习的三相异步电动机正转控制线路，在安装电路时都是采用的板前明线布线。但在实际使用中，更多的场合需要采用板前线槽布线，如常用的机床线路、生产机械的电气设备线路等。下面介绍一下板前线槽布线的工艺要求。

（1）所有导线的截面积在等于或大于 0.5 mm² 时必须采用软线。考虑机械强度的原因，所用导线的最小截面积，在控制箱外为 1 mm²，在控制箱内为 0.75 mm²。但对控制箱内很小电流的电路连线，如电子逻辑电路，可用 0.2 mm² 线并且可以采用硬线，但只能用于不移动又无振动的场合。

（2）布线时，严禁损伤线芯和导线绝缘。

（3）各电气元件接线端子引出导线的走向，以元件的水平中心线为界，在水平中心线以上接线端子引出的导线，必须进入元件上面的走线槽；在水平中心线以下接线端子引出的导线，必须进入元件下面的走线槽。任何导线都不允许从水平方向进入走线槽内。

（4）各电气元件接线端子上引出或引入的导线，除间距很小和元件机械强度很差允许直接架空敷设外，其他导线必须经过走线槽进行连接。

（5）进入走线槽内的导线要完全置于走线槽内，并应尽可能避免交叉，装线不要超过线槽容量的 70%，便于能盖上线槽盖并方便以后的装配及维修。

（6）各电气元件与走线槽之间外露的导线，应走线合理，并尽可能做到横平竖直，变换走向要垂直。同一个元件上位置一致的端子和同型号电气元件中位置一致的端子上引出或引入的导线，要敷设在同一平面上，并应做到高低一致或前后一致，不得交叉。

（7）所有接线端子、导线线头上都应套有与电路图上相应接点线号一致的编码套管，并按线号进行连接，连接必须牢靠，不得松动。

（8）在任何情况下，接线端子必须与导线截面积和材料性质相适应。当接线端子不适合连接软线或较小截面积的软线时，可以在导线端头轧上针形或叉形接头并压紧。

（9）一般一个接线端子只能连接一根导线，如果采用专门设计的端子，可以连接两根或多根导线，但导线的连接方式必须是公认的、在工艺上成熟的各种方式，如夹紧、压接、焊接、绕接等,并应严格按照连接工艺的工序要求进行。

任务实施

安装调试三相异步电动机接触器联锁正反转控制线路。

1. 安装步骤及工艺要求

（1）识读接触器联锁的正反转控制线路（图 5-25），明确线路所用电气元件及作用，熟悉线路的工作原理。

（2）按照电动机的额定参数,参照电气原理图,计算所需电气元件的数量、型号、规格,把相应参数填入表 5-10 中。配齐所用电气元件,并检验其质量好坏。

（3）绘制布置图,经教师检查合格后,在控制板上按布置图固装电气元件和走线槽,并贴上醒目的文字符号。安装元件时,组合开关、熔断器的受电端子应安装在控制板的外侧;元件排列要整齐、匀称、间距要合理,且便于元件的更换;紧固电气元件时用力要均匀,紧固程度要适当,做到既要使元件安装牢固,又不损坏元件。安装走线槽时,应做到横平竖直,排列整齐均匀,安装牢固和便于接线等。

（4）布线。

布线技巧如下。

在对简单线路安装布线时,可以按照电路图从控制电路到主电路,以顺序渐进的方式进行,但当对复杂线路布线时,若还按照这种习惯方式进行就会出现很多问题,如花费的时间很长,超过定额时间;安装的线路出现漏接线或重复接线,使准确率大大下降;等等。更重要的是,这种循规蹈矩、不讲科学发展观的做事态度,会跟不上科技发展的步伐,很容易被社会淘汰。所以,当学习到相对复杂的正反转控制线路,在安装布线时,要总结规律,善于发现,寻求一种合理的布线方法,即运用技巧对线路进行安装布线。

运用技巧安装的线路,要达到"准""快""省""美"4 个标准。其中"准"字体现的是线路安装的准确性;"快"就是要在定额时间内完成,而且是在保证正确、合理的情况下越快越好;"省"指的是节省材料（导线）,节省时间;"美"指的是当控制线路安装好后,要保证整个电路结构美观大方、整洁实用。

为了达到以上 4 项标准的要求,就必须运用技巧安装线路,即布线三原则,即顺序原则、优先原则和就近原则。

顺序原则:就是指按照线号顺序布线。以控制线路为例,如图 5-25 所示,控制线路中的所有线号是从 0 开始的,依次为 1,2,3,…,一直到 7 结束。在对控制线路布线时,就可以按照这个线号顺序依次连线。需要注意的是,属于一个线号的所有接线点,在连线时要一次完成。例如 4 号线,从电路图中可以看出,属于这个线号的点有 3 个,分别是 SB1 的出线座、自锁触头 KM1 常开辅助触头的出线座,还有联锁触头 KM2 常闭辅助触头的进线座。当连接到 4 号线时,要把这 3 个点全部连接完毕。控制线路的布线顺序从 0 号线开始,依次为 1-2-3-4-5-6-7。

优先原则:指的是属于同一线号的同一个元件上的接线点可以优先连接。如图 5-25 所示,以控制电路中的 3 号线为例,首先观察线路,属于 3 号线的接线点有 5 个,分别是停止按钮 SB3 的出线座、正转启动按钮 SB1 的进线座、正转自锁触头 KM1 常开辅助触头的进线座、反转启动按钮 SB2 的进线座以及反转自锁触头 KM2 常开辅助触头的进线座。当对这 5 个点连线时,如果按照电路图从左到右、从上至下的顺序接线,要经过三次接线端子的中转,既浪费时间又浪费导线,还容易出现重复接线的现象。因此,按照优先原则连线会方便得多。

再观察这 5 个点,其中有 3 个点集中在同一个元件(盒式按钮上),它们分别是 SB3、SB1 和 SB2。现在,按照优先原则先把这 3 个点用很短的导线段、很短的时间、一次性在按钮上连接好,连接时要注意,其中停止按钮 SB3 是一个出线座,即一个唯一点,而其他两个按钮点都是进线座,属于任意点,在实物上要准确找到对应点。

就近原则:当把这 3 个点连接好后,再按照就近原则把剩下的两个 3 号点,即 KM1 和 KM2 常开辅助触头的进线座进行连线。因为 KM1 和 KM2 这两个点都属于 3 号线,而且它们在实际位置上距离较近。所以就近原则具体来说,就是把同属于一个线号、不属于同一个元件,但在实际位置上距离近的点就近连接。

2. 注意事项

(1) 螺旋式熔断器的接线要正确,以确保用电安全。
(2) 接触器联锁触头接线必须正确,否则将会造成主电路中两相电源短路事故。
(3) 通电试车时,应先合上 QS,再按下 SB1(或 SB2)及 SB3,看控制过程是否正常,并在按下 SB1 后再按下 SB2,体会联锁控制的作用。
(4) 训练应在规定的时间内完成,同时要做到安全操作和文明生产。训练结束后,安装的控制板要留用。
(5) 运用布线技巧安装好线路后,根据图 5-25 所示电气原理图检查控制板布线的正确性和合理性。
(6) 可靠连接电动机和按钮金属外壳的保护接地线。
(7) 连接电源、电动机等控制板外部的导线。导线要采用绝缘良好的橡皮线进行通电校验。
(8) 自检。安装完毕的控制线路板必须按要求进行认真检查,确保无误后才允许通电试车。
(9) 检验合格后,通电试车。通电时,必须经指导教师同意后,由指导教师接通电源,并在现场进行监护。出现故障后,若需要带电检查,也必须有教师在现场监护。
(10) 通电试车完毕,停转、切断电源。先拆除三相电源线,再拆除电动机负载线。

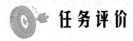

任务评价

评分标准见表 5-11。

表 5-11 评分标准

序号	项目内容	评分标准	配分	扣分	得分
1	装前检查	(1) 电动机质量检查,每漏一处扣 5 分; (2) 电气元件漏检或错检,每处扣 2 分	5		

续表

序号	项目内容	评分标准	配分	扣分	得分
2	安装元件	(1) 不按布置图安装，扣15分； (2) 元件、线槽安装不牢固，每只扣3分； (3) 安装元件时漏装木螺钉，每只扣2分； (4) 元件安装不整齐、不匀称、不合理，每只扣3分； (5) 损坏元件，扣15分	15		
3	布线	(1) 不按电路图接线，扣25分； (2) 布线不符合工艺要求，每根扣3分； (3) 布线不符合技巧，每根扣3分； (4) 接点松动、露铜过长、压绝缘层、反圈等，每处扣1分； (5) 损伤导线绝缘或线芯，每根扣5分； (6) 漏套或错套编码套管，每处扣2分； (7) 漏接接地线，扣10分	40		
4	通电试车	(1) 热继电器未整定或整定值错误，扣5分； (2) 熔体规格配错，主、控电路各扣5分； (3) 第一次试车不成功，扣20分； 第二次试车不成功，扣30分； 第三次试车不成功，扣40分	40		
5	安全文明生产	违反安全文明生产规程，扣5~40分			
	定额时间：3 h	每超时5 min以内，按扣5分计算			
6	备注	除定额时间外，各项内容的最高扣分不应超过配分数	合计	100	
7	开始时间	教师签字	实用时间	年　月　日	

任务5.4　三相异步电动机位置控制线路的安装调试与检修

任务描述

在生产过程中，一些生产机械运动部件的行程或位置要受到限制，或者需要其运动部件在一定范围内自动往返循环等。如在摇臂钻床、万能铣床、镗床、桥式起重机及各种自动或半自动控制机床设备中就经常遇到这种控制要求。而实现这种控制要求所依靠的主要电器是位置开关。而位置控制就是利用生产机械运动部件上的挡铁与位置开关碰撞，使其触头动作来接通或断开电路，以实现对生产机械运动部件的位置或行程的自动控制。

三相异步电动机位置控制线路是位置控制的基础。我们要学会分析、安装、调试这个电路，并且要学会对电路常见故障进行分析和排除。任务要求如下。

（1）参考电动机的额定参数，依据电气原理图，计算所需电气元件的数量、型号、规格，把相应参数填入电气元件明细表中，配齐所用电气元件，并检验其质量好坏。

（2）在规定时间内，依据电路图，按照板前线槽布线的工艺要求，熟练运用技巧安装布线；准确、安全地连接电源，在教师的监护下通电试车。

(3) 在规定时间内,对人为设置的故障,用正确、合理的方法进行检修。

(4) 正确使用工具、仪表;安装质量要可靠,安装、布线技术要符合工艺要求;检修步骤和方法要科学、合理。

(5) 要做到安全操作、文明生产。

任务目标

(1) 掌握三相异步电动机位置控制线路的工作原理,提高分析电动机基本控制线路的能力。

(2) 熟悉线路的安装、调试过程和工艺要求,提高运用技巧安装布线的能力。

(3) 掌握三相异步电动机位置控制线路的故障分析和检修方法,培养应急处理问题的能力。

实施条件

1) 工作场地

生产车间或实训基地。

2) 安全工装

工作服、安全帽、防护眼镜等防护用品。

3) 实训器具

(1) 电工常用工具:测电笔、螺钉旋具、尖嘴钳、斜口钳、剥线钳、电工刀等。

(2) 仪表:5050型兆欧表、T301-A型钳形电流表、MF-47型万用表。

(3) 器材:

①控制网板(500 mm×400 mm×10 mm)。

②导线:主电路采用BV1.5 mm^2(黑色)塑铜线;控制电路采用BV1.0 mm^2(红色)塑铜线;按钮线采用BVR0.75 mm^2(绿色)塑铜线;接地线采用BVR(黄绿双线)塑铜线,截面至少1.5 mm^2;导线数量按板前明线布线方式预定若干。紧固体及编码套管若干。

③电气元件明细见表5-12。

表5-12 位置控制线路电气元件明细

代号	名称	型号	规格	数量
M	三相异步电动机	Y112M-4	4 kW、380 V、8.8 A、△接法、1 440 r/min	1
QS				
FU1				
FU2				
KM1、KM2				
FR				
SQ1、SQ2				
SB1~SB3				

续表

代号	名称	型号	规格	数量
XT				
	主电路导线			若干
	控制电路导线			若干
	按钮线			若干
	接地线			若干
	走线槽			若干

相关知识

一、行程开关

行程开关又叫限位开关,它和接近开关等都属于位置开关。行程开关是用以反映工作机械的行程,发出命令以控制其运动方向和行程大小的开关。其作用原理与按钮相同,区别在于它不是靠手指的按压而是利用生产机械运动部件的碰压使其触头动作,从而将机械信号转变为电信号,用以控制机械动作或用作程序控制。通常,行程开关被用来限制机械运动的位置或行程,使运动机械按一定的位置或行程实现自动停止、反向运动、变速运动或自动往返运动等。

1. 结构及工作原理

各系列行程开关的基本结构大致相同,都是由触头系统、操作机构和外壳组成的。以某种行程开关元件为基础,装置不同的操作机构,可得到各种不同形式的行程开关,常见的有按钮式(直动式)和旋转式(滚轮式)。

图5-26所示为JLXK1系列行程开关的外形。

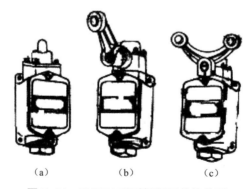

图5-26　JLXK1系列行程开关的外形
(a) JLXK1-311 按钮式;(b) JLXK1-111 单轮旋转式;(c) JLXK1-211 双轮旋转式

JLXK1系列行程开关的结构和动作原理如图5-27所示。当运动部件的挡铁碰压行程开关的滚轮时,杠杆与转轴一起转动,使凸轮推动撞块,当撞块被压到一定位置时,推动微动开关快速动作,使其常闭触头断开,常开触头闭合。当滚轮上的挡铁移开后,复位弹簧就使行程开关各部分恢复原始位置,这种单轮自动恢复式行程开关是依靠本身的恢复弹簧来复原的。

在生产中还有的行程开关在动作后不能自动复原,如 JLXK1-211 型双轮旋转式行程开关,如图 5-26(c)所示。当挡铁碰压这种行程开关的一个滚轮时,杠杆转动一定角度后触头立即动作,当挡铁离开滚轮后,开关不能自动复位,只有当生产机械反向运动时,挡铁从相反方向碰压另一滚轮,触头才能复位,这种双轮非自动恢复式行程开关的结构比较复杂、价格较贵,但运行比较可靠。

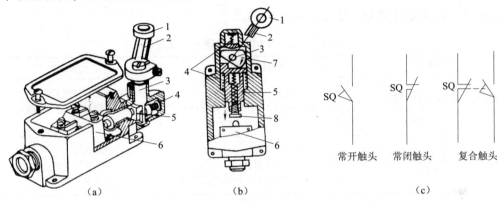

图 5-27　JLXK1-111 型行程开关的结构和动作原理
(a)结构;(b)动作原理;(c)符号
1—滚轮;2—杠杆;3—转轴;4—复位弹簧;5—撞块;6—微动开关;7—凸轮;8—调节螺钉

行程开关的触头动作方式有蠕动型和瞬动型两种。蠕动型的触头结构与按钮相似,这种行程开关的结构简单、价格便宜,但触头的分合速度取决于生产机械挡铁的移动速度。当挡铁的移动速度小于 0.007 m/s 时,触头分合太慢,易产生电弧灼烧触头,从而减少触头的使用寿命,也影响动作的可靠性及行程控制的位置精度。为克服这些缺点,行程开关一般采用具有快速换接动作机构的瞬动型触头。瞬动型行程开关的触头动作速度与挡铁的移动速度无关,性能显然优于蠕动型。LX19K 型行程开关即瞬动型,其工作原理如图 5-28 所示。

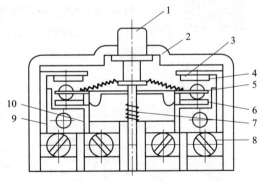

图 5-28　LX19K 型行程开关的动作原理
1—顶杆;2—外壳;3—动合触点;4—触点弹簧;
5—接触板;6—动断触点;7—复位弹簧;
8—接线座;9—动合静触桥;10—动断静触桥

当运动部件的挡铁碰压顶杆时,顶杆向下移动,压缩触头弹簧使之储存一定的能量。当顶杆移动到一定位置时,触头弹簧的弹力方向发生改变,同时储存的能量得以释放,完成跳跃式快速换接动作。当挡铁离开顶杆时,顶杆在复位弹簧的作用下上移到一定位置,接触桥瞬时进行快速换接,触头迅速恢复到原状态。

2. 选用

行程开关主要根据动作要求、安装位置及触头数量选择。

3. 安装与使用

（1）安装行程开关时，安装位置要准确，安装要牢固；滚轮的方向不能装反，挡铁与其碰撞的位置应符合控制线路的要求，并确保能可靠地与挡铁碰撞。

（2）在使用行程开关时，要定期检查和保养，除去油垢及粉尘，清理触头，经常检查其动作是否灵活、可靠，及时排除故障。防止因行程开关触头接触不良或接线松脱产生误动作而导致设备和人身安全事故。

4. 常见故障及处理方法

行程开关的常见故障及处理方法见表 5-13。

表 5-13 行程开关的常见故障及处理方法

故障现象	可能的原因	处理方法
挡铁碰撞位置开关后，触头不动作	（1）安装位置不准确； （2）触头接触不良或接线松脱； （3）触头弹簧失效	（1）调整安装位置； （2）清刷触头或紧固接线； （3）更换弹簧
杠杆已经偏转，或无外界机械力作用，但触头不复位	（1）复位弹簧失效； （2）内部撞块卡阻； （3）调节螺钉太长，顶住开关按钮	（1）更换弹簧； （2）清扫内部杂物； （3）检查调节螺钉

二、位置控制线路的工作原理

位置控制

位置控制线路图如图 5-29 所示。工厂车间里的行车常采用这种线路，右下角是行车运动示意图，行车的两头终点处各安装一个位置开关 SQ1 和 SQ2，将这两个位置开关的常闭触头分别串接在正转控制电路和反转控制电路中。行车前后各装有挡铁 1 和挡铁 2，行车的行程和位置可通过移动位置开关的安装位置来调节。

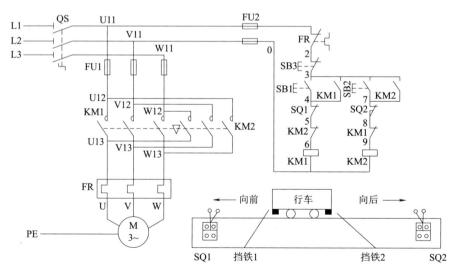

图 5-29 位置控制线路图

该线路的工作原理如下。
先合上电源开关 QS。

1. 行车向前运动

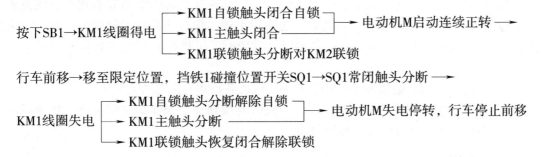

行车前移→移至限定位置，挡铁1碰撞位置开关SQ1→SQ1常闭触头分断→

KM1线圈失电 → KM1自锁触头分断解除自锁
→ KM1主触头分断 → 电动机M失电停转，行车停止前移
→ KM1联锁触头恢复闭合解除联锁

此时，即使再按下 SB1，由于 SQ1 常闭触头已分断，接触器 KM1 线圈也不会得电，保证了行车不会超过 SQ1 所在的位置。

2. 行车向后运动

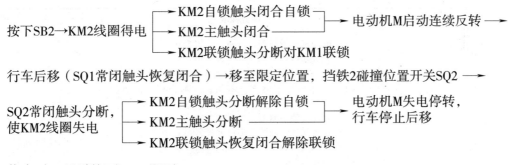

按下SB2→KM2线圈得电 → KM2自锁触头闭合自锁
→ KM2主触头闭合 → 电动机M启动连续反转 →
→ KM2联锁触头分断对KM1联锁

行车后移（SQ1常闭触头恢复闭合）→移至限定位置，挡铁2碰撞位置开关SQ2→

SQ2常闭触头分断，使KM2线圈失电 → KM2自锁触头分断解除自锁
→ KM2主触头分断 → 电动机M失电停转，行车停止后移
→ KM2联锁触头恢复闭合解除联锁

停车时，只需按下 SB3 即可。

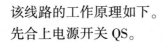 任务实施

安装、调试位置控制线路。

1. 安装步骤及工艺要求

安装工艺要求可参照项目 3 操作指导中接触器联锁正反转控制线路的安装工艺要求进行。其安装步骤如下。

（1）按照电动机的额定参数，参照电气原理图（图 5-29），计算所需电气元件的数量、型号、规格，把相应参数填入表 5-12 中。配齐所用电气元件，并检验其质量好坏。

（2）根据电气原理图画出布置图。

（3）在控制板上按布置图安装走线槽和电气元件，并贴上醒目的文字符号。

（4）依据电路图，在控制板上灵活运用布线三原则进行板前线槽布线，并在导线端部套编码套管和冷压接线头。

（5）安装电动机。

（6）可靠连接电动机和电气元件金属外壳的保护接地线。

（7）连接控制板外部的导线。

(8) 自检。

(9) 检查无误后通电试车。

2. 注意事项

(1) 位置开关可以先安装好,不占额定时间。位置开关必须牢固安装在合适的位置上(安装位置参考工作台示意图)。安装后,必须用手动工作台或受控机械进行试验,合格后才能使用。训练中若无条件进行实际机械安装试验时,可将位置开关安装在控制板下方两侧进行手控模拟试验。

(2) 通电校验时,必须先手动位置开关,试验各行程控制是否正常可靠。

(3) 安装训练应在规定的时间内完成,同时要做到安全操作和文明生产。控制板试车完毕后,不必拆卸,留待设置、检修故障。

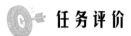

评分标准见表 5-14。

表 5-14 评分标准

序号	项目内容	评分标准	配分	扣分	得分
1	装前检查	(1) 电动机质量检查,每漏一处扣 5 分; (2) 电气元件错检或漏检,每处扣 2 分	15		
2	安装元件	(1) 元件布置不整齐、不匀称、不合理,每只扣 3 分; (2) 元件安装不紧固,每只扣 3 分; (3) 安装元件时漏装木螺钉,每只扣 1 分; (4) 走线槽安装不符合要求,每处扣 2 分; (5) 损坏元件,扣 15 分	15		
3	布线	(1) 不按电路图接线,扣 20 分; (2) 布线不符合要求,每根扣 3 分; (3) 不能灵活运用技巧布线,每处扣 5 分; (4) 接点松动、露铜过长、压绝缘层、反圈等每处扣 1 分; (5) 漏套或错套编码套管,每处扣 2 分; (6) 漏接接地线,扣 10 分	30		
4	通电试车	(1) 热继电器未整定或整定值错误,扣 5 分; (2) 熔体规格配错,主、控电路各扣 5 分; (3) 第一次试车不成功,扣 20 分; 第二次试车不成功,扣 30 分; 第三次试车不成功,扣 40 分	40		
5	安全文明生产	违反安全文明生产规程,扣 5~40 分			
	定额时间:2.5 h	每超时 5 min 以内,扣 5 分			
6	备注	除定额时间外,各项目的最高扣分不应超过配分数	合计	100	
7	开始时间	教师签字	实用时间	年 月 日	

任务 5.5　三相异步电动机顺序控制线路的安装与调试

任务描述

（1）根据控制和保护要求自行设计电气控制线路，要求线路简单、经济、合理并安全可靠，便于操作和维修。

（2）参考电动机的额定参数，配齐所用电气元件，并检验其质量好坏。

（3）在规定的时间内，依据电路图，按照板前线槽布线的工艺要求，熟练运用技巧安装布线；准确、安全地连接电源，在教师的监督下通电试车。

（4）正确使用工具、仪表；安装质量要可靠，安装、布线技术要符合工艺要求；检修步骤和方法要科学、合理。

（5）要做到安全操作、文明生产。

任务目标

（1）掌握三相异步电动机顺序控制线路的工作原理，提高分析电动机基本控制线路的能力。

（2）熟悉线路的安装、调试过程和工艺要求，提高运用技巧安装布线的能力。

（3）掌握三相异步电动机顺序控制线路的故障分析和检修方法，培养应急处理问题的能力。

实施条件

1）工作场地

生产车间或实训基地。

2）安全工装

工作服、安全帽、防护眼镜等防护用品。

3）实训器具

（1）电工常用工具：测电笔、螺钉旋具、尖嘴钳、斜口钳、剥线钳、电工刀等。

（2）仪表：5050 型兆欧表、T301-A 型钳形电流表、MF-47 型万用表。

（3）器材：

①控制网板（500 mm×400 mm×10 mm）。

②导线：主电路采用 BV1.5 mm^2（黑色）塑铜线；控制电路采用 BV1.0 mm^2（红色）塑铜线；按钮线采用 BVR0.75 mm^2（绿色）塑铜线；接地线采用 BVR（黄绿双线）塑铜线，截面至少 1.5 mm^2；导线数量按板前明线布线方式预定若干。紧固体及编码套管若干。

③电气元件明细见表 5-15。

表 5-15 顺序控制线路元件明细

代号	名称	型号	规格	数量
M	三相异步电动机	Y112M-4	4 kW、380 V、8.8 A、△接法、1 440 r/min	1
QS				
FU1				
FU2				
KM1、KM2				
FR				
SB1~SB3				
XT				
	主电路导线			若干
	控制电路导线			若干
	按钮线			若干
	接地线			若干
	走线槽			若干

相关知识

在装有多台电动机的生产机械上，各电动机所起的作用是不同的，有时需按一定的顺序启动或停止，才能保证操作过程的合理和工作的安全可靠。例如，X62W 型万能铣床上要求主轴电动机启动后，进给电动机才能启动；M7120 型平面磨床的冷却泵电动机，要求当砂轮电动机启动后才能启动。像这种要求几台电动机的启动或停止必须按一定的先后顺序来完成的控制方式，叫作电动机的顺序控制。

设计电气控制线路可采用经验设计法。所谓经验设计法，就是根据生产机械的工艺要求选择适当的基本控制线路，再把它们综合地组合在一起。例如，上面所提到的顺序控制，它的具体控制要求可归纳如下。

（1）M1 电动机启动后，M2 电动机才能启动。

（2）M1 和 M2 电动机可以独立停车。

（3）具有短路、过载、欠压及失压保护。

主轴电动机 M1 和冷却泵电动机 M2 都只需单向运转，试设计该机床的电气控制线路。

1. 选择基本控制线路

根据 M1 和 M2 都只需单向运转的控制要求，选择接触器自锁正转控制线路，并进行有机地组合，设计画出控制线路草图，如图 5-30 所示。

2. 修改完成线路

很显然，这样的电路结构使两台电动机之间的控制没有任何关联。根据 M1 启动后 M2 才能启动的控制要求，要使 M2 受控于 M1，可考虑 M1 的得电与否受 KM1 控制，即只有在交流接触器 KM1 得电工作后，M1 电动机才能获电运转，所以，我们可以考虑用 KM1 控制 KM2，即只有交流接触器 KM1 得电之后，KM2 才可以得电，这样也就满足了只有 M1 启动

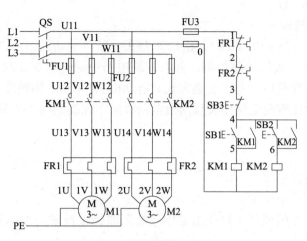

图 5-30 两台电动机顺序控制线路草图

后 M2 才能启动的控制要求。所以在主电路中，把 KM2 交流接触器的三相主触头画在 KM1 交流接触器三相主触头的下方，如图 5-31 所示。

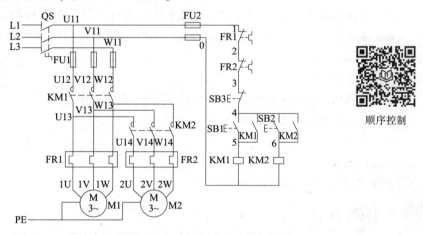

图 5-31 修改完善后的两台电动机顺序启动控制线路

3. 校核完成线路

控制线路初步设计完成后，可能还有不合理、不可靠、不安全的地方，应当根据经验和控制要求认真仔细地对线路进行校核，以保证线路的正确性和实用性。

经修改、校核完成的线路的工作原理如下。

先合上电源开关 QS。

按下SB1→KM1线圈得电 ┬→ KM1主触头闭合 ——→ 为M2获电做好准备
                     └→ KM1自锁触头闭合自锁

┬→ 电动机M1启动连续运转
└→ 再按下SB2→KM2线圈得电 ┬→ KM2主触头闭合 ——→ 电动机M2启动连续运转
                          └→ KM2自锁触头闭合自锁

M1、M2 同时停转控制：

按下 SB3→控制电路失电→KM1、KM2 主触头分断→电动机 M1、M2 同时停转。

这是在主电路中完成的顺序控制。如果控制电路中通过对交流接触器 KM1 和 KM2 控制，使其线圈得电实现顺序控制，也能实现对电动机 M1 和 M2 的顺序控制。

请读者自行设计在控制电路中实现两台电动机顺序控制的电气控制线路。

任务实施

安装调试顺序控制线路。

安装步骤及工艺要求如下。

安装工艺要求可参照项目 3 操作指导中接触器联锁正反转控制电路的安装工艺要求进行。其安装步骤如下。

（1）按照电动机的额定参数，参照电气原理图（图 5-31），计算所需电气元件的数量、型号、规格，把相应参数填入表 5-15 中。配齐所用电气元件，并检验其质量好坏。

（2）根据电气原理图画出布置图。

（3）在控制板上按布置图安装走线槽和电气元件，并贴上醒目的文字符号。

（4）依据电路图，在控制板上灵活运用布线三原则进行板前线槽布线，并在导线端部套编码套管和冷压接线头。

（5）安装电动机。

（6）可靠连接电动机和电气元件金属外壳的保护接地线。

（7）连接控制板外部的导线。

（8）自检。

（9）互检。

（10）检查无误后通电试车。

任务评价

评分标准见表 5-16。

表 5-16 评分标准

序号	项目内容	评分标准	配分	扣分	得分
1	装前检查	（1）电动机质量检查，每漏一处扣 5 分； （2）电气元件错检或漏检，每处扣 2 分	15		
2	安装元件	（1）元件布置不整齐、不匀称、不合理，每只扣 3 分； （2）元件安装不紧固，每只扣 3 分； （3）安装元件时漏装木螺钉，每只扣 1 分； （4）走线槽安装不符合要求，每处扣 2 分； （5）损坏元件，扣 15 分	15		

项目 5 三相异步电动机的典型控制线路安装与调试

续表

序号	项目内容	评分标准	配分	扣分	得分
3	布线	(1) 不按电路图接线，扣 20 分； (2) 布线不符合要求，每根扣 3 分； (3) 不能灵活运用技巧布线，每处扣 5 分； (4) 接点松动、露铜过长、压绝缘层、反圈等，每处扣 1 分； (5) 漏套或错套编码套管，每处扣 2 分； (6) 漏接接地线，扣 10 分	30		
4	通电试车	(1) 熔体规格配错，主、控电路各扣 5 分； (2) 第一次试车不成功，扣 20 分； 第二次试车不成功，扣 30 分； 第三次试车不成功，扣 40 分	40		
5	安全文明生产	违反安全文明生产规程，扣 5~40 分			
	定额时间：2.5 h	每超时 5 min 以内，扣 5 分			
6	备注	除定额时间外，各项目的最高扣分不应超过配分数	合计	100	
7	开始时间	教师签字	实用时间	年 月 日	

任务 5.6　三相异步电动机降压启动控制线路的安装与调试

任务描述

异步电动机在接入电网启动的瞬间，由于转子处于静止状态，定子旋转的磁场以最快的相对速度切割转子导体，在转子绕组中感应出很大的转子电动势和转子电流，从而引起很大的定子电流。而这个过大的启动电流会对电网和电动机本身产生冲击。对电网而言，它会引起较大的线路压降，特别是电源容量较小时，电压下降太多，会影响接在同一电源上的其他负载，影响其他电动机的正常运行甚至停止转动；对电动机本身而言，过大的启动电流将在绕组中产生较大的损耗，引起绕组发热，加速电动机绕组绝缘老化，且在大电流的冲击下，电动机绕组端部有发生位移和变形的可能，容易造成短路故障。因此，较大容量的电动机启动时，需要采用降压启动的方法。

任务要求如下。
(1) 根据操作要求进行，正确修整、改装时间继电器。
(2) 根据电气元件明细表，配齐所用的电气元件，并检验其质量。
(3) 在规定的时间，依据电路图，按照板前线槽布线的工艺要求，熟练运用技巧安装布线；准确、安全地连接电源，在教师的监护下通电试车。
(4) 正确使用工具、仪表；安装质量要可靠，安装、布线技术要符合工艺要求；检修步骤和方法要科学、合理。
(5) 要做到安全操作、文明生产。

三相异步
电动机启动

任务目标

(1) 掌握三相异步电动机降压启动控制线路及相关低压电器的工作原理,提高自主分析电路工作原理的能力。

(2) 熟悉线路的安装、调试过程和工艺要求,提高运用技巧安装布线的能力。

(3) 掌握三相异步电动机降压启动控制线路的故障分析和检修方法,培养应急处理问题的能力。

实施条件

1) 工作场地

生产车间或实训基地。

2) 安全工装

工作服、安全帽、防护眼镜等防护用品。

3) 实训器具

(1) 电工常用工具:测电笔、螺钉旋具、尖嘴钳、斜口钳、剥线钳、电工刀等。

(2) 仪表:5050型兆欧表、T301-A型钳形电流表、MF-47型万用表。

(3) 器材:

①控制网板(500 mm×400 mm×10 mm)。

②导线:主电路采用BV1.5 mm²(黑色)塑铜线;控制电路采用BV1.0 mm²(红色)塑铜线;按钮线采用BVR0.75 mm²(绿色)塑铜线;接地线采用BVR(黄绿双线)塑铜线,截面至少1.5 mm²;导线数量按板前明线布线方式预定若干。紧固体及编码套管若干。

③电气元件明细见表5-17。

表5-17 时间继电器自动控制 Y-△降压启动控制线路电气元件明细

代号	名称	规格	型号	数量
M	三相笼型异步电动机	Y132S-4	5.5 kW、380 V、11.6 A、△接法	1
QF	低压断路器	DZ5-20/330	三极、复式脱扣器、380 V、20 A	1
FU1	熔断器	RL1-60/25	500 V、60 A、配熔体25 A	3
FU2	熔断器	RL1-15/2	500 V、15 A、配熔体2 A	2
KM、KMY、KM△	交流接触器	CJT1-20	20 A、线圈电压380 V	3
KT	时间继电器	JS7-2A	线圈电压380 V	1
KH	热继电器	JR36B-20/3	三极、20 A、整定电流11.6 A	1
SB1、SB2	按钮	LA4-3H	保护式、按钮3个	1
XT	端子板	JD0-1020	380 V、10 A、20节	1
—	配电盘一块	—	—	1
—	导线	BVR	1.5 mm²(黑色)	若干
—	—	BVR	1.5 mm²(黄绿双色)	若干
—	—	BVR	1.0 mm² 和 0.75 mm²(红色)	若干

续表

代号	名称	规格	型号	数量
—	走线槽	—	—	若干
—	编码套管	—	—	若干
—	紧固体	—	—	若干
—	针形及叉形轧头	—	—	若干
—	金属软管	—	—	若干
HL	指示灯	—	220 V、15 W	3

 相关知识

一、时间继电器

自得到动作信号起至触头动作或输出电路产生跳跃式改变有一定延时时间，该延时时间又符合其准确度要求的继电器称为时间继电器。它广泛用于需要按时间顺序进行控制的电气控制线路中。

常用的时间继电器主要有电磁式、电动式、空气阻尼式、晶体管式等。其中，电磁式时间继电器的结构简单、价格低廉，但体积和质量较大，延时较短（如JT3型只有0.3~5.5 s），且只能用于直流断电延时；电动式时间继电器的延时精度高，延时可调范围大（由几分钟到几小时），但结构复杂、价格高。目前在电力拖动线路中应用较多的是空气阻尼式时间继电器。

1. 结构

JS7-2A系列空气阻尼式时间继电器的结构如图5-32所示。

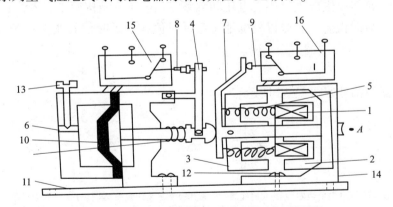

图5-32 JS7-2A型空气阻尼式时间继电器结构

1—线圈；2—铁芯；3—衔铁；4—L形托板；5—活塞杆；6—杠杆形撞块；7—活塞杆；8，9—复位弹簧；10—橡皮膜；11—底板座；12—固定螺钉；13—延时调节钉；14—支持件；15，16—微动开关

该系列时间继电器主要由以下几部分组成。

（1）电磁系统：由线圈、铁芯和衔铁组成。

（2）触头系统：包括两对瞬时触头（一常开、一常闭）和两对延时触头（一常开、一常闭）。瞬时触头和延时触头分别是两个微动开关的触头。

（3）空气室：空气室为一个空腔，由橡皮膜、活塞等组成。橡皮膜可随空气的增减而移动，顶部的调节螺钉可调节延时时间。

（4）传动机构：由推杆、活塞杆、杠杆和各种类型的弹簧等组成。

（5）基座：用金属板制成，用以固定电磁机构和气室。

2. 工作原理

通电延时型时间继电器的工作原理如图 5-32 所示，当线圈 1 通电后，衔铁 3 连同 L 形托板 4 被铁芯 2 吸引而右移，微动开关 16 的触头迅速转换，L 形托板 4 的尾部便伸出支持件 14 尾部至 A 点，同时，连接在气室的橡皮膜 10 上的活塞杆 7 也右移，由于杠杆形撞块 6 连接在活塞杆 7 上，故撞块 6 的上部左移，由于橡皮膜 10 向右运动时，橡皮膜下方气室的空气稀薄形成负压，起到空气阻尼作用，所以经缓慢右移一定的时间后，撞块 6 上部的行程螺钉才能压动微动开关 15，使微动开关 15 的触头转换，达到通电延时的目的，其移动的速度即延时时间的长短，视进气孔的大小、进入空气室的空气流量而定，可通过延时调节钉 13 进行调整。当线圈 1 断电时，电磁吸力消失，衔铁 3 在反力弹簧的作用下释放，并通过活塞杆 7 将活塞推向下端，这时橡皮膜 10 下方气室内的空气通过橡皮膜、弹簧和活塞的肩部所形成的单向阀，迅速从橡皮膜上方的气室缝隙中排掉。因此杠杆形撞块 6 和微动开关 15 能迅速复位。在线圈 1 通电和断电时，微动开关 16 在 L 形托板 4 的作用下都能瞬时动作，即时间继电器的瞬动触头。

实际上，如果碰到 JS7-A 系列时间继电器，只需将通电延时型时间继电器的电磁机构翻转 180°安装，可变为断电延时型时间继电器，即 JS7-A 系列时间继电器的延时范围有 0.5~60 s 和 0.4~180 s 两种。

空气阻尼式时间继电器的特点如下。

（1）优点：延时范围较大，不受电压和频率波动影响，结构简单、寿命长、价格低。

（2）缺点：延时误差大，难以精确地正定延时值，且延时值易受周围环境温度、尘埃等影响。

3. 符号

时间继电器的符号如图 5-33 所示。

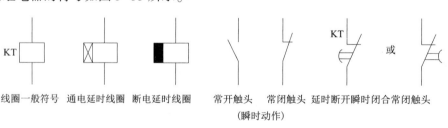

图 5-33 时间继电器的符号

在记忆时，可以把延时触头上的小帽子想象成箭头。大家都知道，在物理中箭头表示力的方向，这时想象下，小帽子形成的箭头所代表的力对开关的断开和闭合分别起促进还是阻碍作用。如果起促进作用，那就是瞬时动作；如果起阻碍作用，就是延时动作。

4. 选用

（1）根据系统的延时范围和精度选择时间继电器的类型和系列。在延时精度要求不高的场合，一般选用价格较低的JS7-A系列空气阻尼式时间继电器，反之，对精度要求较高的场合，可选用晶体管式时间继电器。

（2）根据控制线路的要求选择时间继电器的延时方式（通电延时或断电延时）。同时，必须考虑线路对瞬时触头的要求。

（3）根据控制线路电压选择时间继电器吸引线圈的电压。

5. 安装和使用

（1）时间继电器应按照说明书规定的方向安装。无论是通电延时型还是断电延时型，都需使继电器在断电后，释放时衔铁的运动方向垂直向下，其倾斜度不得超过5°。

（2）时间继电器的整定值，应预先在不通电时整定好，并在试车时校正。

（3）时间继电器的金属底板上的接地螺钉必须与接地线可靠连接。

（4）通电延时型和断电延时型可在整定时间内自行调换。

（5）在使用时，应经常清除灰尘及油污，否则延时误差将更大。

6. 常见故障及处理方法

JS7-A系列空气阻尼式时间继电器的触头系统和电磁系统的故障和处理方法跟前面几种低压电器相似。其他常见故障及处理方法见表5-18。

表5-18　JS7-A系列时间继电器常见故障及处理方法

故障现象	可能原因	处理方法
延时触头不动作	电磁线圈断线	更换线圈
	电源电压过低	调高电源电压
	传动机构卡住或损坏	排除卡住故障或更换部件
延时时间缩短	气室装配不严，漏气	修理或更换气室
	橡皮膜损坏	更换橡皮膜
延时时间变长	气室内有灰尘，使气道阻塞	清除气室内灰尘，使气道畅通

空气阻尼式时间继电器的特点是延时范围大（0.4~180 s）、结构简单、价格低、使用寿命长，但整定精度往往较差，只适用于一般场合。

二、Y-△降压启动控制线路

降压启动是指利用启动设备将电压适当降低后，加到电动机的定子绕组上进行启动，电动机启动运转后，再使其电压恢复到额定值正常运转。

由于电流随电压的降低而减小，所以降压启动达到了减小启动电流的目的。但是，由于电动机转矩与电压的平方成正比，所以降压启动也将导致电动机的启动转矩大大降低。因此，降压启动需要在空载或者轻载下启动。

Y-△降压启动线路

这里主要学习时间继电器自动控制Y-△降压启动线路。

当我们对现有电动机的降压启动情况熟悉后,便可以记录所需时间,改装成时间继电器自动控制 Y-△ 降压启动控制线路。如图 5-34 所示,该线路由三个接触器、一个热继电器、一个时间继电器和两个按钮组成。接触器 KM 作引入电源用,接触器 KMY 和 KM△ 分别作 Y 形降压启动用和 △ 形运行用,时间继电器 KT 用作控制 Y 形降压启动时间和完成 Y-△ 自动切换,SB1 是启动按钮,SB2 是停止按钮,FU1 作主电路的短路保护,FU2 作控制电路的短路保护,KH 作过载保护。(其中 KH 是热继电器的新国标文字符号,等同于 FR。)

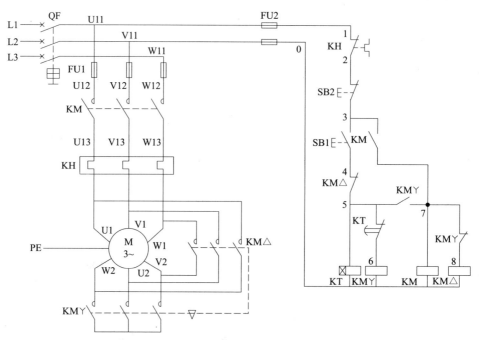

图 5-34 时间继电器自动控制 Y-△ 降压启动线路图

该电路的工作原理如下。

降压启动:先合上电源开关 QF。

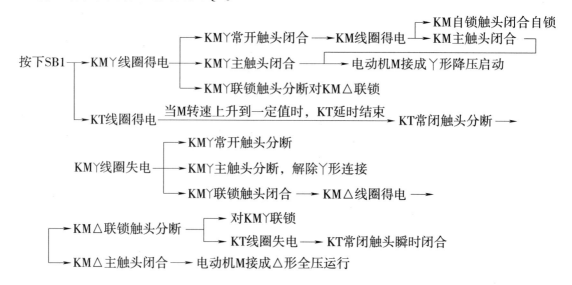

停止时，按下 SB2 即可。

在该线路中，接触器 KM Y 得电后，通过 KM Y 的辅助常开触头使接触器 KM 得电动作，这样 KM Y 的主触头是在无负载的条件下进行闭合的，故可延长接触器 KM Y 主触头的使用寿命。

任务实施

安装调试三相异步电动机 Y-△降压启动控制线路。

一、实习步骤

（1）按元件明细表将所需器材配齐并检验元件质量。
①辨别和检查时间继电器延时触头和瞬时触头及线圈。
②检查和检修交流接触器常开触头、常闭触头和线圈。
③检查熔断器熔体是否完好。
④调节热继电器和时间继电器的整定值。

（2）在控制板上按照图 5-35 布置固装所有电气元件，并贴上醒目的文字符号。

各元器件的布局要合理，带有电磁机构的低压电器安装时最少要有三个螺钉固定，不带有电磁机构的低压电器至少要有两个螺钉进行固定。元器件安装好后，把线槽固定好，以便布线。

在安装时间继电器时，衔铁释放时的运动方向始终保持垂直向下。

（3）按接线图进行板内布线，并在线头上套数码管和冷压接线头。

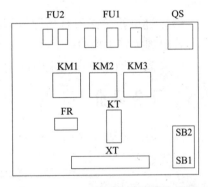

图 5-35 Y-△降压启动线路布置图

①KM1、KM2、KM3 主触头的接线：注意要分清进线端和出线端。如接触器 KM1 的进线必须从三相定子绕组的末端引入，若误将其首端引入，则在 KM1 吸合时会产生三相电源短路事故。

②注意控制线路中 KM1 和 KM3 触头的选择和 KT 触头、线圈之间的接线。KM 的辅助触头最多允许接两根线，接线端子最多接一根线，接线时，注意合理分配线头接到接线座上。

③每根导线都必须装有线号，且线号的排列方向为便于观察的方向。

④电动机的接线端与接线排上出线端的连接。接线时要保证电动机△形接法的正确性，即接触器 KM2 主触头闭合时，应保证定子绕组的 U1 与 W2、V1 与 U2、W1 与 V2 相连接。

⑤熔断器和按钮盒上的接线柱一定采用羊角扣接法。

（4）自检控制板线路的正确性。

（5）可靠连接电动机和电气元件金属外壳的保护接地线。

（6）经指导教师初检后，通电校验，接电动机试运转。

(7) 拆去控制板外接线和评分。

二、安全要求和注意事项

（1）电动机必须安放平稳，其金属外壳与按钮盒的金属部分需可靠接地。

（2）用丫-△降压启动控制的电动机，必须有6个出线端且定子绕组在△接法时的额定电压等于电源线电压。

（3）接线时要保证电动机△接法的正确性，即接触器KM2主触头闭合时，应保证定子绕组的U1与W2、V1与U2、W1与V2相连接。

（4）接触器KM1的进线必须从三相定子绕组的末端引入，若误将其首端引入，则在KM1吸合时会产生三相电源短路事故。

（5）控制板外部配线，必须按要求一律装在导线通道内，使导线有适当的机械保护，以防止液体、铁屑和灰尘的侵入。在训练时可适当降低标准，但必须以确保安全为条件，如采用多芯橡皮线或塑料护套软线。

（6）通电校验前要再检查下熔体规格及时间继电器、热继电器的各整定值是否符合要求。

（7）通电校验必须有指导教师在现场监护，学生应根据电路图的控制要求独立进行校验，若出现故障也应自行排除。

（8）安装训练应在规定时间内完成，同时要做到安全操作和文明生产。

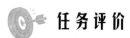
任务评价

评分标准见表5-19。

表5-19 评分标准

序号	项目内容	评分标准	配分	扣分	得分
1	选用工具、仪表及器材	(1) 工具、仪表及元件少选或错选，每个扣2分； (2) 电气元件错选型号和规格，每个扣2分； (3) 选错元件数量或型号规格没有写全，每个扣2分	15分		
2	安装布线	(1) 电气元件布局不合理，每个扣5分； (2) 电气元件安装不牢固，每个扣4分； (3) 电气元件安装不整齐、不匀称、不合理，每个扣3分； (4) 损坏电气元件，每个扣15分； (5) 走线槽安装不符合要求，每个扣2分； (6) 不按电路图接线，每个扣15分； (7) 布线不符合要求，每个扣3分； (8) 接点松动、露铜过长、反圈等，每个扣1分； (9) 损伤导线绝缘层或线芯，每根扣5分； (10) 漏装或套错编码套管，每个扣1分； (11) 漏接接地线，每个扣10分	45分		

续表

序号	项目内容	评分标准	配分	扣分	得分
3	通电试车	（1）热继电器和时间继电器未整定或整定错误，扣5分； （2）熔体规格选用不当，扣5分； （3）第一次试车不成功，扣10分； 　　第二次试车不成功，扣15分； 　　第三次试车不成功，扣20分	40分		
4	安全文明生产	违反安全文明生产规程，扣10~40分			
	定额时间：3 h	若在修复故障过程才允许超时，每超1 min扣5分			
5	备注	除定额时间外，各项内容的最高扣分不得超过配分数	合计	100	
6	开始时间	教师签字	实用时间	年　月　日	

项目 6

生产设备常见故障诊断与维修

任务 6.1　CA6140 型车床控制电路的故障排除

任务描述

根据故障现象，能实际、准确地分析出 CA6140 型车床控制电路的故障范围，熟练运用电阻分段测量法和电阻长分段测量法查找故障点，正确排除故障，恢复电路正常运行。

任务目标

(1) 掌握 CA6140 型车床控制电路的工作原理及运动方式。
(2) 正确分析 CA6140 型车床控制电路故障。
(3) 学会用电阻分段测量法查找故障点。
(4) 培养学生由面到点分析问题、解决问题的能力。

实施条件

(1) CA6140 型车床（实物）或 CA6140 型车床控制模拟电路。
(2) 工具与仪表。
①工具：常用电工工具。
②仪表：MF30 型万用表、5050 型兆欧表、T301-A 型钳形电流表。
(3) 器材。CA6140 型车床电气元件明细如表 6-1 所示。

表 6-1　CA6140 型车床电气元件明细

代号	名称	型号及规格	数量	用途
KM	交流接触器	CJ0-20B、线圈电压 110 V	1	控制电动机 M1
KA1	中间继电器	JZ7-44、线圈电压 110 V	1	控制电动机 M2
KA2	中间继电器	JZ7-44、线圈电压 110 V	1	控制电动机 M3
M1	主轴电动机	Y132M-4-B3、7.5 kW、1 450 r/min	1	主传动用
M2	冷却泵电动机	AOB-25、90 W、3 000 r/min	1	输送冷却液用

续表

代号	名称	型号及规格	数量	用途
M3	快速移动电动机	AOS5634、250 W	1	溜板快速移动用
FR1	热继电器	JR16-20/3D、15.4 A	1	M1 的过载保护
FR2	热继电器	JR16-20/3D、0.32 A	1	M2 的过载保护
SB1	按钮	LAY3-01ZS/1	1	停止电动机 M1
SB2	按钮	LAY3-10/3.11	1	启动电动机 M1
SB3	按钮	LA9	1	启动电动机 M3
SB4	旋钮开关	LAY3-10X/2	1	控制电动机 M2
SQ1、SQ2	位置开关	JWM6-11	2	断电保护
HL	信号灯	ZSD-0、6 V	1	刻度照明
QF	断路器	AM2-40、20 A	1	电源引入
TC	控制变压器	JBK2-100、380 V/110 V/24 V/6 V	1	控制电源电压
EL	机床照明灯	JC11	1	工作照明
SB	旋钮开关	LAY3-01Y/2	1	电源开关锁
FU1	熔断器	BZ001、熔体 6 A	3	M2、M3、TC 短路保护
FU2	熔断器	BZ001、熔体 1 A	1	110 V 控制电路短路保护
FU3	熔断器	BZ001、熔体 1 A	1	信号灯电路短路保护
FU4	熔断器	BZ001、熔体 2 A	1	照明电路短路保护
SA	开关	—	1	照明灯开关

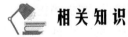

相关知识

一、CA6140 型车床电气控制电路的工作原理分析

车床是一种应用最为广泛的金属车削机床,主要用来车削外圆、内圆、端面、螺纹和定型表面,也可用钻头、铰刀等进行加工。普通车床有两个主要的运动部分,一是卡盘或顶尖带动工件的旋转运动,也是车床主轴的运动;另外一个是溜板带动刀架的直线运动,称为进给运动。车床工作时,绝大部分功耗在主轴运动上。下面以 CA6140 型车床为例进行介绍。

该车床型号含义如下。

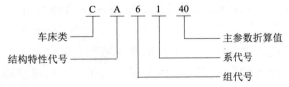

1. 主要结构和运动形式

CA6140 型车床是我国自行设计制造的普通车床,其外形如图 6-1 所示。它主要由主轴箱、进给箱、溜板箱、刀架、丝杠、光杠、床身、尾架等部分组成。

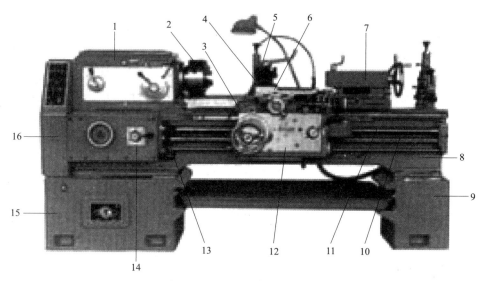

图 6-1　CA6140 型普通车床外形

1—主轴箱；2—卡盘；3—纵溜板；4—转盘；5—方刀架；6—横溜板；
7—尾架；8—床身；9—右床座；10—光杠；11—丝杠；12—溜板箱；
13—操纵手柄；14—进给箱；15—左床座；16—挂轮架

CA6140 车床结构及运动形式概述

车床的主运动为工件的旋转运动，它是由主轴通过卡盘或顶尖带动工件旋转的，其承受车削加工时的主要切削功率。车削加工时，应根据被加工工件材料、刀具种类、工件尺寸、工艺要求等选择不同的切削速度。其主轴正转速度有 24 种（10~1 400 r/min），反转速度有 12 种（14~1 580 r/min）。

车床的进给运动是溜板带动刀架的纵向或横向直线运动。溜板箱把丝杠或光杠的转动传递给刀架部分，变换溜板箱外的手柄位置，经刀架部分使车刀做纵向或横向进给。

车床的辅助运动有刀架的快速移动、尾架的移动以及工件的夹紧与放松等。

2. 电力拖动的特点及控制要求

（1）主拖动电动机一般选用三相笼型异步电动机，为满足调速要求，采用机械变速。

（2）为车削螺纹，主轴要求正反转，由主拖动电动机正反转或采用机械方法来实现。

（3）采用齿轮箱进行机械有级调速。主轴电动机采用直接启动，为实现快速停车，一般采用机械制动。

（4）在车削加工时，由于刀具与工件温度高，所以需要冷却。为此，设有冷却泵电动机且要求冷却泵电动机应在主轴电动机启动后方可选择启动与否；当主轴电动机停止时，冷却泵电动机应立即停止。

（5）为实现溜板箱的快速移动，由单独的快速移动电动机拖动，采用点动控制。

（6）刀架移动和主轴转动有固定的比例关系，以便满足对螺纹的加工需要。

（7）电路应具有必要的保护环节和安全可靠的照明和信号指示。

3. 电气控制线路分析

图 6-2 所示为 CA6140 型卧式车床电路图。

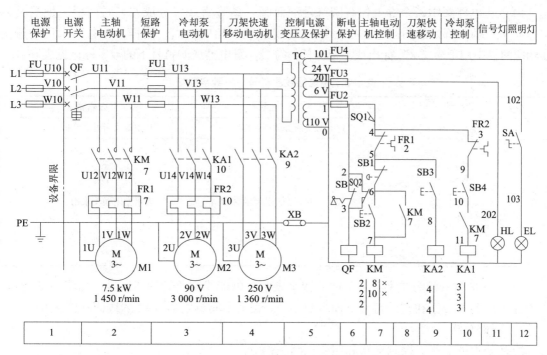

图 6-2　CA6140 型卧式车床电路图

1）绘制和阅读机床电路图的基本知识

机床电路图所包含的电气元件和电气设备的符号较多，要正确绘制和阅读机床电路图，除了前面讲述的一般原则外，还要明确以下几点。

CA6140 车床主电路分析

（1）将电路图按功能划分若干个图区，通常是一条回路或一条支路划为一个图区，并从左向右依次用阿拉伯数字编号，标注在图形下部的图区栏中，如图 6-2 所示。

（2）电路图中每个电路在机床电气操作中的用途，必须用文字标明在电路图上部的用途栏内，如图 6-2 所示。

（3）在电路图中每个接触器线圈 KM 下面画两条竖直线，分成左、中、右三栏，把受其控制而动作的触头所处的图区号按表 6-2 的规定填入相应的栏内。对备而未用的触头，在相应的栏中用记号"×"标出或不标出任何符号。接触器线圈符号下的数字标记见表 6-2。

表 6-2　接触器线圈符号下的数字标记

栏目	左栏	中栏	右栏
触头类型	主触头所处的图区号	辅助常开触头所处的图区号	辅助常闭触头所处的图区号
举例 KM 2　8　× 2　10　× 2	表示三对主触头均在图区 2	表示一对辅助常开触头在图区 8，另一对常开触头在图区 10	表示两对辅助常闭触头未用

(4) 在电路图中每个继电器线圈符号下面画一条竖直线,分成左、右两栏,把受其控制而动作的触头所处的图区号,按表 6-3 的规定填入相应栏内。同样,对备而未用的触头在相应的栏中用记号"×"标出或不标出任何符号。继电器线圈符号下的数字标记见表 6-3。

表 6-3 继电器线圈符号下的数字标记

栏目	左栏	右栏
触头类型	常开触头所处的图区号	常闭触头所处的图区号
举例 KA2 4 | 4 | 4 |	表示三对常开触头均在图区 4	表示常闭触头未用

(5) 电路图中触头文字符号下面的数字表示该电器线圈所处的图区号。如图 6-2 所示,在图区 4 标有 KA2,在它的符号下面有数字 9,表示中间继电器 KA2 的线圈在图区 9。

2) 线路分析

线路分为主电路、控制电路和照明电路三部分。

(1) 主电路分析。

主电路中共有三台电动机。M1 为主轴电动机,带动主轴旋转和刀架的进给运动;M2 为冷却泵电动机,输送冷却液;M3 为刀架快速移动电动机。

将钥匙开关 SB 向右转动,再扳动断路器 QF 将三相电源引入。主轴电动机 M1 由接触器 KM 控制,熔断器 FU 实现短路保护,热继电器 FR1 实现过载保护;冷却泵电动机 M2 由中间继电器 KA1 控制,热继电器 FR2 实现过载保护。刀架快速移动电动机 M3 由中间继电器 KA2 控制,熔断器 FU1 实现对电动机 M2、M3 和控制变压器 TC 的短路保护。

(2) 控制电路分析。

控制电路的电源由控制变压器 TC 的二次侧输出 110 V 电压提供。在正常工作时,位置开关 SQ1 的常开触头处于闭合状态。但当床头皮带罩被打开后,SQ1 常开触头断开,将控制电路切断,保证人身安全。在正常工作时,钥匙开关 SB 和位置开关 SQ2 是断开的,保证断路器 QF 能合闸。但当配电盘壁龛门被打开时,位置开关 SQ2 闭合使断路器 QF 线圈得电,则自动切断电路,以确保人身安全。

① 主轴电动机 M1 的控制。

M1 启动:

M1 停止:

按下停止按钮 SB1→KM 线圈失电→KM 触头复位断开→M1 失电停转

主轴的正反转是采用多片摩擦离合器实现的。

②冷却泵电动机 M2 的控制。由电路图 6-2 可见，主轴电动机 M1 与冷却泵电动机 M2 两台电动机之间实现顺序控制。只有当电动机 M1 启动运转后，合上旋钮开关 SB4，中间继电器 KA1 线圈才会获电，其主触头闭合使电动机 M2 释放冷却液，即 M2 启动运转。当 M1 停止运行时，M2 自行停止。

③刀架快速移动电动机 M3 的控制。刀架快速移动电动机 M3 的启动是由安装在进给操作手柄顶端的按钮 SB3 控制，它与中间继电器 KA2 组成点动控制线路。因此在主电路中未设过载保护。刀架移动方向（前、后、左、右）的改变，是由进给操作手柄配合机械装置来实现的。如需要快速移动，按下按钮 SB3 即可。

（3）照明、信号电路分析。照明灯 EL 和指示灯 HL 的电源分别由控制变压器 TC 二次侧输出 24 V 和 6 V 电压提供。开关 SA 为照明灯开关。熔断器 FU3 和 FU4 分别作为指示灯 HL 和照明灯 EL 的短路保护。

CA6140 型车床电器位置图和实物接线图分别如图 6-3 和图 6-4 所示。

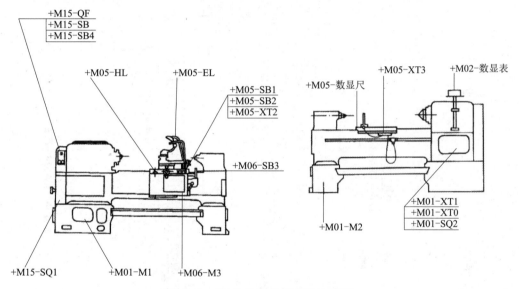

图 6-3　CA6140 型车床电器位置图

CA6140 型车床位置代号索引如表 6-4 所示。

表 6-4　位置代号索引

序号	部件名称	代号	安装的元件
1	床身底座	+M01	-M1、-M2、-XT0、-XT1、-SQ2
2	床鞍	+M05	-HL、-EL、-SB1、-SB2、-XT2、-XT3 数显尺
3	溜板	+M06	-M3、-SB3
4	传动带罩	+M15	-QF、-SB、-SB4、-SQ1
5	床头	+M02	数显表

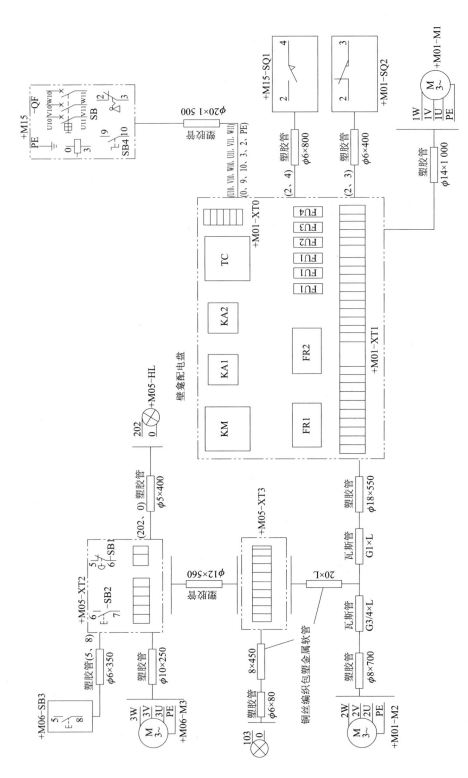

图 6-4 CA6140 型车床接线图

CA6140 型车床电气元件明细如表 6-5 所示。

表 6-5　CA6140 型车床电气元件明细

代号	名称	型号及规格	数量	用途
KM	交流接触器	CJ0-20B、线圈电压为 110 V	1	控制电动机 M1
KA1	中间继电器	JZ7-44、线圈电压为 110 V	1	控制电动机 M2
KA2	中间继电器	JZ7-44、线圈电压为 110 V	1	控制电动机 M3
M1	主轴电动机	Y132M-4-B3、7.5 kW、1 450 r/min	1	主传动用
M2	冷却泵电动机	AOB-25、90 W、3 000 r/min	1	输送冷却液用
M3	快速移动电动机	AOS5634、250 W	1	溜板快速移动用
FR1	热继电器	JR16-20/3D、15.4 A	1	M1 的过载保护
FR2	热继电器	JR16-20/3D、0.32 A	1	M2 的过载保护
SB1	按钮	LAY3-01ZS/1	1	停止电动机 M1
SB2	按钮	LAY3-10/3.11	1	启动电动机 M1
SB3	按钮	LA9	1	启动电动机 M3
SB4	旋钮开关	LAY3-10X/2	1	控制电动机 M2
SQ1、SQ2	位置开关	JWM6-11	2	断电保护
HL	信号灯	ZSD-0、6 V	1	刻度照明
QF	断路器	AM2-40、20 A	1	电源引入
TC	控制变压器	JBK2-100　380 V/110 V/24 V/6 V	1	控制电源电压
EL	机床照明灯	JC11	1	工作照明
SB	旋钮开关	LAY3-01Y/2	1	电源开关锁
FU1	熔断器	BZ001、熔体 6 A	3	M2、M3、TC 短路保护
FU2	熔断器	BZ001、熔体 1 A	1	110 V 控制电路短路保护
FU3	熔断器	BZ001、熔体 1 A	1	信号灯电路短路保护
FU4	熔断器	BZ001、熔体 2 A	1	照明电路短路保护
SA	开关	—	1	照明灯开关

二、CA6140 型车床电气控制电路故障分析方法

1. 全无故障

1）试车

所谓全无故障，即试车时，信号灯、照明灯、机床电动机都不工作，且控制电动机的接触器、继电器等均无动作和响声。

2）分析

全无故障通常发生在电源线路，读图 6-4 发现，信号灯、照明灯、电动机控制电路的电源均由变压器 TC 提供，经逻辑分析可知，故障范围划在变压器 TC 以及为 TC 供电的线路，U11~FU1~U13~TC，V11~FU1~V13~TC。值得注意的是，变压器 TC 副边三个绕组公

共连接点 0 号线断线或接触不良时，也会造成全无故障。

3）检查方法

（1）电压法：由电源侧向变压器 TC 方向测量，根据测量结果找出故障点，如表 6-6 所示。

（2）电阻法：由变压器 TC 向电源方向测量，根据测量结果找出故障点，如表 6-7 所示。该方法利用 TC 原边回路测量，可称电阻双分阶测量法。

表 6-6　电压法

故障现象	测试状态	U11-V11	U13-V13	故障点
全无现象	接通电源	0	0	机床无电源
		380 V	0	FU1 断路
		380 V	380 V	TC 断路或 0 号线断线

表 6-7　电阻法

故障现象	测试状态	U13-V13	U11-V11	故障点
全无现象	切断电源	∞	∞	TC 断路或 FU1 断路
		R	∞	FU1 熔路或接触不良
		R	R	0 号线断线

注：R 为 TC 绕组电阻。

修复措施：若熔断器 FU1 熔断，要查明原因，如为短路，要排除短路点后方可重新更换熔丝，通电试车。

若变压器绕组断路，要检查变压器配置熔断器熔体是否符合要求，方可更换变压器试车。

2. 主轴电动机 M1 不能启动

1）通电试车

主轴电动机 M1 不能启动原因较多，试车时首先观察接触器 KM 线圈是否得电，若不得电，要试试刀架快速电动机，并观察中间继电器 KA2 线圈是否得电。若接触器 KM 线圈得电，要观察电动机 M1 是否转动，是否有嗡嗡声，如有嗡嗡声，则为缺相故障。

2）故障分析

若接触器 KM 线圈不得电，故障在控制电路。如试刀架快速电动机时，中间继电器 KA2 线圈也不能得电，逻辑分析故障范围在接触器 KM、中间继电器 KA2 线圈公共线路上，即 0-TC-1-FU2-2-SQ1-4。如中间继电器 KA2 线圈得电，故障范围在 5-SB1-4-SB2-7-KM 线圈-0 线路上。

若接触器 KM 线圈正常得电，电动机 M1 不启动，则故障在电动机 M1 主电路上。

3）检查方法

（1）控制电路故障检查用电压法或电阻法皆可。值得注意的是，控制电路由变压器 TC 110 V 绕组提供电源，该绕组与接触器线圈电路串联，用电阻法测量时，要在确认变压器 TC 绕组无故障后，将其当作二次回路断开，将 FU2 拧下即可；或不断开，利用其构成回路来测量，测量方法见表 6-8。

表 6-8 利用二次回路测量法

故障现象	测试状态	7-5	7-4	7-2	7-1	7-0	故障点
KM、KA2 均不能得电，照明灯亮	切断电源，不按 SB2	∞	R	R	R	R	FR1 动作或接触不良
		∞	∞	R	R	R	SQ1 接触不良
		∞	∞	∞	R	R	FU2 熔断或接触不良
		∞	∞	∞	∞	R	TC 线圈断路
		∞	∞	∞	∞	∞	KM 线圈断路

注：R 为 KM 线圈、TC 绕组串联后的直流电阻。

该方法合理利用 TC 绕组 110 V 电压构成二次回路。若测量中发现位置开关 SQ1 断路，要检查床头皮带罩是否关紧。

（2）主电路故障检查。主电路故障多为电动机缺相故障，电动机缺相时，不允许长时间通电，故主电路故障检查不宜采用电压法，只有接触器 KM 主触头以上电路在接触器 KM 主触头不闭合时，可采用电压法测量，若必须用电压法测量，可将电动机 M1 与主电路分开，再接通电源，使接触器 KM 主触点闭合后进行测量，但拆、接工作比较繁琐，不宜采用。

测量缺相故障，用电阻法也很简单，测量时，利用电动机绕组构成的回路进行测量，方法是切断电源后，用万用表测量 U12-V12，U12-W12，V12-W12 之间的电阻，如三次测量电阻值相等且较小（电动机绕组直流电阻较小），判断 U12、V12、W12 三点至电动机三段电路无故障，若某一相与其他两相电阻无穷大，则该相断路，可用此法继续按图 6-3 向下测量，找到故障点，或用电阻分段测量法测量断路相，找到故障点。接触器 KM 主触头上端电路用电阻分段法测量即可。

若上述两次检查没有发现故障点，则故障在 KM 主触头上。

【注意】使用电阻法测量时如果压下接触器触头测量，变压器绕组会与电动机绕组构成回路，影响测量结果。

如维修者能灵活使用各种测量方法，接触器 KM 主触头上方线路可用电压法，接触器 KM 主触头下端电路采用电阻法，若都没找到故障，故障点必定在 KM 主触头上。

3. 主轴电动机 M1 启动后不能自锁

故障现象是按下按钮 SB2 时，主轴电动机 M1 能启动运行，但松开按钮 SB2 后，主轴电动机 M1 也随之停止。造成这种故障的原因是接触器 KM 的自锁常开触头接触不良或连接导线松脱。

4. 主轴电动机 M1 不能停车

造成这种故障的原因多是接触器 KM 的主触头熔焊；停止按钮 SB1 击穿或线路中 5、6 两点连接导线短路；接触器铁芯表面粘了污垢。可采用下列方法判明是哪种原因造成电动机 M1 不能停车：若断开 QF，接触器 KM 释放，则说明故障为 SB1 击穿或导线短接；若接触器过一段时间释放，则故障为铁芯表面粘了污垢；若断开 QF，接触器 KM 不释放，则故障为主触头熔焊，打开接触器灭弧罩，可直接观察到该故障。根据具体故障情况采取相应措施。

5. 刀架快速移动电动机不能启动

故障分析方法、检查方法与主轴电动机 M1 基本相同，若中间继电器 KA2 线圈不得电，故障多发生在按钮 SB3 上，按钮 SB3 安装在十字手柄上，经常活动，造成 FU2 熔断的短路点也常发生在按钮 SB3 上。试车时，注意将十字手柄扳到中间位置后再试，否则不易分清故障为电气部分故障还是机械部分故障。

6. 水泵电动机不能启动

故障分析方法与电动机 M1 的故障分析方法基本相同，如热继电器 FR2 热元件因水泵电动机接线盒进水发生短路而烧断，要考虑 FU1 是否超过额定值。

新安装的水泵，如转动但不上水，多为水泵电动机电源相序不对，不能离心上水。

三、电阻测量法

1. 电阻测量法原理

能构成通路的电路或电气元件，用万用表电阻挡（欧姆挡）进行测量时，万用表指示（显示）零电阻或负载电阻（直流电阻）。如万用表指示（显示）无穷大电阻或较大电阻，即测得电阻阻值与电阻实际阻值不符，说明该电路或电气元件断路或接触不良。

2. 测量电路

如图 6-5 所示，接通电源，按下按钮 SB2，接触器 KM 线圈不能得电工作。逻辑分析故障，故障范围是 L1-1-2-3-4（不包含 KM 辅助常开触头）-5-6-0-L2。此故障范围较大，故障只有一个，需要采用测量法找出故障点。

1）电阻分段测量法

电阻分段测量法如图 6-5 所示。

首先，将万用表调到电阻挡 $R \times 10$ 或 $R \times 100$ 量程，将电路按 L1-1、1-2、2-3 相邻各点之间分段，L2-0、0-6、6-5、5-4 相邻各点之间分段，然后逐段测量，即可找到故障点。

测量结果（数据）及判断方法如表 6-9、表 6-10 所示。

若测得上述各点之间的电阻阻值正常，则故障点在按钮 SB2 上。测量按钮 SB2 时，需按下后再测量。

【注意】在实际测量时，电路中每个点至少有两个接线柱，电路的分段更多，电气元件之间的连接导线也是故障范围，不要漏测。

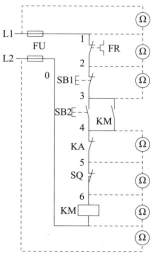

图 6-5 电阻分段测量法

表 6-9 电阻分段测量法

故障现象	测试状态	测试点	正常阻值	测量阻值	故障点
按下 SB2，接触器 KM 线圈不吸合	切断电源	L1-1	0	∞	FU 熔断或接触不良
		1-2	0	∞	FR 动作或接触不良
		2-3	0	∞	SB1 接触不良

表 6-10 电阻分段测量法

故障现象	测试状态	测试点	正常阻值	测量阻值	故障点
按下 SB2，接触器 KM 线圈不吸合	切断电源	L2-0	0	∞	FU 熔断或接触不良
		0-6	R	∞	KM 线圈断路
		6-5	0	∞	SQ 接触不良
		5-4	0	∞	KA 接触不良

注：表中 R 为 KM 线圈直流电阻值。

2）电阻长分段测量法

为了提高测量速度或检验逻辑分析的正确性，还可采用电阻长分段测量法。电阻长分段测量法可将故障范围快速缩小50%。

电阻长分段测量法如图6-6所示。

测量结果（数据）及判断方法如表6-11所示。

3）灵活运用电阻分段测量法和电阻长分段测量法

在实际工作中，操作者要根据线路实际情况灵活运用电阻分段测量法和电阻长分段测量法，两种测量方法也可交替运用。如线路较短可采用电阻分段测量法；如线路较长可采用电阻长分段测量法，当运用电阻长分段测量法将故障范围缩小到一定程度后，再采用电阻分段测量法测量出故障点。

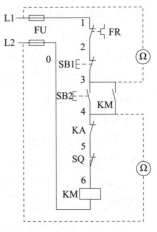

图6-6 电阻长分段测量

表6-11 测量结果（数据）及判断方法

故障现象	测试状态	测试点	正常阻值	测量阻值	故障范围
按下SB2，接触器KM线圈不吸合	切断电源	L1-3	0	∞	L1-1-2-3
		L2-4	R	∞	L2-0-6-5-4

注：表中 R 为KM线圈直流电阻值。

注意事项：

（1）电阻法属停电操作，要严格遵守停电、验电、防突然送电等操作规程。测量检查前，切断电源，然后将万用表转换开关置于适当倍率电阻挡（以能清楚显示线圈电阻值为宜）。

（2）所测电路若与其他电路并联，必须将该电路与其他电路分开，否则会造成判断失误。

（3）用万用表电阻挡测量熔断器、接触器触头、继电器触头、连接导线的电阻值为零，测量电动机、电磁线圈、变压器绕组指示其直流电阻值。

（4）测量高电阻元件时，要将万用表的电阻挡转换到适当挡位。

任务实施

一、设备及工具

（1）CA6140型车床（实物）或CA6140型车床控制模拟电路。

（2）具有漏电保护功能的三相四线制电源、常用电工工具、万用表、绝缘胶带。

二、实训步骤

（1）在教师或操作师傅的指导下，参照电器位置图和机床接线图，在不通电的情况下熟悉CA6140型车床电气元件的分布位置和走线情况。

（2）在教师的指导下对车床进行操作，了解CA6140型车床的各种工作状态及操作方法。

（3）在教师的指导下，通电试车观察各接触器及电动机的运行情况。合上电源，变压器二次侧输出电压正常时，让学生观察模拟盘上各电器的动作以及三台电动机的运行情况：

①主轴运行：按下启动按钮 SB2，观察模拟盘内主接触器 KM1 的动作情况，及电动机 M1 与卡盘的运行情况。

②水泵运行：M1 主轴电动机运转后，转换按钮 SB4 使之闭合，观察模拟盘内中间继电器 KA1、接触器 KM1 的动作情况，电动机 M1、M2 的运行情况；转换 SB4 使之断开，再观察其运行情况。

③刀架快速移动：手按下点动按钮 SB3，观察模拟盘内中间继电器 KA 的动作情况，电动机 M3 的运行情况。手抬起时再观察其运行情况。

（4）由教师在 CA6140 型车床上设置 1~2 处典型的自然故障点，学生通过询问或通电试车的方法观察故障点。

（5）学生练习排除故障点。

①教师示范检修，指导学生如何从故障现象着手进行分析，逐步引导学生采用正确的检修步骤和检修方法。

②可由小组内学生共同分析并排除故障。

③可由具备一定能力的学生独立排除故障。

排除故障步骤如下。

①询问操作者故障现象。

②通电试车引导学生观察故障现象。

③根据故障现象，依据电路图用逻辑分析法确定故障范围。

④采用电阻分段测量法和电阻长分段测量法相结合的方法查找故障点。

⑤通电试车，复核设备正常工作，并做好维修记录。

学生之间相互设置故障，练习排除故障。采用竞赛方式，比一比谁观察故障现象更仔细、分析故障范围更准确、测量故障更迅速、排除故障方法更得当。

三、安装步骤及工艺要求

（1）按照表 6-5 配齐电气设备和元件，并逐个检验其规格和质量是否合格。

（2）根据电动机容量、线路走向及要求和各元件的安装尺寸，正确选配导线的规格、导线通道类型和数量、接线端子板型号及节数、控制板、管夹、束节、紧固体等。

（3）在控制板上安装电气元件，并在各电气元件附近做好与电路图上相同代号的标记。

（4）按照控制板内布线的工艺要求进行布线和套编码套管。

（5）选择合理的导线走向，做好导线通道的支持准备，并安装控制板外部的所有电器。

（6）进行控制箱外部布线，并在导线线头上套装与电路图相同线号的编码套管。对于可移动的导线通道应留有适当的余量，使金属软管在运动时不承受拉力，并按规定在通道内放好备用导线。

（7）检查电路的接线是否正确和接地通道是否具有连续性。

（8）检查热继电器的整定值是否符合要求。各级熔断器的熔体是否符合要求，如不符合要求应予以更换。

（9）检查电动机的安装是否牢固，与生产机械传动装置的连接是否可靠。

(10)接通电源开关,点动控制各电动机启动,以检查各电动机的转向是否符合要求。

(11)检测电动机及线路的绝缘电阻,清理安装场地。

(12)通电空转试验时,应认真观察各电气元件、线路、电动机及传动装置的工作情况是否正常。如不正常,应立即切断电源进行检查,在调整或修复后方能再次通电试车。

注意事项:

(1)不要漏接接地线。严禁采用金属软管作为接地通道。

(2)在控制箱外部进行布线时,导线必须穿在导线通道内或敷设在机床底座内的导线通道里。所有的导线不允许有接头。

(3)在导线通道内敷设的导线进行接线时,必须集中思想,做到查出一根导线,立即套上编码套管,接上后再进行复验。

(4)在进行快速进给时,要注意将运动部件处于行程的中间位置,以防运动部件与车头或尾架相撞造成事故。

(5)人为设置的故障要符合自然故障,设置不容易造成人身和设备事故的故障点。切忌设置更改线路的人为非自然故障。

(6)设置一处以上的故障点时,故障现象尽可能不要相互掩盖,在同一线路上不设置重复故障(不符合自然故障逻辑)。

(7)在安装、调试过程中,工具、仪表的使用应符合要求。

(8)检修时,严禁扩大故障或产生新的故障。

(9)排除故障时,必须修复故障点,但不得采用元件代换法。

(10)通电操作时,必须严格遵守安全操作规程,要有指导教师监护。

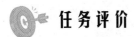

任务评价

评分标准见表6-12。

表6-12 评分标准

序号	项目内容	评分标准	配分	扣分	得分
1	故障分析	(1)不进行调查研究,扣5分; (2)标不出故障范围或标错故障范围,每个故障点扣15分; (3)不能标出最小故障范围,每个故障点扣10分	30		
2	排除故障	(1)停电不验电,扣5分; (2)仪器仪表使用不正确,每次扣5分; (3)排除故障的方法不正确,扣10分; (4)损坏电气元件,每个扣40分; (5)不能排除故障点,每个扣35分; (6)扩大故障范围,每个扣40分	70		
3	安全文明生产	违反安全文明生产规程,扣10~70分			
4	定额时间:30 min	不允许超时检查,在修复故障过程中允许超时,但每超时5 min扣5分			
5	备注	除定额时间外,各项内容的最高扣分不得超过配分数	合计	100	
6	开始时间	教师签字	实用时间	年 月 日	

任务 6.2 Z37 摇臂钻床控制电路的故障排除

任务描述

根据故障现象,能准确、实地地在模拟板上或设备上分析出 Z37 摇臂钻床控制电路的故障范围,熟练运用电压分阶测量法和电压分段测量法查找故障点,正确排除故障,恢复电路的正常运行。

任务目标

(1) 掌握 Z37 摇臂钻床控制电路的工作原理及运动形式。
(2) 正确分析 Z37 摇臂钻床控制电路故障。
(3) 学会用电压分阶测量法和电压分段测量法查找故障点。
(4) 培养学生由面到点分析问题、解决问题的能力。

实施条件

(1) Z37 摇臂钻床(实物)或 Z37 摇臂钻床控制模拟电路。
(2) 工具与仪表。
①工具:常用电工工具。
②仪表:MF30 型万用表、5050 型兆欧表、T301-A 型钳形电流表。
(3) 器材。Z37 摇臂钻床电气元件明细如表 6-13 所示。

表 6-13 Z37 摇臂钻床电气元件明细

代号	元件名称	型号	规格	数量
M1	冷却泵电动机	JCB-22-2	0.125 kW、2 790 r/min	1
M2	主轴电动机	Y132M-4	7.5 kW、1 440 r/min	1
M3	摇臂升降电动机	Y100L2-4	3 kW、1 440 r/min	1
M4	立柱夹紧、松开电动机	Y802-4	0.75 kW、1 390 r/min	1
KM1	交流接触器	CJ0-20	20 A、线圈电压 110 V	1
KM2~KM5	交流接触器	CJ0-10	10 A、线圈电压 110 V	4
FU1、FU4	熔断器	RL1-15/2	15 A、熔体 2 A	4
FU2	熔断器	RL1-15/15	15 A、熔体 15 A	3
FU3	熔断器	RL1-15/5	15 A、熔体 5 A	3
QS1	组合开关	HZ2-25/3	25 A	1
QS2	组合开关	HZ2-10/3	10 A	1
SA	十字开关	定制	—	1
KA	中间继电器	JZ7-44	线圈电压 110 V	1

续表

代号	元件名称	型号	规格	数量
FR	热继电器	JR16-20/3D	整定电流 14.1 A	1
SQ1、SQ2	位置开关	LX5-11	—	2
SQ3	位置开关	LX5-11	—	1
S1	鼓形组合开关	HZ4-22	—	1
S2	组合开关	HZ4-21	—	1
TC	变压器	BK-150	150 VA、380 V/110 V/24 V	1
EL	照明灯	KZ 型带开关、灯架、灯泡	24 V、40 W	1
YG	汇流环	—	—	1

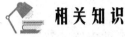

相关知识

一、Z37 摇臂钻床电气控制电路原理分析

钻床是一种用途广泛的孔加工机床，主要是用来加工精度要求不高的孔，另外还可以用来扩孔、绞孔、镗孔以及攻螺纹等。它的结构形式很多，有立式、卧式、深孔及多轴钻床等。Z37 摇臂钻床是一种立式钻床，它适用于单件或批量生产中带有多孔的大型零件的孔加工。本节仅以 Z37 摇臂钻床为例分析其电气控制线路。

钻床1

该钻床型号的意义如下。

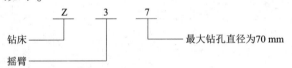

1. Z37 摇臂钻床主要结构及运动形式

Z37 摇臂钻床主要由底座、外立柱、内立柱、主轴箱、摇臂、工作台等部分组成。其外形如图 6-7 所示。底座上固定着内立柱，空心的外立柱套在内立柱外面，外立柱可绕着内立柱回转一周。摇臂一端的套筒部分与外立柱滑动配合，借助于丝杠，摇臂可沿外立柱上下移动，但不能做相对转动。主轴箱里包括主轴旋转和进给运动的全部机构，它被安装在摇臂的水平导轨上，通过手轮使其沿着水平导轨做径向移动。当进行加工时，利用夹紧机构将外立柱紧固在内立柱上，摇臂紧固在外立柱上，主轴箱紧固在摇臂导轨上，从而保证主轴固定不动，刀具不振动。

摇臂钻床的主运动是主轴带动钻头的旋转运动；进给运动是钻头的上下运动；辅助运动是摇臂沿外立柱上下移动、主轴箱沿摇臂水平移动及摇臂连同外立柱一起相对于内立柱

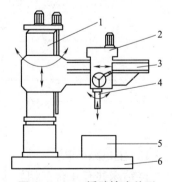

图 6-7 Z37 摇臂钻床外形
1—内、外立柱；2—主轴箱；
3—摇臂；4—主轴；
5—工作台；6—底座

的回转运动。

2. 电力拖动的特点及控制要求

(1) 由于摇臂钻床的运动部件较多,为了简化传动装置,采用多台电动机拖动。主轴电动机 M2 只要求单方向旋转,主轴的正反转则通过双向片式摩擦离合器来实现,主轴的转速和进刀量则由变速机构调节。

(2) 摇臂升降电动机 M3 要求实现正反转控制,摇臂的升降要求有限位保护。

钻床 2

(3) 外立柱和主轴箱的夹紧与放松由电动机配合液压装置完成。摇臂的夹紧与放松由机械和电气联合控制。

(4) 该钻床的各种工作状态都是通过十字开关 SA 操作的,为了防止误动作,控制电路设有零压保护环节。

(5) 冷却泵电动机 M1 拖动冷却泵输送冷却液。

3. 电气控制线路

Z37 摇臂钻床的电路图如图 6-8 所示,它分为主电路、控制电路和照明电路三部分。

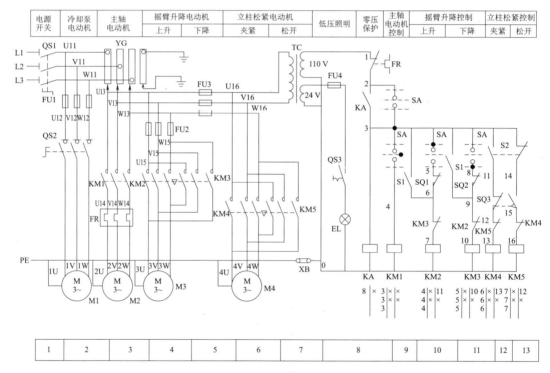

图 6-8　Z37 摇臂钻床的电路图

1) 主电路分析

该钻床共有 4 台三相异步电动机:M1 为冷却泵电动机,主要是释放冷却液,由组合开关 QS2 控制,熔断器 FU1 作短路保护;M2 为主轴电动机,由接触器 KM1 控制,热继电器 FR 作过载保护;M3 为摇臂升降电动机,上升和下降分别由接触器 KM2 和 KM3 控制,FU2 作短路保护;M4 为立柱夹紧、松开电动机,夹紧和松开分别由接触器 KM4 和 KM5 控制,FU3 作短路保护。设备电源由转换开关 QS1 和汇流环 YG 引入。

168

2) 控制电路分析

控制电路采用十字开关 SA 操作。SA 由十字手柄和 4 个微动开关组成。根据工作需要，可以选择左、右、上、下和中间 5 个位置中的任意一个。各个位置的工作情况见表 6-14。电路设有零压保护环节，是为了防止突然停电又恢复供电而造成的危险。

表 6-14 十字开关操作说明

手柄位置	接通微动开关的触头	工作情况
上	SA(3-5)	KM2 吸合，摇臂上升；
下	SA(3-8)	KM3 吸合，摇臂下降；
左	SA(2-3)	KA 得电并自锁；
右	SA(3-4)	KM1 得电，主轴旋转控制电路断电
中	均不通	—

（1）主轴电动机 M2 的控制。首先将十字开关 SA 扳到左边位置，SA(2-3)触头闭合，中间继电器 KA 得电吸合并自锁，为控制电路的接通做准备。再将十字开关 SA 扳到右边位置，此时 SA(2-3)触头分断后，SA(3-4)触头闭合，KM1 线圈得电吸合，KM1 主触头闭合，使电动机 M2 通电旋转。停车时则将十字开关 SA 扳回中间位置即可。主轴的正反转则由摩擦离合器手柄控制。

（2）摇臂升降的控制。

①摇臂上升：将十字开关 SA 扳到向上位置，则 SA(3-5)触头闭合，接触器 KM2 得电吸合，电动机 M3 启动正转。在 M3 刚启动时，摇臂是被夹紧在立柱上不会上升的，先通过传动装置将摇臂松开，此时鼓形组合开关 S1（其结构示意图如图 6-9 所示）的常开触头（3-9）闭合，为上升后的夹紧做好准备，然后摇臂开始上升。当摇臂上升到合适的位置时，将 SA 扳到中间位置，KM2 线圈断电释放，电动机 M3 停转。由于 S1(3-9)已闭合，KM2 的联锁触头（9-10）由于 KM2 线圈的失电也闭合，使 KM3 获电吸合，电动机 M3 反转，带动夹紧装置将摇臂夹紧，夹紧后 S1 的常开触头（3-9）断开，接触器 KM3 断电释放，电动机 M3 停转，完成了摇臂的松开→上升→夹紧的整套动作。

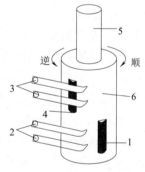

图 6-9 鼓形组合开关
1，4—动触头；2，3—静触头；
5—转轴；6—转鼓

②摇臂下降：将 SA 扳到向下位置，其余动作情况与上升相似，请参照摇臂上升自行分析。位置开关 SQ1 和 SQ2 作限位保护，使摇臂上升或下降时不至于超出极限位置。

③立柱松紧的控制：立柱的松开与夹紧是靠电动机 M4 的正反转拖动液压装置来完成的。扳动机械手柄使位置开关 SQ3 的常开触头（14-15）闭合，KM5 线圈得电吸合，M4 电动机反转拖动液压泵使立柱夹紧装置放松。当夹紧装置放松后，组合开关 S2 的常闭触头（3-14）断开，使接触器 KM5 断电释放，M4 停转，同时组合开关 S2 常开触头（3-11）闭合，为夹紧做好准备。当摇臂和外立柱绕内立柱转动到合适位置时，扳动手柄使 SQ3 复位，其常开触头（14-15）断开，常闭触头（11-12）闭合，使接触器 KM4 获电吸合，电动机 M4 带动液压泵正转，将内立柱夹紧。当完全夹紧后，组合开关 S2 复位，使 KM4 线圈失电，电动机 M4 停转。

主轴箱在摇臂上的松开与夹紧也是由电动机 M4 拖动液压装置完成的。

3）照明电路

照明电路电源是由控制变压器 TC 提供的 24 V 安全电压。开关 QS3 控制照明灯 EL，FU4 作短路保护。

二、Z37 摇臂钻床电气控制电路故障分析

1. 全无故障

合上电源开关 QS1，照明灯 EL 不亮，操作十字开关 SA 无反应，该故障是电源电路故障，检查电源开关 QS1、汇流环 YG、熔断器 FU3、变压器 TC 是否正常，注意变压器 TC 副边 0 号线断线或线头接触不良也会造成全无故障。

2. 主轴电动机 M2 不能启动

首先检查电源开关 QS1、汇流环 YG 是否正常。其次检查十字开关 SA 的触头、接触器 KM1 和中间继电器 KA 的触头接触是否良好。若中间继电器 KA 的自锁触头接触不良，则将十字开关 SA 扳到左面位置时，中间继电器 KA 吸合然后再扳到右面位置时，KA 线圈将断电释放；若十字开关 SA 的触头（3-4）接触不良，当将十字开关 SA 手柄扳到左面位置时，中间继电器 KA 吸合，然后再扳到右面位置时，继电器 KA 仍吸合，但接触器 KM1 不动作；若十字开关 SA 触头接触良好，而接触器 KM1 的主触头接触不良时，当扳动十字开关手柄后，接触器 KM1 线圈获电吸合，但主轴电动机 M2 仍然不能启动。此外，连接各电气元件的导线开路或脱落，也会使主轴电动机 M2 不能启动。

3. 主轴电动机 M2 不能停止

把十字开关 SA 的手柄扳到中间位置时，主轴电动机 M2 仍不能停止运转，其故障原因是接触器 KM1 主触头熔焊或十字开关 SA 的右边位置开关失控。出现这种情况，应立即切断电源开关 QS1，电动机才能停转。若触头熔焊需要换同规格的触头或接触器时，必须先查明触头熔焊的原因并在排除故障后进行；若十字开关 SA 的触头（3-4）失控，应重新调整或更换开关，同时查明失控原因。

4. 中间继电器 KA 不得电

将十字开关 SA 扳到左边位置，中间继电器 KA 线圈不得电（其他动作都不能进行），故障范围是 0-TC 绕组-1-FR-2-SA，如果中间继电器 KA 线圈能得电，但将十字开关 SA 扳回到中间位置时，中间继电器 KA 线圈断电说明中间继电器 KA 不能自锁，检查中间继电器 KA 自锁触头。

5. 摇臂上升或下降后不能夹紧

故障原因是鼓形开关 S1 未按要求闭合。正常情况下，当摇臂上升到所需位置，将十字开关 SA 扳回到中间位置时，S1(3-9) 应早已接通，使接触器 KM3 线圈获电吸合，摇臂会自动夹紧。若因触头位置偏移或接触不良，使 S1(3-9) 未按要求闭合接通，接触器 KM3 不动作，电动机 M3 也就不能启动反转进行夹紧，故摇臂仍处于放松状态。若当摇臂下降到所需位置时不能夹紧，故障在 S1(3-6) 触头上。

6. 摇臂上升或下降后不能按需要停止

故障原因是鼓形开关 S1 动作机构严重移位，导致其两常开触头（3-6）或（3-9）闭

合顺序颠倒。当摇臂升或降到一定位置后,将十字开关 SA 由升或降位置扳到中间位置时,不能切断控制升或降的接触器线圈电路,升或降运动不能停止,甚至到了极限位置也不能使控制升降的接触器线圈断电,由此可引发很危险的机械事故。若出现这种情况时,应立即切断电源总开关 QS1,使摇臂停止运动。

7. 主轴箱和立柱的松紧故障

主轴箱和立柱的夹紧与放松是通过电动机 M4 配合液压装置来完成的。电动机 M4 是通过接触器 KM4、KM5 实现的正反转控制,出现故障时,观察清楚故障属于正转部分还是反转部分,加以排除即可。检修时还要注意观察区分液压故障和电气故障。

三、电压测量法

1. 电压分阶测量法

电压分阶测量法如图 6-10 所示,接通电源,按下按钮 SB2,接触器 KM 线圈不能得电工作。逻辑分析故障的故障范围是 L1-1-2-3-4-5-6-0-L2。故障的故障范围较大,故障只有一个,需要采用测量法找出故障点。

电压分阶法测量原理如图 6-10 所示,电路正常时,不按下按钮 SB2,1、2、3 点电位为 L1 相,4、5、6、0 点电位为 L2 相。只有 L1、L2 两相之间才有电位差(380 V),如测不出电压,即可显示出故障点。

首先,将万用表调到交流电压挡 500 V 量程,将电路按 L2-1、L2-2、L2-3 点分阶,L1-0、L1-6、L1-5、L1-4 点分阶,然后逐阶测量,即可找到故障点。

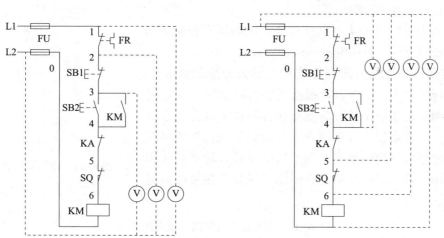

图 6-10 电压分段测量法

测量结果(数据)及判断方法如表 6-15、表 6-16 所示。

如测得 L2-3、L1-4 点电压正常,则故障在按钮 SB2 上。找到故障点后,可用电阻法进行验证。

【注意】在实际测量时,电路中每个点至少有两个接线柱,电路的分阶更多,电气元件之间的连接导线也在故障范围内,不要漏测。

表 6-15 电压分阶测量法

故障现象	测试状态	L2-1	L2-2	L2-3	故障点
按 SB2 时，接触器 KM 线圈不吸合	接通电源	0	0	0	FU 熔断或接触不良
		380 V	0	0	FR 动作或接触不良
		380 V	380 V	0	SB1 接触不良
		380 V	380 V	380 V	故障不在 L1-3 电路段

表 6-16 电压分阶测量法

故障现象	测试状态	L1-0	L1-6	L1-5	L1-4	故障点
按 SB2 时，接触器 KM 线圈不吸合	接通电源	0	0	0	0	FU 熔断或接触不良
		380 V	0	0	0	KM 线圈断路
		380 V	380 V	0	0	SQ 接触不良
		380 V	380 V	380 V	0	KA 接触不良
		380 V	380 V	380 V	380 V	故障不在 L2-4 电路段

2. 电压长分阶测量法

为了提高测量速度或检验逻辑分析的正确性，还可采用电压长分阶测量法。电压长分阶测量法可将故障范围快速缩小 50%。

电压长分阶测量法如图 6-11 所示。测量结果（数据）及判断方法如表 6-17 所示。

如测得 L2-3、L1-4 点电压正常，则故障在按钮 SB2 上。找到故障点后，可用电阻法进行验证。

3. 灵活运用电压分阶测量法和电压长分阶测量法

在实际工作中，操作者要根据线路实际情况灵活运用电压分阶测量法和电压长分阶测量法，两种测量方法也可交替运用。如线路较短可采用电压分阶测量法；如线路较长可采用电压长分阶测量法，当采用电压长分阶测量法将故障范围缩小到一定程度后，再采用电压分阶测量法测量出故障点。

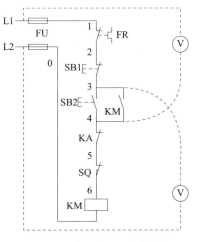

图 6-11 电压长分阶测量法

表 6-17 测量结果（数据）及判断方法

故障现象	测试状态	L2-3	L1-4	故障范围
按 SB2 时，接触器 KM 线圈不吸合	接通电源	0	380 V	L1-1-2-3
		380 V	0	L2-0-6-5-4
		380 V	380 V	SB2 接触不良

注意事项：

（1）电压法属于带电操作，操作中要严格遵守带电作业的安全规定，确保人身安全。测量检查前将万用表的转换开关置于相应的电压种类（直流、交流），合适的量程（依据线路的电压等级)。

（2）通电测量前，先查找被测各点所处位置，为通电测量做好准备。

（3）发现故障点后，先切断电源，再排除故障。

（4）电压测量法较电阻测量法能更真实、直观地反映电路的状态；电阻测量法较电压测量法更安全。建议初学者首先掌握电阻测量法，能够用电阻测量法解决问题时尽量采用电阻测量法，待能力提高后再将两种方法结合使用。

4. 电压分段测量法

电压分段测量法如图 6-12 所示，接通电源，按下按钮 SB2，接触器 KM 线圈不能得电工作。

逻辑分析故障的故障范围是 L1-1-2-3-4（不包含 KM 辅助常开触头）-5-6-0-L2。故障的故障范围较大，故障只有一个，需要采用测量法找出故障点。

电压分段测量法测量原理如图 6-12 所示，电路正常时，未按下按钮 SB2，1、2、3 点电位为 L1 相，4、5、6、0 点电位为 L2 相。当按下 SB2（或 KM 已自锁）时，1、2、3、4、5、6 点电位为 L1 相，0 点电位为 L2 相。此时，等相位（电位）各点之间无电压，即 L1、1、2、3、4、5、6 各点之间无电压，L2、0 点之间无电压。若在等电位两点之间测得电压，说明该两点之间断路或接触不良。KM 线圈两端才有 380 V 电压（电压加在负载两端），若测得 KM 线圈两端 380 V 电压，但是 KM 线圈仍不吸合，说明 KM 线圈断路或接触不良。依据上述分析测量，即可显示出故障点。

首先，将万用表调到交流电压挡 500 V 量程，将电路按 L1-1，1-2，2-3，3-4，4-5，5-6，6-0，0-L2 相邻各点之间分段。然后，一人按住按钮 SB2，另一人用万用表逐段测量，即可找到故障点。

测量结果（数据）及判断方法如表 6-18 所示。

【注意】在实际测量时，每个点至少有两个接线桩，电路分段更多，电气元件之间的连接导线也是故障范围，不要漏测。

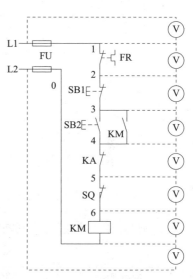

图 6-12 电压分段测量法

表 6-18 电压分段测量法

故障现象	测试状态	L1-1	1-2	2-3	3-4	4-5	5-6	6-0	0-L2	故障点
按下 SB2 时，KM 线圈不吸合	电源电压正常，按住 SB2	380 V	0	0	0	0	0	0	0	FU 熔断或接触不良
		0	380 V	0	0	0	0	0	0	FR 接触不良或动作
		0	0	380 V	0	0	0	0	0	SB1 接触不良
		0	0	0	380 V	0	0	0	0	SB2 接触不良
		0	0	0	0	380 V	0	0	0	KA 接触不良
		0	0	0	0	0	380 V	0	0	SQ 接触不良
		0	0	0	0	0	0	380 V	0	KM 线圈断路
		0	0	0	0	0	0	0	380 V	FU 熔断或接触不良

5. 电压长分段测量法

为了提高测量速度或检验逻辑分析的正确性，还可采用电压长分段测量法。电压长分段测量法可将故障范围快速缩小 50%。

电压长分段测量法如图 6-13 所示，将电路分成 L1-4、L2-4 两段进行测量。

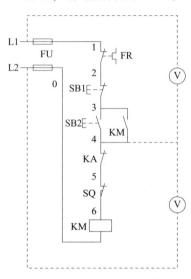

图 6-13　电压长分段测量法

测量结果（数据）及判断方法如表 6-19 所示。

表 6-19　测量结果（数据）及判断方法

故障现象	测试状态	L1-4	L2-4	故障范围
按下按钮 SB2，KM 线圈不得电	电源电压正常，按下按钮 SB2 不放	380 V	0	1-2-3-4
		0	380 V	4-5-6-0

6. 灵活运用电压分段测量法和电压长分段测量法

在实际工作中操作者要根据线路实际情况灵活运用电压分段测量法和电压长分段测量法，两种测量方法也可交替运用。如线路较短可采用电压分段测量法；如线路较长可采用电压长分段测量法，当电压长分段测量法将故障范围缩小到一定程度后，再采用电压分段测量法测量出故障点。

注意事项：

（1）电压法属于带电操作，操作中要严格遵守带电作业的安全规定，确保人身安全。测量检查前将万用表的转换开关置于相应的电压种类（直流、交流），合适的量程（依据线路的电压等级）。

（2）通电测量前，先找清楚被测各点所处位置，为通电测量做好准备。

（3）发现故障点后，先切断电源，再排除故障。

（4）电压测量法较电阻测量法能更真实、直观地反映电路的状态；电阻测量法较电压测量法更安全。建议初学者首先掌握电阻测量法，能够用电阻测量法解决问题时尽量采用电阻测量法，待能力提高后再将两种方法结合使用。

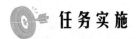 任务实施

一、设备及工具

（1）设备 Z37 摇臂钻床（实物）或 Z37 摇臂钻床控制模拟电路。
（2）具有漏电保护功能的三相四线制电源、常用电工工具、万用表、绝缘胶带。

二、实训步骤

（1）在教师或操作师傅的指导下对钻床进行操作，了解 Z37 摇臂钻床的各种工作状态及操作方法。
（2）在教师指导下，弄清钻床电气元件安装位置及走线情况；结合机械、电气、液压几个方面相关的知识，搞清钻床电气控制的特殊环节。
（3）通电试车观察各接触器及电动机的运行情况。
接通电源，变压器二次侧输出电压正常，观察以下情况。
①线路零压保护状态：将十字开关 SA 扳至左侧，观察继电器 KA 的动作情况。
②主轴电动机运行及停转状态：将十字开关 SA 扳至右侧，观察继电器 KA、接触器 KM1 的动作情况，以及主轴电动机 M2 的运行情况；将 SA 扳至中间，观察继电器 KA、接触器 KM1 的动作情况。
③摇臂上升及停止状态：将十字开关 SA 扳至向上，观察继电器 KA、接触器 KM2 的动作情况，以及电动机 M3 的运行情况；将 SA 扳至中间，再观察各电器及电动机的动作情况。
④摇臂下降及停止状态：将十字开关 SA 扳至向下，观察继电器 KA、接触器 KM3 的动作情况，以及电动机 M3 的运行情况；将 SA 扳至中间，再观察各电器及电动机的动作情况。
⑤立柱松开状态：拨动手柄使之压合 SQ3，观察继电器 KA、接触器 KM5 的动作情况，以及电动机 M4 的运行情况；扳动手柄使 SQ3 恢复，再观察各电器及电动机的动作情况。
⑥立柱夹紧状态：在模拟盘上转换组合开关 S2 时，观察继电器 KA、接触器 KM4 的动作情况，以及电动机 M4 的运行情况；恢复组合开关 S2，再观察各电器及电动机的动作情况。
⑦水泵运行及停车状态：转换组合开关 QS2 闭合，观察电动机 M1 的运行情况；断开 QS2，再观察电动机的运行情况。
（4）由教师在 Z37 摇臂钻床电气控制电路上设置 1~2 处典型的自然故障点，学生通过询问或通电试车的方法观察故障点。
（5）故障排除练习。
排除故障步骤如下。
①询问操作者故障现象。
②通电试车引导学生观察故障现象。
③根据故障现象，依据电路图用逻辑分析法确定故障范围。

④采用电压测量法或电阻测量法查找故障点。

⑤通电试车,复核设备正常工作,并做好维修记录。

学生之间相互设置故障,练习排除故障,采用竞赛方式,比一比谁观察故障现象更仔细、分析故障范围更准确、测量故障更迅速、排除故障方法更得当。

注意事项:

(1) 人为设置的故障要符合自然故障。

(2) 设置一处以上故障点时,故障现象尽可能不要相互掩盖,在同一线路上不设置重复故障(不符合自然故障逻辑)。

(3) 在实物布线时,不要漏接地线。严禁采用金属软管作为接地通道。

(4) 在控制箱外部进行布线时,导线必须穿在导线通道内或敷设在机床底座内的导线通道里,通道内所有的导线不允许有接头。

(5) 不能互换开关 S1 上 6、9 两触头的接线;不能随意改变升降电动机原来的电源相序。否则将使摇臂升降失控,不接受开关 SA 的指令;也不接受位置开关 SQ1、SQ2 的限位保护。此时应立即切断总电源开关 QS1,以免造成严重的机损事故。

(6) 发生电源缺相时,不要忽视汇流环的检查。

(7) 在检修时,教师要密切注意学生的检修动态。随时做好采取应急措施的准备。严禁扩大故障或产生新的故障。

(8) 检修所用工具、仪表应符合使用要求。

(9) 排除故障时,必须修复故障点,但不得采用元件代换法。

(10) 带电检修时,要严格遵守安全操作规程,必须有指导教师监护。

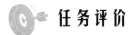

任务评价

评分标准见表 6-20。

表 6-20 评分标准

序号	项目内容	评分标准	配分	扣分	得分
1	故障分析	(1) 不进行调查研究,扣 5 分; (2) 标不出故障范围或标错故障范围,每个故障点扣 15 分; (3) 不能标出最小故障范围,每个故障点扣 10 分	30		
2	排除故障	(1) 停电不验电,扣 5 分; (2) 仪器仪表使用不正确,每次扣 5 分; (3) 排除故障的方法不正确,扣 10 分; (4) 损坏电气元件,每个扣 40 分; (5) 不能排除故障点,每个扣 35 分; (6) 扩大故障范围,每个扣 40 分	70		
3	安全文明生产	违反安全文明生产规程,扣 10~70 分			
4	定额时间:30 min	不许超时检查,修复故障过程中允许超时,但每超时 5 min 扣 5 分			
5	备注	除定额时间外,各项内容的最高扣分不得超过配分数	合计	100	
6	开始时间	教师签字	实用时间	年 月 日	

任务 6.3　M7130 型平面磨床控制电路的故障排除

任务描述

根据故障现象，能准确、实时地分析出 M7130 型平面磨床控制电路的故障范围，并能熟练地运用电阻测量法及电压测量法查找故障点，正确排除故障，恢复电路的正常运行。

任务目标

（1）掌握 M7130 型平面磨床控制电路的工作原理及控制方式。
（2）正确分析 M7130 型平面磨床控制电路故障。
（3）学会用电阻法、电压法及短接法查找故障点。
（4）了解桥式整流的工作过程。

实施条件

（1）M7130 型平面磨床（实物）或 M7130 型平面磨床模拟电路。
（2）工具与仪表。
①工具：常用电工工具。
②仪表：MF30 型万用表、5050 型兆欧表、T301-A 型钳形电流表。
（3）器材。M7130 型平面磨床电气元件明细如表 6-21 所示。

表 6-21　M7130 型平面磨床电气元件明细

代号	名称	型号及规格	数量	用途
QS1	电源开关	HZ1-25/3	1	引入电源
QS2	转换开关	HZ1-10P/3	1	控制电磁吸盘
SA	照明灯开关	—	1	控制照明灯
M1	砂轮电动机	W451-4、4.5 kW、220 V/380 V、1 440 r/min	1	驱动砂轮
M2	冷却泵电动机	JCB-22、125 W、220 V/380 V、2 790 r/min	1	驱动冷却泵
M3	液压泵电动机	JO42-4、2.8 kW、220 V/380 V、1 450 r/min	1	驱动液压泵
FU1	熔断器	RL1-60/3、60 A、熔体 30 A	3	电源保护
FU2	熔断器	RL1-15、15 A、熔体 5 A	2	控制电路短路保护
FU3	熔断器	BLX-1、1 A	1	照明电路短路保护
FU4	熔断器	RL1-15、15 A、熔体 2 A	1	保护电磁吸盘
KM1	接触器	CJ0-10、线圈电压 380 V	1	控制电动机 M1
KM2	接触器	CJ0-10、线圈电压 380 V	1	控制电动机 M3
FR1	热继电器	JR10-10、整定电流 9.5 A	1	M1 的过载保护
FR2	热继电器	JR10-10、整定电流 6.1 A	1	M3 的过载保护

续表

代号	名称	型号及规格	数量	用途
T1	整流变压器	BK-400，400 VA、220 V/145 V	1	降压
T2	照明变压器	BK-50，50 VA、380 V/36 V	1	降压
VC	硅整流器	GZH，1 A、200 V	1	输出直流电压
YH	电磁吸盘	1.2 A、110 V	1	工件夹具
KA	欠电流继电器	JT3-11L，1.5 A	1	欠电流保护
SB1	按钮	LA2，绿色	1	启动电动机 M1
SB2	按钮	LA2，红色	1	停止电动机 M1
SB3	按钮	LA2，绿色	1	启动电动机 M3
SB4	按钮	LA2，红色	1	停止电动机 M3
R_1	电阻器	GF，6 W、125 Ω	1	放电保护电阻
R_2	电阻器	GF，50 W、1 000 Ω	1	去磁电阻
R_3	电阻器	GF，50 W、500 Ω	1	放电保护电阻
C	电容器	600 V、5 μF	1	保护用电容
EL	照明灯	JD3，24 V、40 W	1	工作照明
X1	接插器	CY0-36	1	电动机 M2 用
X2	接插器	CY0-36	1	电磁吸盘用
XS	插座	250 V、5 A	1	退磁用
附件	退磁器	TC1TH/H	1	工件退磁用

建议学时

20 学时。

相关知识

一、M7130 型平面磨床电气控制电路原理分析

磨床 1

磨床是用砂轮的端面或周边对工件进行表面加工的精密机床。磨床的种类很多，根据其工作性质可分为平面磨床、内圆磨床、外圆磨床、工具磨床以及一些专用磨床，如齿轮磨床、螺纹磨床、球面磨床、花键磨床等。其中尤以平面磨床应用最为普遍，该磨床操作方便，磨削光洁度和精度都比较高，在磨具加工行业中得到广泛的应用。本节就以 M7130 型平面磨床为例进行分析与讨论。

该磨床型号的含义如下。

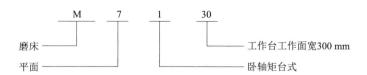

1. 主要结构及运动形式

M7130型平面磨床主要是由立柱、滑座、砂轮架、电磁吸盘、工作台、床身等组成。其外形如图6-14所示。砂轮的旋转是主运动，工作台的左右进给，砂轮架的上下、前后进给均为辅助运动。工作台每完成一次往复运动时，砂轮箱便做一次间断性的横向进给；当加工完整个平面后，砂轮架在立柱导轨上向下移动一次（进刀），将工件加工到所需尺寸。

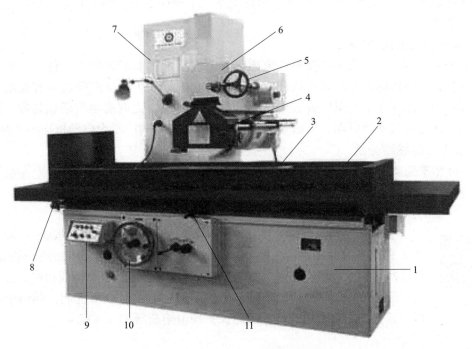

图6-14 M7130型平面磨床外形

1—床身；2—工作台；3—电磁吸盘；4—砂轮箱；5—砂轮箱横向移动手柄；6—滑座；7—立柱；8—工作台换向撞块；9—控制按钮板；10—砂轮箱垂直进刀手柄；11—工作台往复运动换向手柄

2. 电力拖动的特点及控制要求

1）砂轮的旋转运动

砂轮电动机M1拖动砂轮旋转。为了使磨床结构简单，提高其加工精度，采用了装入式电动机，砂轮可以直接装在电动机轴上使用。由于砂轮的运动不需要调速，使用三相异步电动机拖动即可。

2）砂轮架的横向进给

砂轮架上部的燕尾形导轨可沿着滑座上的水平导轨做横向移动。在加工过程中，工作台换向时，砂轮架就横向进给一次。在调整砂轮的前后位置或修正砂轮时，可连续横向进给移动。砂轮架的横向进给运动可由液压传动，也可手动操作。

3）砂轮架的升降运动

滑座可沿着立柱导轨做垂直上下移动，以调整砂轮架的高度，这一垂直进给运动是通过操作手轮控制机械传动装置实现的。

4）工作台的往复运动

因液压传动换向平稳，易于实现无级调速，因此，工作台在纵向做往复运动时，是由液压传动系统完成的。液压泵电动机 M3 拖动液压泵，工作台在液压泵作用下做纵向往复运动。当换向挡铁碰撞床身上的液压换向开关时，工作台就能自动改变运动的方向。

5）冷却液的供给

冷却泵电动机 M2 的工作，是供给砂轮和工件冷却液，同时冷却液还带走磨下的铁屑。冷却泵电动机 M2 与砂轮电动机 M1 在主电路上实现了顺序控制，即砂轮电动机启动后，冷却泵电动机才能启动。

6）电磁吸盘的控制

在加工工件时，一般将工件吸附在电磁吸盘上进行加工。对于较大工件，也可将电磁吸盘取下，将工件用螺钉和压板直接固定在工作台上进行加工。电磁吸盘要有充磁和退磁控制环节。为了保证安全，电磁吸盘与电动机 M1、M2、M3 之间有电气联锁装置，即电磁吸盘充磁后，电动机才能启动；电磁吸盘不工作或发生故障时，三台电动机均不能启动。

3. 电气控制线路分析

M7130 型平面磨床的电路图如图 6-15 所示，它分为主电路、控制电路、电磁吸盘电路及照明电路 4 部分。

1）主电路分析

磨床 2

主电路共有三台电动机：M1 为砂轮电动机，由接触器 KM1 控制，热继电器 FR1 作过载保护；M2 为冷却泵电动机，由于床身和冷却液箱是分装的，所以冷却泵电动机通过接插器 X1 和砂轮电动机 M1 的电源线相连，并在主电路实现顺序控制；M3 为液压泵电动机，由接触器 KM2 控制，热继电器 FR2 作过载保护。三台电动机的短路保护均由熔断器 FU1 实现。

2）控制电路分析

控制电路采用交流 380 V 电压供电，由熔断器 FU2 作短路保护，转换开关 QS2 与欠电流继电器 KA 的常开触头并联，只有 QS2 或 KA 的常开触头闭合，三台电动机才有条件启动，KA 的线圈串联在电磁吸盘 YH 工作回路中，只有当电磁吸盘得电工作时，KA 线圈才得电吸合，KA 常开触头闭合。此时按下启动按钮 SB1（或 SB3）使接触器 KM1（或 KM2）线圈得电吸合，砂轮电动机 M1 或液压泵电动机 M3 才能运转。这样实现了工件只有在被电磁吸盘 YH 吸住的情况下，砂轮和工作台才能进行磨削加工，保证了安全。

砂轮电动机 M1 和液压泵电动机 M3 均采用了接触器自锁正转控制线路。它们的启动按钮分别是 SB1、SB3，停止按钮分别是 SB2、SB4。

3）电磁吸盘电路分析

（1）电磁吸盘的结构与工作原理。

电磁吸盘是用来固定加工工件的一种夹具，它的结构如图 6-16 所示。它的外壳由钢制箱体和盖板组成，在其中部凸起的芯体 4 上绕有线圈 5，盖板 6 则用非磁性材料隔离成若干钢条。在线圈 5 中通入直流电流，芯体 4 和隔离的钢条将被磁化，当工件 1 被放在电磁吸盘上时，也将被磁化而产生与磁盘相异的磁极而被牢牢吸住。

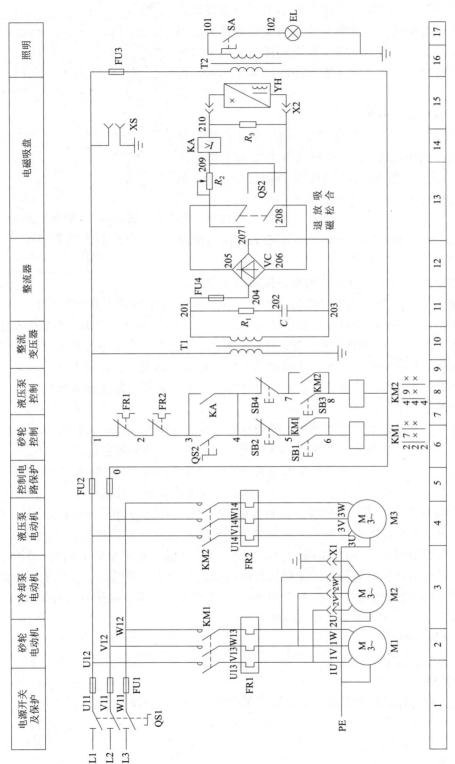

图6-15 M7130型平面磨床电路图

电磁吸盘与机械夹具比较，具有不损坏工件，夹紧迅速，操作快速简便，一次能吸牢若干个小工件，以及加工中工件发热可自由伸缩、不变形、加工精度高等优点。不足之处是夹紧力度小，调节不便，需用直流电源供电，只能吸住铁磁材料的工件，不能吸牢非磁性材料（如铜、铝等）的工件。

（2）电磁吸盘控制电路。

电磁吸盘回路包括整流电路、控制电路和保护电路三部分。整流电路由整流变压器 T1 将 220 V 交流电压降为 145 V，后经桥式整流器 VC 输出 110 V 直流电压。QS2 是电磁吸盘的转换开关（又叫退磁开关），有"吸合""放松""退磁"三个位置，当 QS2 扳到"吸合"位置时，触头（205-208）和（206-209）闭合，VC 整流后的直流电压输入电磁吸盘 YH，工件被牢牢吸住。同时欠电流继电器 KA 线圈获电吸合，KA 常开触头闭合，接通砂轮电动机

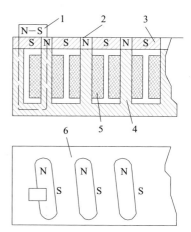

图 6-16 电磁吸盘结构
1—工件；2—非磁性材料；
3—工作台；4—芯体；
5—线圈；6—盖板

M1 和液压泵电动机 M3 的控制电路。磨削加工完毕，先将 QS2 扳到"放松"位置，YH 的直流电源被切断，由于工件仍具有剩磁而不能被取下，因此必须进行退磁。再将 QS2 扳到"退磁"位置，触头（205-207）和（206-208）闭合，此时反向电流通过退磁电阻 R_2 对电磁吸盘 YH 退磁。退磁结束后，将 QS2 扳到"放松"位置，即可将工件取下。

若工件对退磁要求严格或不易退磁时，可将附件交流退磁器的插头插入插座 XS，使工件在交变磁场的作用下退磁。

若将工件夹在工作台上，而不需要电磁吸盘时，应将 YH 的 X2 插头拔下，同时将 QS2 扳到"退磁"位置，QS2 的常开触头（3-4）闭合，接通电动机的控制电路。

若将工件夹在工作台上，而不需要电磁吸盘时，应将 YH 的 X2 插头拔下，同时将 QS2 扳到"退磁"位置，QS2 的常开触头（3-4）闭合，接通电动机的控制电路。

（3）电磁吸盘保护环节。电磁吸盘具有欠电流保护、过电压保护及短路保护等。为了防止电磁吸盘电压不足或加工过程中出现断电，造成工件脱出而发生事故，在电磁吸盘电路中串入欠电流继电器 KA。由于电磁吸盘本身是一个大电感，在它脱离电源的一瞬间，它的两端会产生较大的自感电动势，使线圈和其他电器由于过电压而损坏，故用放电电阻 R_3 来吸收线圈释放的磁场能量。电容器 C 与电阻 R_1 的串联是为了防止电磁吸盘回路交流侧的过电压。熔断器 FU4 为电磁吸盘作短路保护。

4）照明电路分析

照明变压器 T2 为照明灯 EL 提供了 36 V 的安全电压。由开关 SA 控制照明灯 EL，熔断器 FU3 作短路保护。

M7130 型平面磨床的接线图和位置图分别如图 6-17 和图 6-18 所示。

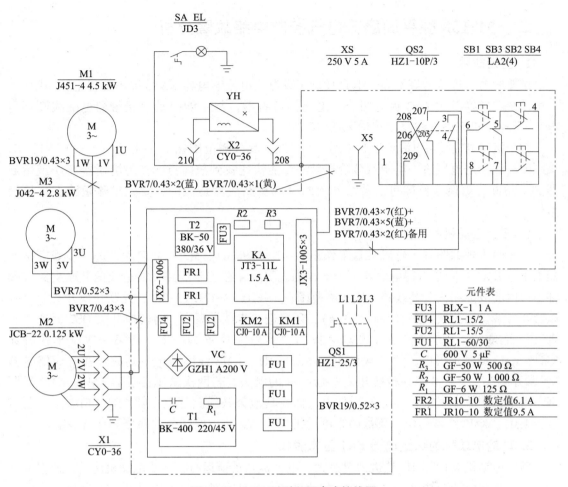

图 6-17　M7130 型平面磨床接线图

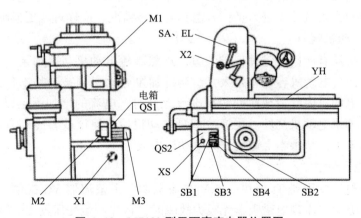

图 6-18　M7130 型平面磨床电器位置图

二、M7130型平面磨床电气控制电路故障分析

1. 全无故障

试车时若出现照明灯不亮，电磁吸盘无吸力（电流继电器KA线圈不能得电），机床三台电动机在转换开关QS2扳到吸合、退磁两位置后，都不能启动（接触器电磁线圈不得电），即整个机床电气线路试车均无任何反应。

整个机床电气线路电源均取自0号、1号线，其故障范围在U11-U22-1，V11-V12-0。该故障的测量用电压法、电阻双分阶测量法都能快速找到故障点，多为熔断器FU1或熔断器FU2熔断，更换熔丝即可。若熔丝熔断是因短路故障造成的，要先排除短路点再更换熔丝。

2. 三台电动机都不能启动

试车时发现照明灯、电磁吸盘工作正常，电动机M1、M2不能启动，进一步观察接触器KM1、KM2线圈是否得电。若不得电，则说明故障在控制线路，能造成两并联支路线圈都不得电的故障在其公共线路，则故障范围在1-FR1-2-FR2-3-KA，并联转换开关QS2-4以及0号线。因公共线路有并联（3-4），还可进一步试车观察，将转换开关QS2扳到"吸合"位置试一次，再将转换开关QS2扳到"退磁"位置试一次，若第一次试车接触器KM1、KM2线圈不得电，第二次试车接触器KM1、KM2线圈得电，则故障在电流继电器KA常开触头，反之故障在转换开关3-QS2-4的触头。若两次试车接触器KM1、KM2线圈都不得电，则故障不在3-4点间元件上，而在其他公共线路热继电器FR1、FR2上。若接触器KM1、KM2线圈得电，则故障在电动机M1、M2主电路的公共部分FU1-W相。

3. 砂轮电动机的热继电器FR1经常脱扣

砂轮电动机M1除因砂轮进刀量过大，电动机超负荷运行，造成电动机堵转，使电流上升，导致热继电器脱扣外，还与砂轮电动机M1本身有关。砂轮电动机M1为装入式电动机，它的前轴承是轴瓦，易磨损。磨损后易发生堵转现象，导致热继电器脱扣。若遇到第一种情况，告知操作人员注意进刀量；若遇到第二种情况，应修理或更换轴瓦。

4. 冷却泵电动机烧坏

冷却泵电动机没有专门的过载保护装置，虽然砂轮电动机与冷却泵电动机共用一个热继电器FR1，但两台电动机容量相差太大。当冷却泵电动机因被杂物卡住或切削液浓度过高或切削液进入电动机内部造成匝间短路电流上升时，电流的增加不足以使热继电器FR1脱扣，故造成冷却泵电动机烧坏。更换冷却泵电动机后，建议改善冷却泵电动机的工作环境，或加装热继电器，从根本上避免烧坏电动机事故。

5. 电磁吸盘无吸力

电磁吸盘由整流变压器TI提供145 V交流电源，由整流器VC提供110 V直流电源，由电磁吸盘产生吸力，出现电磁吸盘无吸力故障时，首先测量变压器T1输出交流电压是否正常，若无电压，通常是由于熔断器FU1、FU2断路或变压器T1绕组断路造成的，若测得的变压器T1输出交流电压正常，再测量整流器VC输出直流电压是否正常，若无电压多是因熔断器FU4断路或整流器断路造成的。若整流器VC输出电压正常则依次检查电磁吸盘YH的线圈、接插器X2、欠电流继电器KA线圈有无断路情况。采用适当的测量方法即可找

到故障点。应注意熔断器 FU4 的熔断通常是因整流器 VC 短路造成的,因此该故障要合并检查,一起排除。另外测电压时还要注意万用表交、直流电压挡的切换。

6. 电磁吸盘吸力不足

导致电磁吸盘吸力不足的原因是电磁吸盘损坏或整流器 VC 输出直流电压不正常。整流器 VC 输出的直流电压,空载时为 130~140 V,负载时不应低于 110 V,若整流器输出电压达不到上述要求,多是因为整流元件短路或断路造成的。应检查整流器 VC 的交流侧电压及直流侧电压,若交流侧电压不正常,通常是电源电压过低或整流变压器匝间短路造成的;若交流侧电压正常,直流输出电压不正常,则表明整流器发生短路或断路故障。整流器 VC 为桥式全波整流电路,当一桥臂的整流二极管发生断路时,输出电压为半波电压,是额定电压的一半。整流器元件损坏的原因通常是过流(发热)、过压(反向过电压击穿)造成的。过流是在电磁吸盘绕组出现匝间短路时,电流增加。过压是当放电电阻损坏或接线断路时,由于电磁吸盘线圈电感很大,在断开瞬间产生过电压将整流元件击穿。

由以上分析可以看出,电磁吸盘某元件发生故障时,往往会引起联锁反应。例如,当放电电阻 R_3 断路时,会造成整流器元件击穿,击穿后如造成短路,还会使 FU4 熔断。因此检修时要对可能出现故障的元件进行全面检查,防止更换元件后再次损坏或扩大故障范围。

若整流器输出电压正常,带负载时电压远低于 110 V,则表明电磁吸盘线圈已短路,短路点多发生在线圈各绕组间的引线接头处。产生原因多是由电磁吸盘密封不好,切削液流入,引起绝缘损坏,造成线圈匝间短路导致的。若发生严重短路,过大电流会在 FU4 做出反应前,将整流器和整流变压器烧坏。出现这种故障时,不论短路严重与否都要更换电磁吸盘线圈,并且要处理好线圈绝缘,安装时做好密封。

7. 电磁吸盘退磁不好使工件取下困难

电磁吸盘退磁不好的故障原因有三个:一是退磁电路断路,不能退磁。退磁电路与充磁电路基本为同一电路,只是增加了退磁电阻 R_2,用转换开关 QS2 转换电流方向,因此在确定充磁正常后,只需检查转换开关 QS2 接触是否良好,退磁电阻 R_2 是否损坏即可;二是退磁电压过高,操作工人无法控制退磁时间,应调整电阻 R_2,使退磁电压调至 5~10 V;三是操作工人经验不够,退磁时间过短或过长,对于不同材料的元件,所需的退磁时间不同,注意掌握退磁时间。

三、短接测量法

1. 短接法原理

电气设备有时会出现"软故障",即故障时有时无,"软故障"较难查找,此时可以采用短接法。短接法是在其他测量方法不能明确找到故障点时,利用导线将故障电路短接,若短接到某处时电路接通,则说明该处断路。

2. 测量电路

如图 6-19 所示,接通电源,按下按钮 SB2,接触器 KM 线圈不能得电工作。逻辑分析故障的故障范围是 L1-1-2-3-4(不包含 KM 辅助常开触头)-5-6-0-L2。故障的范围较大,

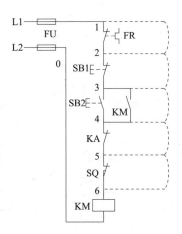

图 6-19 分段短接法

故障只有一个,需要采用测量法找出故障点。

3. 分段短接法

分段短接法如图 6-19 所示。

首先,取一根绝缘良好的导线,导线两端去掉绝缘层,露铜部分不要太长。将电路按 1-2,2-3,3-4,4-5,5-6 相邻各点之间分段,然后,一人若按住按钮 SB2,另一人用准备好的导线逐段短接,当接触器 KM 线圈正常吸合时,被短接段为故障点。

短接结果(数据)及判断方法如表 6-22 所示。

表 6-22 短接结果(数据)及判断方法

故障现象	测试状态	短接点	KM 动作	故障点
按下按钮 SB2 时,接触器 KM 线圈不得电	接通电源,按下按钮 SB2 不放	1-2	吸合	FR 接触不良或动作
		2-3	吸合	SB1 接触不良
		3-4	吸合	SB2 接触不良
		4-5	吸合	KA 接触不良
		5-6	吸合	SQ 接触不良

4. 长分段短接法

为了提高测量速度或检验逻辑分析的正确性,还可采用长分段短接法。长分段短接法可将故障范围快速缩小 50%。

长分段短接法如图 6-20 所示,将电路分成 1-4,4-6 两段进行短接。

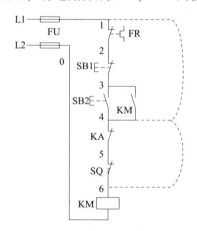

图 6-20 长分段短接法

短接结果(数据)及判断方法如表 6-23 所示。

表 6-23 短接结果(数据)及判断方法

故障现象	测试状态	短接点	KM 动作	故障范围
按下 SB2 时,KM 不吸合	接通电源	1-4	吸合	1-4
		4-6	吸合	4-6

5. 灵活运用分段短接法和长分段短接法

实际工作中操作者要根据线路实际情况，灵活运用分段短接法和长分段短接法，两种短接方法也可交替运用。如线路较短可采用分段短接法；如线路较长可采用长分段短接法，当长分段短接法将故障范围缩小到一定程度后，再采用分段短接法找出故障点。

注意事项：

（1）短接法更适用于电子电路。

（2）短接法属带电操作，注意安全，避免触电事故。初学者可先接好短接点，再接通电源，按启动按钮。

（3）短接法短接的各点，在电原理上属于等电位点或电压降极小的导线和电流不大的触点（5 A 以下），不能短接非等电位点，压降较大的电器，否则会造成短路事故（如接触器线圈、电阻、绕组等）。熔断器断路时，原因大多是短路故障所造成，故熔断器不能用短接法检测，以免造成二次严重短路，伤及维修者。

（4）使用短接法时，机床电气设备或生产机械随接触器吸合而启动，故必须保证电气设备和生产机械不出现事故的情况下才能使用短接法。

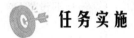

任务实施

一、设备及工具

（1）设备 M7130 型平面磨床（实物）或 M7130 型平面磨床模拟电路。

（2）具有漏电保护功能的三相四线制电源、常用电工工具、万用表、绝缘胶带。

二、实训步骤

（1）了解 M7130 型平面磨床的各种工作状态及操作方法。

（2）参照磨床电气元件位置图和机床接线图，结合机械、电气、液压几方面相关的知识，搞清磨床电气控制的特殊环节。

（3）通电试车观察各接触器及电动机的运行情况。在通电试车时，接通电源开关 QS1，把退磁开关 QS2 扳至"退磁"位置，点动观察各电气元件、线路、电动机的工作情况；若正常，再把退磁开关扳至"吸合"位置，观察各电气元件、线路、电动机及传动装置的正常工作情况。若有异常，应立即切断电源进行检查，待调整或修复后方能再次通电试车。

（4）由教师在 M7130 型平面磨床电气控制电路上设置 1~2 处典型的自然故障点，学生通过询问或通电试车的方法观察故障点。

（5）练习排除故障点。

①教师示范检修，指导学生如何从故障现象着手进行分析，逐步引导学生采用正确的检修步骤和检修方法。

②可由小组内学生共同分析并排除故障。

③可由具备一定能力的学生独立排除故障。

排除故障步骤如下。

①询问操作者故障现象。

②通电试车观察故障现象。
③根据故障现象，依据电路图用逻辑分析法确定故障范围。
④采用电压测量法和电阻测量法相结合的方法查找故障点。
⑤通电试车，复核设备正常工作，并做好维修记录。
⑥采用竞赛方式，比一比谁观察故障现象更仔细、分析故障范围更准确、测量故障更迅速、排除故障方法更得当。

注意事项：

（1）严禁用金属软管作为接地通道。

（2）整流二极管要装上散热器，二极管的极性连接要正确，否则会引起整流变压器短路，烧毁二极管和变压器。

（3）进行控制箱外部布线时，导线必须穿在导线通道内或敷设在机床底座内的导线通道内。通道内导线每超过 10 根，应加 1 根备用线。

（4）人为设置的故障要符合自然故障，尽量设置不造成人身和设备事故的故障点。切忌设置更改线路的人为非自然故障点。

（5）设置一处以上故障点时，故障现象尽可能不要相互掩盖，在同一线路上不设置重复故障（不符合自然故障逻辑）点。

（6）学生检修时，教师要密切注意学生的检修动态，随时做好采取应急措施的准备。

（7）检修时，严禁扩大故障或产生新的故障。

（8）在安装、调试过程中，工具、仪表的使用应符合要求。

（9）排除故障时，必须修复故障点，但不得采用元件代换法。

（10）带电检修时，要严格遵守安全操作规程，必须有指导教师监护。

任务评价

评分标准见表 6-24。

表 6-24 评分标准

序号	项目内容	评分标准	配分	扣分	得分
1	装前检查	(1) 电动机质量检查，每漏一处扣 5 分； (2) 电气元件错检或漏检，每处扣 2 分	10		
2	器材选用	(1) 导线选用不符合要求，每处扣 4 分； (2) 穿线管选用不符合要求，每处扣 3 分； (3) 编码套管等附件选用不符合要求，每项扣 2 分	10		
3	元件安装	(1) 控制箱内部元件安装不符合要求，每处扣 3 分； (2) 控制箱外部元件安装不牢固，每处扣 3 分； (3) 损坏电气元件，每只扣 5 分； (4) 电动机安装不符合要求，每台扣 5 分； (5) 导线通道安装不符合要求，每处扣 4 分	20		

续表

序号	项目内容	评分标准	配分	扣分	得分
4	布线	（1）不按电路图接线，扣 20 分； （2）控制箱内导线敷设不符合要求，每根扣 3 分； （3）控制箱外导线敷设不符合要求，每根扣 5 分； （4）漏接接地线，扣 10 分	30		
5	通电试车	（1）熔体规格配错，每只扣 3 分； （2）整定值未整定或整定错，每只扣 5 分； （3）通电试车操作过程不熟练，扣 10 分； （4）通电试车不成功，扣 30 分	30		
6	安全文明生产	违反安全文明生产规程，扣 10~70 分			
7	定额时间：15 h	每超时 5 min 以内扣 5 分计算			
8	备注	除定额时间外，各项内容的最高扣分不得超过配分数	合计	100	
9	开始时间	教师签字	实用时间	年 月 日	

任务 6.4　X62W 型卧式万能铣床控制电路的故障排除

任务描述

根据故障现象，能准确、实时地分析出 X62W 型卧式万能铣床的故障范围，并能熟练地运用电阻测量法、电压测量法及短接法查找故障点，正确排除故障，恢复电路正常运行。

任务目标

（1）掌握 X62W 型卧式万能铣床控制电路的工作原理及运动形式。
（2）正确分析 X62W 型卧式万能铣床线路故障，学会查找短路故障点。
（3）掌握桥式整流的工作过程，对直流电路有进一步的认识，并能实践地对复杂机床线路故障能灵活应用各种方法加以排除。
（4）培养学生对复杂问题的分析能力和解决问题的能力。

实施条件

（1）X62W 型卧式万能铣床（实物）或 X62W 型卧式万能铣床控制模拟电路。
（2）工具与仪表。
①工具：常用电工工具。
②仪表：MF30 型万用表、5050 型兆欧表、T301-A 型钳形电流。
（3）器材。X62W 型万能铣床电气元件明细如表 6-25 所示。

表 6-25 X62W 型万能铣床电气元件明细

代号	名称	型号及规格	数量	用途
QS1	开关	HZ10-60/3J, 60 A、380 V	1	电源总开关
QS2	开关	HZ10-10/3J, 10 A、380 V	1	冷却泵开关
SA1	开关	LS2-3A	1	换刀开关
SA2	开关	HZ10-10/3J, 10 A、380 V	1	圆工作台开关
SA3	开关	HZ3-133, 10 A、500 V	1	M1 换向开关
M1	主轴电动机	Y132M-4-B3, 7.5 kW、380 V、1 450 r/min	1	驱动主轴
M2	进给电动机	Y90L-4, 1.5 kW、380 V、1 400 r/min	1	驱动进给
M3	冷却泵电机	JCB-22, 125 W、380 V、2 790 r/min	1	驱动冷却泵
FU1	熔断器	RL1-60, 60 A、熔体 50 A	3	电源短路保护
FU2	熔断器	RL1-15, 15 A、熔体 10 A	3	进给短路保护
FU3、FU6	熔断器	RL1-15, 15 A、熔体 4 A	2	整流、控制电路短路保护
FU4、FU5	熔断器	RL1-15, 15 A、熔体 2 A	2	直流、照明电路短路保护
FR1	热继电器	JR0-40, 整定电流 16 A	1	M1 过载保护
FR2	热继电器	JR0-10, 整定电流 0.43 A	1	M2 过载保护
FR3	热继电器	JR0-10, 整定电流 3.4 A	1	M3 过载保护
T2	变压器	BK-100, 380 V/36 V	1	整流电源
TC	变压器	BK-150, 380 V/110 V	1	控制电路电源
T1	照明变压器	BK-50, 50 VA、380 V/24 V	1	照明电源
VC	整流器	2CZ×4, 5 A、50 V	1	整流用
KM1	接触器	CJ0-20, 20 A、线圈电压 110 V	1	主轴启动
KM2	接触器	CJ0-10, 10 A、线圈电压 110 V	1	快速进给
KM3	接触器	CJ0-10, 10 A、线圈电压 110 V	1	M2 正转
KM4	接触器	CJ0-10, 10 A、线圈电压 110 V	1	M2 反转
SB1、SB2	按钮	LA2, 绿色	1	启动电动机 M1
SB3、SB4	按钮	LA2, 黑色	1	快速进给点动
SB5、SB6	按钮	LA2, 红色	1	停止、制动
YC1	电磁离合器	B1DL-Ⅲ	1	主轴制动
YC2	电磁离合器	B1DL-Ⅱ	1	正常进给
YC3	电磁离合器	B1DL-Ⅱ	1	快速进给
SQ1	位置开关	LX3-11K, 开启式	1	主轴冲动开关
SQ2	位置开关	LX3-11K, 开启式	1	进给冲动开关
SQ3	位置开关	LX3-131, 单轮自动复位	1	M2 正反转及联锁
SQ4	位置开关	LX3-131, 单轮自动复位	1	M2 正反转及联锁
SQ5	位置开关	LX3-11K, 开启式	1	M2 正反转及联锁
SQ6	位置开关	LX3-11K, 开启式	1	M2 正反转及联锁

相关知识

一、X62W 型卧式万能铣床电气控制电路原理分析

铣床可用来加工平面、斜面、沟槽，装上分度头可以铣切直齿齿轮和螺旋面，装上圆工作台还可铣切凸轮和弧形槽，所以铣床在机械行业的机床设备中占有相当大的比例。铣床的种类很多，按照结构形式和加工性能的不同可分为卧式铣床、龙门铣床、立式铣床、仿形铣床和专用铣床等。

万能铣床是一种通用的多用途机床，它可以用圆柱铣刀、角度铣刀、端面铣刀等各种刀具对零件进行平面、斜面及成型表面等的加工，还可以加装圆工作台、万能铣头等附件来扩大加工范围。常用的万能铣床有两种：一种是 X52K 型立式万能铣床，铣头垂直方向放置；另一种是 X62W 型卧式万能铣床，铣头水平方向放置。这两种铣床在结构上大体相似，差别在于铣头的放置方向不同，而工作台的进给方式、主轴变速的工作原理等都一样，电气控制线路经过系列化以后也基本一样。本节以 X62W 型卧式万能铣床为例分析其控制线路。

X62W 万能铣床概述

该铣床型号的含义如下。

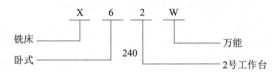

1. 主要结构及运动形式

X62W 型卧式万能铣床外形如图 6-21 所示。它主要由主轴、刀杆、悬梁、工作台、回转盘、横溜板、升降台、床身、底座等部分组成。床身固定在底座上，在床身的顶部有水平导轨，上面的悬梁装有一个或两个刀杆支架。刀杆支架用来支撑铣刀芯轴的一端，另一端则固定在主轴上，由主轴带动铣刀铣削。刀杆支架在悬梁上以及悬梁在床身顶部的水平导轨上都可以做水平移动，以便安装不同的心轴。在床身的前面有垂直导轨，升降台可沿着它上下移动。在升降台上面的水平导轨上，装有可前后移动的溜板。溜板上有可转动的回转盘，工作台就在回转盘的导轨上做左右移动。工作台用 T 形槽来固定工件。这样，安装在工作台上的工件就可以在三个坐标上的 6 个方向调整位置和进给。此外，由于回转盘相对于溜板可绕中心轴线左右转过一个角度，因此，工作台还可以在倾斜方向进给，加工螺旋槽，故称万能铣床。

铣削是一种高效率的加工方式。主轴带动铣刀的旋转运动是主运动；工作台的前后、左右、上下 6 个方向的运动是进给运动；工作台的旋转等其他运动则属于辅助运动。

2. 电力拖动的特点及控制要求

（1）由于主轴电动机的正反转并不频繁，因此采用组合开关来改变电源相序实现主轴电动机的正反转。由于主轴传动系统中装有避免振动的惯性轮，使主轴停车困难，故主轴电动机采用电磁离合器制动来实现准确停车。

（2）由于工作台要求有前后、左右、上下 6 个方向的进给运动和快速移动，所以也要

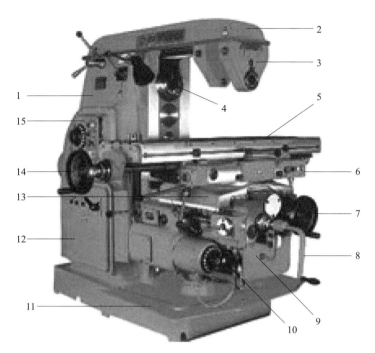

图 6-21 X62W 型万能铣床外形

1—床身；2—悬梁；3—刀杆挂脚；4—主轴；5—工作台；6—前按钮板；
7—横向进给手柄；8—升降进给手柄；9—升降台；10—进给变速手柄；
11—底座；12—左配电柜；13—横溜板；14—纵向进给手柄；15—左按钮板

求进给电动机能正反转，并通过操纵手柄和机械离合器配合实现。进给的快速移动是通过电磁铁和机械挂挡来实现的。为了扩大其加工能力，在工作台上可加装圆形工作台，圆形工作台的回转运动是由进给电动机经传动机构驱动的。

（3）主轴和进给运动均采用变速盘来进行速度选择，为了保证齿轮的良好啮合，两种运动均要求变速后做瞬间点动。

（4）当主轴电动机和冷却泵电动机过载时，进给运动必须立即停止，以免损坏刀具和铣床。

（5）根据加工工艺的要求，该铣床应具有以下电气联锁措施。

①由于 6 个方向的进给运动同时只能有一种运动产生，因此采用了机械手柄和位置开关相配合的方式来实现 6 个方向的联锁。

②为了防止刀具和铣床的损坏，要求只有主轴旋转后才允许有进给运动。

③为了提高劳动生产率，在不进行铣削加工时，可使工作台快速移动。

④为了减少加工工件的表面粗糙度，要求只有进给停止后主轴才能停止或同时停止。

（6）要求有冷却系统、照明设备及各种保护措施。

3. 电气控制线路分析

图 6-22 所示为 X62W 型卧式万能铣床的电气原理。该线路主要由主电路、控制电路和照明电路三部分组成。

项目 6 生产设备常见故障诊断与维修

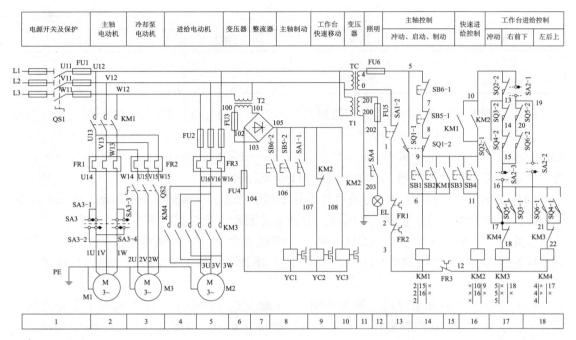

图 6-22 X62W 型卧式万能铣床的电气原理

1) 主电路分析

主电路中共有三台电动机：M1 是主轴电动机，拖动主轴带动铣刀进行铣削加工，SA3 是 M1 正反转的换向开关；M2 是进给电动机，拖动工作台进行前后、左右、上下 6 个方向的进给运动和快速移动，其正反转由接触器 KM3、KM4 实现；M3 是冷却泵电动机，供应冷却液，与主轴电动机 M1 之间实现顺序控制，即 M1 启动后，M3 才能启动。熔断器 FU1 作为三台电动机的短路保护，三台电动机的过载保护由热继电器 FR1、FR2、FR3 实现。

2) 控制电路分析

（1）主轴电动机 M1 的控制。为了方便操作，主轴电动机 M1 采用两地控制方式，两组启动按钮 SB1、SB2 并接在一起，两组停止按钮 SB5、SB6 串接在一起，分别安装在床身和工作台上。YC1 是主轴制动用的电磁离合器，KM1 是主轴电动机 M1 的启动接触器，SQ1 是主轴变速时瞬时点动的位置开关。主轴电动机是经过弹性联轴器和变速机构的齿轮传动链来实现传动的，可使主轴具有 18 级不同的转速（30~1 500 r/min）。

X62W 万能铣床主电路分析

（2）主轴电动机 M1 的启动。启动前，首先选好主轴的转速，然后合上电源开关 QS1，再将主轴转换开关 SA3（2 区）扳到所需要的转向。SA3 的位置及动作说明见表 6-26。按下启动按钮 SB1（或 SB2），接触器 KM1 线圈获电动作，其主触头和自锁触头闭合，主轴电动机 M1 启动运转，KM1 常开辅助触头（9-10）闭合，为工作台进给电路提供电源。

表 6-26 主轴电动机换向转换开关 SA3 的位置及动作说明

位置	正转	停止	反转
SA(3-1)	−	−	+
SA(3-2)	+	−	−

193

续表

位置	正转	停止	反转
SA(3-3)	+	−	−
SA(3-4)	−	−	+

(3) 主轴电动机 M1 的制动。当铣削完毕,需要主轴电动机 M1 停止时,按下停止按钮 SB5(或 SB6),SB(5-1)或 SB(6-1)常闭触头(13 区)分断,接触器 KM1 线圈失电,KM1 触头复位,主轴电动机 M1 断电惯性运转,SB(5-2)或 SB(6-2)常开触头(8 区)闭合,使电磁离合器 YC1 获电,主轴电动机 M1 制动停转。

(4) 主轴换铣刀控制。M1 停转后并不处于制动状态,主轴仍可自由转动。主轴在更换铣刀时,为避免其转动,造成更换困难,应将主轴制动。方法是将转换开关 SA1 扳到换刀位置,此时常开触头 SA(1-1)(8 区)闭合,电磁离合器 YC1 线圈得电,使主轴处于制动状态以便换刀;同时常闭触头 SA(1-2)(13 区)断开,切断了整个控制电路,保证了人身安全。

(5) 主轴变速时冲动控制(瞬时点动)。主轴变速是由一个变速手柄和一个变速盘来实现的。主轴变速冲动控制是利用变速手柄与冲动位置开关 SQ1 通过机械上的联动机构来实现的,如图 6-23 所示。变速时,先将变速手柄 3 压下,使手柄的榫块从定位槽中脱出,然后向外拉动手柄使榫块落入第二道槽内,使齿轮组脱离啮合。转动变速盘 4 选定所需要的转速后,然后将变速手柄 3 推回原位,使榫块重新落进槽内,使齿轮组重新啮合(这时已改变了传动比)。变速时为了使齿轮容易啮合,扳动手柄复位时电动机 M1 会产生一冲动。当手柄 3 推进时,凸轮 1 将弹簧杆 2 推动一下又返回,则弹簧杆 2 又推动一下位置开关 SQ1(13 区),使 SQ1 的常闭触头 SQ(1-2)先分断,常开触头 SQ(1-1)后闭合,接触器 KM1 线圈瞬时得电动作,主轴电动机 M1 也瞬时启动;但紧接着凸轮 1 放开弹簧杆 2,位置开关 SQ1(13 区)复位,接触器 KM1 断电释放,电动机 M1 断电。由于未采取制动而使电动机 M1 惯性运转,使齿轮系统抖动,将变速手柄 3 先快后慢地推进去,故电动机 M1 产生一个冲动力,使齿轮系统抖动,齿轮便顺利地啮合。当瞬时点动过程中齿轮系统没有实现良好啮合时,可以重复上述过程直到啮合为止。变速前应先停车。

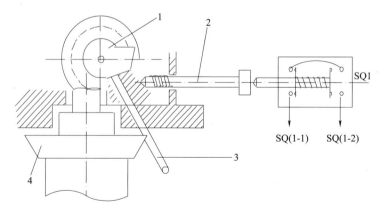

图 6-23 主轴变速冲动控制示意图
1—凸轮;2—弹簧杆;3—变速手柄;4—变速盘

3) 进给电动机 M2 的控制

工作台的进给运动在主轴启动后方可进行。它是通过两个操作手柄和机械联动机构控制相应的位置开关使进给电动机 M2 正转或反转来实现的,工作台的进给可在三个坐标的 6 个方向运动,即工作台在回转盘上的左右运动,工作台与回转盘在溜板上和溜板一起前后运动,升降台在床身的垂直导轨上做上下运动。这 6 个方向的运动是联锁的,不能同时接通。

(1) 工作台的左右进给运动。工作台的左右进给运动是由工作台左右进给操作手柄与位置开关 SQ5 和 SQ6 联动来实现的,其控制关系见表 6-27,共有左、中、右三个位置。当手柄扳向中间位置时,位置开关 SQ5 和 SQ6 均未被压合,进给控制电路处于断开状态;当手柄扳向左或右位置时,手柄压下位置开关 SQ5(或 SQ6),使常闭触头 SQ(5-2)或 SQ(6-2)(17 区)被分断,常开触头 SQ(5-1)(17 区)或 SQ(6-1)(18 区)闭合,使接触器 KM3 或 KM4 得电动作,电动机 M2 正转或反转。在 SQ5 或 SQ6 被压合的同时,机械机构已将电动机 M2 的传动链与工作台下面的左右进给丝杠相搭合,电动机 M2 的正转或反转就拖动工作台向左或向右运动。当工作台向左或向右进给到极限位置时,由于工作台两端各装有一块限位挡铁,所以挡铁碰撞手柄连杆使手柄自动复位到中间位置,位置开关 SQ5 或 SQ6 复位,电动机的传动链与左右丝杠脱离,电动机 M2 停转,工作台停止进给,从而实现左右进给的终端保护。

表 6-27 工作台左右进给手柄功能

手柄位置	位置开关动作	接触器动作	电动机 M2 转向	工作台运动方向
左	SQ5	KM3	正转	向左
右	SQ6	KM4	反转	向右
中	—	—	停止	停止

(2) 工作台的上下和前后进给运动。工作台的上下和前后进给是由同一手柄控制的。该手柄与位置开关 SQ3 和 SQ4 联动,有上、下、前、后、中 5 个位置,其控制关系如表 6-28 所示。当手柄扳到中间位置时,位置开关 SQ3 和 SQ4 均未被压合,工作台无任何进给运动;当手柄扳至下或前位置时,手柄压下位置开关 SQ3,使其常闭触头 SQ(3-2)(17 区)分断,常开触头 SQ(3-1)(17 区)闭合,接触器 KM3 得电动作,电动机 M2 正转,带动工作台向下或向前运动;当手柄扳向上或后位置时,手柄压下位置开关 SQ4,使其常闭触头 SQ(4-2)(17 区)分断,常开触头 SQ(4-1)(18 区)闭合,接触器 KM4 得电动作,电动机 M2 反转;带动工作台向上或向后运动。在这里进给电动机 M2 虽只有正反两个转向,却能使工作台有 4 个方向的进给。这是因为当手柄扳向不同位置时,通过机械机构将电动机 M2 的传动链与不同的进给丝杠相搭合的缘故。当手柄扳向下或上时,手柄在压下位置开关 SQ3 或 SQ4 的同时,通过机械机构将电动机 M2 的传动链与升降台上下进给丝杠搭合,当 M2 得电正转或反转时,就带着升降台向下或向上运动;当手柄扳向前或后时,手柄在压下位置开关 SQ3 或 SQ4 的同时,又通过机械机构将电动机 M2 的传动链与溜板下面的前后进给丝杠搭合,当 M2 得电正转或反转时,就又带着溜板向前或向后运动。工作台的上、下、前、后 4 个方向的任一个方向进给到极限位置时,挡铁都会碰撞手柄连杆,使手柄自动复位到中间位置,位置开关 SQ3 和 SQ4 复位,上下丝杠或前后丝杠与电动机传动

链脱离，电动机和工作台就停止了运动。

表 6-28　工作台上、下、前、后、进给手柄功能

手柄位置	位置开关动作	接触器动作	电动机 M2 转向	工作台运动方向
上	SQ4	KM4	反转	向上
下	SQ3	KM3	正转	向下
前	SQ3	KM3	正转	向前
后	SQ4	KM4	反转	向后
中	—	—	停止	停止

（3）联锁控制。两个操作手柄被置于某一方向后，只能压下 4 个位置开关 SQ3、SQ4、SQ5、SQ6 中的一个开关，接通电动机 M2 正转或反转电路，同时通过机械机构将电动机的传动链与三根丝杠（左右丝杠、上下丝杠、前后丝杠）中的一根（只能是一根）丝杠相搭合，拖动工作台沿选定进给方向运动，而不会沿其他方向运动。对上、下、前、后、左、右 6 个方向的进给只能选择其一，绝不可能出现两个方向的可能性。需要强调的是，在两个手柄中，当一个操作手柄被置于某一进给方向时，另一个操作手柄必须置于中间位置，否则将无法实现任何进给运动，实现了联锁保护。当把左右进给手柄扳向右时，又将另一个进给手柄扳到向上进给时，则位置开关 SQ6 和 SQ4 均被压下，使 SQ(6-2) 和 SQ(4-2) 均分断，接触器 KM3 和 KM4 的通路均断开，电动机 M2 只能停转，保证了操作安全。

（4）进给变速冲动（瞬时点动）。与主轴变速时一样，为使齿轮进入良好的啮合状态，也要进行变速后的瞬时点动。进给变速时，必须先把进给操作手柄放在中间位置，然后将进给变速盘向外拉出，使进给齿轮松开，转动变速盘选好进给速度，再将变速盘向里推回原位，齿轮便重新啮合。在推进过程中，挡块压下位置开关 SQ2（17 区），使触头 SQ(2-2) 分断，SQ(2-1) 闭合，接触器 KM3 经 10-19-20-15-14-13-17-18 路径获电动作，电动机 M2 启动；但随着变速盘的复位，位置开关 SQ2 也复位，使 KM3 断电释放，电动机 M2 失电停转，使电动机 M2 瞬时点动一下，齿轮系统产生一次抖动，齿轮便顺利啮合。

（5）工作台的快速移动控制。在不进行铣削加工时，为了提高劳动生产率，减少生产辅助工时，可使工作台快速移动，6 个进给方向的快速移动是通过两个进给操作手柄和快速移动按钮配合实现的。当进入铣削加工时，则要求工作台以原进给速度移动。

工件安装好后，扳动进给操作手柄选定进给方向，按下快速移动按钮 SB3 或 SB4（两地控制），接触器 KM2 得电，KM2 常开触头（9 区）分断，电磁离合 YC2 失电，将齿轮传动链与进给丝杠分离；KM2 两对常开触头闭合，一对使电磁离合 YC3 得电，电动机 M2 与进给丝杠直接搭合，另一对使接触器 KM3 或 KM4 得电动作，电动机 M2 得电正转或反转，带动工作台沿选定的方向快速移动。因工作台的快速移动采用的是点动控制，故松开 SB3 或 SB4，快速移动停止。

（6）圆形工作台的控制。为了扩大铣床的加工范围，可在工作台上安装附件圆形工作台，进行对圆弧或凸轮的铣削加工。转换开关 SA2 是用来控制圆形工作台的。当需要圆形工作台工作时，将 SA2 扳到接通位置，此时触头 SA(2-1) 和 SA(2-3)（17 区）断开，触头 SA(2-2)（18 区）闭合，电流经 10-13-14-15-20-19-17-18 路径，使接触器 KM3 得电，电动机 M2 启动，通过一根专用轴带动圆形工作台做旋转运动。当不需要圆形工作台

时，则将转换开关 SA2 扳到断开位置，此时触头 SA(2-1) 和 SA(2-3) 闭合，触头 SA(2-2) 断开，工作台 6 个方向的进给方可运动。圆形工作台工作时，所有的进给系统均停止工作，因为圆形工作台的旋转运动和 6 个方向的进给运动是联锁控制的。

4) 冷却泵和照明电路的控制

冷却泵电动机 M3 在主电路上实现了与主轴电动机的顺序控制，即主轴电动机 M1 启动后冷却泵电动机 M3 方可启动，组合开关 QS2 控制。

铣床照明由变压器 T1 供给 24 V 安全电压，由转换开关 SA4 控制。熔断器 FU5 作照明电路的短路保护。

X62W 型万能铣床电器位置图和电箱内电器布置图分别如图 6-24 和图 6-25 所示。

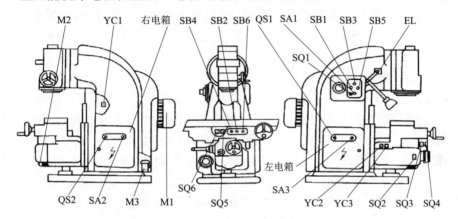

图 6-24　X62W 型万能铣床电器位置图

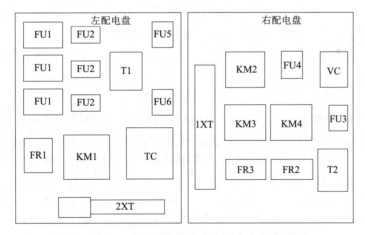

图 6-25　X62W 型万能铣床电箱内电器布置图

二、X62W 型卧式万能铣床电气控制电路故障分析

1. 全无故障

全无故障的分析方法与前面介绍机床全无故障分析方法类似，故障范围是为变压器 TC、T1 供电的电源电路，采用电压法测量，很快便可找到故障。

2. 主轴电动机 M1 不能启动

主轴电动机 M1 不能启动故障要与主轴电动机 M1 变速冲动故障合并检查，因此，试车时，既要试电动机 M1 的启动，也要试其变速冲动。若主轴电动机 M1 既没启动，也无冲动（接触器 KM1 线圈不得电），则故障在其控制电路的公共线路上，即 5-FU6-4-TC-SA（1-2）-1-FR1-2-FR2-3-KM1 线圈-6。若变速冲动时接触器 KM1 线圈得电，启动时接触器 KM1 线圈不得电，则故障在 5-SB（6-1）-7-SB（5-1）-8-SQ（1-2）-9-SB1（或 SB2）-6。测量故障前要先查看上刀制动开关 SA1 是否处于断开位置，变速冲动开关是否复位。检测方法可参照 CA6140 型车床主轴电动机控制电路检测方法。

若接触器 KM1 线圈得电，电动机 M1 仍不启动且有嗡嗡声，应立即停止试车，判断故障为主电路缺相，具体检测方法可参照 CA6140 型车床主轴电动机主电路检测方法。若电动机 M1 正反转有一个方向缺相而另一方向正常，故障是由正反转换向转换开关 SA3 触头接触不良造成的。

3. 工作台各个方向都不能进给

工作台的进给运动是通过进给电动机 M2 的正反转配合机械传动来实现的，若各个方向都不能进给，且试车时接触器 KM3、KM4 线圈都不得电，则故障在进给电动机控制电路公共部分，第一段 9-KM1 常开-10，第二段转换开关 SA（2-3），第三段 12-FR3-3，第一段故障范围可通过快速进给确认，如快速进给时，接触器 KM3、KM4 线圈得电，则故障范围必在接触器 KM1 常开触头或与 9 号、10 号的连线上，第二段很少出现断路故障，通常是因转换开关 SA2 操作位置错转到"接通"位置造成的。第三段通常是热继电器 FR3 脱扣，查明原因，复位即可。上述故障点还可用测量法确认。

若接触器 KM3、KM4 线圈可得电，则故障必在电动机 M2 主电路，范围是在正反转公共电路上。

4. 工作台能上、下、前、后进给，不能左、右进给

工作台左右电路是先启动主轴电动机，电流经 9-10-13-14-15-16-17-18-12-3 接触器 KM3 线圈得电，电动机 M2 正转—工作台向左；电流经 9-10-13-14-15-16-21-22-12-3 接触器 KM4 线圈得电，电动机 M2 反转—工作台向右。

因上、下、前、后可进给，首先排除进给电动机 M2 主电路，再排除 9-10 段，15-16 段，17-18-12-3 段，21-22-12-3 段。位置开关 SQ5 和位置开关 SQ6 不可能同时损坏（除非压合 SQ5、SQ6 的纵向手柄机械故障），故还要排除 16-17 段，16-21 段。最终确定故障范围是 10-13-14-15 段。该段线路正是上、下、前、后，及变速冲动，与左、右进给的联锁线路。如试车时进给变速冲动也正常，则排除 13-14-15 段，故障必在位置开关 10-SQ（2-2）-13 上。反之故障在 13-14-15 段，采用电阻法测量该线路时，为避免二次回路造成判断失误，可操作位置开关 SQ5、SQ6 或圆形工作台转换开关将寄生回路切断，再进行测量。该故障多因位置开关 SQ2、SQ3、SQ4 接触不良或没复位造成。

5. 工作台能左、右进给，不能上、下、前、后进给

参照故障 4 的分析方法，工作台不能上、下、前、后进给的故障范围是 10-19-20-15。检测方法同故障 4。

6. 工作台能上、下、前、后进给，能向左进给，不能向右进给

采用故障 4 所使用的方法分析，判定该故障的故障范围是位置开关 SQ（6-1）的常开触

头及连线上，反之，如只有向左不能进给故障，故障范围是位置开关 SQ(5-1) 的常开触头及其连线。

由此可分析判断，只有向下、前（下、前方用不同的丝杠拖动，但电气线路是一个）不能进给时，故障范围是位置开关 SQ(3-1) 的常开触头及连线。

只有上、后不能进给时，故障范围是位置开关 SQ(4-1) 的常开触头及连线。造成上述故障的原因多是位置开关经常被压合，使螺钉松动、开关移位、触头接触不良、开关机构卡住等。

7. 工作台能下、前、左进给，不能上、后、右进给

工作台上、后、右由电动机 M2 反转拖动，电动机 M2 反转由接触器 KM4 控制，经逻辑分析可知，若接触器 KM4 线圈不得电，故障范围是 21-KM3-22-KM4 线圈-12。若接触器 KM4 线圈得电，则故障必在接触器 KM4 的主触头及连线上。

如故障现象正相反，则故障范围是 17-KM4-18-KM3 线圈-12，或接触器 KM3 的主触头及其连线。

8. 工作台不能快速移动，主轴制动失灵

这种故障是因电磁离合器电源电路故障所致。故障范围是变压器 TC-FU3、VC、熔断器 FU4 以及连接线路。首先检查变压器 TC 输出交流电压是否正常，再检查整流器 VC 输出直流电压是否正常。如不正常，采用相应的测量方法找到故障点，加以排除。

检修时还应注意，若整流器 VC 中一只二极管损坏断路，将导致输出电压偏低，吸力不够。这种故障与离合器的摩擦片因磨损导致摩擦力不足现象较相似。检修时要仔细检测辨认，以免误判。

9. 变速时不能冲动

如电动机能正常启动，变速时不能冲动是由于冲动位置开关 SQ1（主轴）、位置开关 SQ2（进给）经常受频繁冲击，致使开关位置移动、线路断开或接触不良。检修时，如位置开关没有撞坏，可调整好开关与挡铁的距离，重新固定，即可恢复冲动控制。

三、对地短路故障测量法

对地短路故障发生后，短路处往往有明显烧伤、发黑痕迹，仔细观察就可发现，如不能发现可采用逐步接入法查找。

测量电路如图 6-26 所示，接通电源，L1 相的熔断器熔断，逻辑分析故障现象是 L1 相对地短路。

检查方法：在此线路中串入一只 380 V 或两只 220 V 的白炽灯，如图 6-26（a）所示，通过观看灯泡的亮与灭来确定故障点。针对具体线路如图 6-26（b）的对地短路故障加以分析。先切断每一条支路，然后逐一与 L1 相线连接，通电观看灯泡是否亮，如图 6-26（c）所示，若亮，说明此支路有对地短路故障。再在此支路中查找短路故障点，具体查找方法如图 6-26（d）所示。测量结果及判断方法如表 6-29 所示。注意，更换的熔断器规格要尽量小，满足查找要求即可。

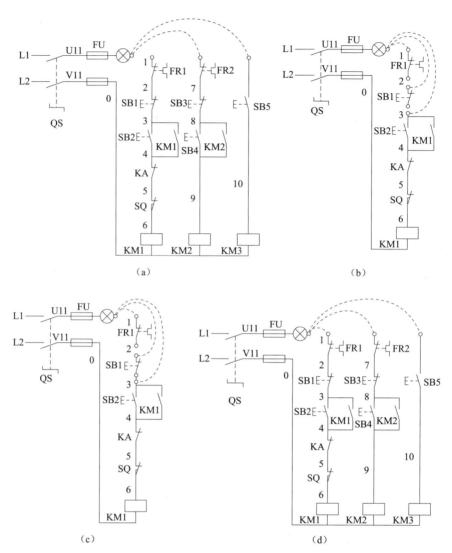

图 6-26 测量电路

表 6-29 串灯泡对地短路检测法

故障现象	测试方法	断开状态	接入状态	灯亮情况	故障范围
接通电源，L1 相熔断器熔断	接通电源，串入 380 V 或两只 220 V 灯泡	1-3 号点	FU-1 号间	灯亮	FU-1 号间
		1-3 号点	FU-1 号间	灯不亮	1-3 号点
		2-3 号点	FU-2 号间	灯亮	FU-2 号间
		2-3 号点	FU-2 号间	灯不亮	2-3 号点

注意事项：

（1）串灯泡对地短路检测法属带电操作，操作中要严格遵守带电作业的安全规定，确保人身安全。测量检查前将万用表的转换开关置于相应的电压种类（直流、交流），合适的量程（依据线路的电压等级）。

（2）通电测量前，先查找清楚被测各点所处位置，为通电测量做好准备。
（3）发现故障点后，先切断电源，再排除故障。

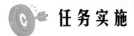
任务实施

一、设备及工具

（1）X62W 型卧式万能铣床（实物）或 X62W 型卧式万能铣床控制模拟电路。
（2）具有漏电保护功能的三相四线制电源、常用电工工具、万用表、绝缘胶带。

二、实训步骤

（1）在教师或操作师傅的指导下，熟悉铣床的主要结构和运动形式，对铣床进行实际操作，了解铣床的各种工作状态及操作手柄的作用。

（2）参照铣床电路图、电气元件的安装位置、走线情况，在教师或操作师傅的指导下对铣床进行操作，观察操作手柄处于不同位置时，位置开关的工作状态及运动部件的工作情况。

合上电源 QS1 时，操作启动按钮 SB1 或 SB2，让学生观察主轴启动时，各继电器、线路及电动机的运行情况；操作停止按钮 SB5 或 SB6，让学生观察主轴停车时，各继电器、电磁离合器、线路及电动机的运行情况；扳动手柄压合行程开关 SQ1，观察主轴冲动时，各继电器、线路及电动机的运行情况；转换开关 SA1，观察主轴换刀时电动机及电磁离合器的运行状态。扳动手柄分别压合 SQ3、SQ4、SQ5、SQ6，观察工作台向上、下、左、右、前、后进给时，各继电器、电磁离合器、线路及电动机的运行情况。转换开关 SA2，观察圆形工作台运行时，各继电器、线路及电动机的运行情况。扳动手柄压合行程开关 SQ2 时，观察进给冲动时，各继电器、线路及电动机的运行情况；操作点动按钮 SB3 或 SB4 时，观察快速进给时各继电器、线路及电动机的运行情况。

（3）由教师在 X62W 型卧式万能铣床电路上设置 1~2 处典型的自然故障点，学生通过询问或通电试车的方法观察故障点。根据故障现象，先在电路图上正确标出故障电路的最小范围。然后采用正确的检查排除故障方法，在规定时间内查出并排除故障。

（4）学生练习排除故障点。
①教师示范检修，指导学生如何从故障现象着手进行分析，逐步引导学生采用正确的检修步骤和检修方法。
②可由小组内学生共同分析并排除故障。
③可由具备一定能力的学生独立排除故障。
排除故障步骤如下。
①询问操作者故障现象。
②通电试车观察故障现象。
③根据故障现象，依据电路图用逻辑分析法确定故障范围。
④采用电压分阶测量法和电阻测量法相结合的方法查找故障点。
⑤用正确的方法排除故障。

⑥通电试车,复核设备正常工作。

(5)学生之间相互设置故障,练习排除故障。采用竞赛的方式,比一比谁观察故障现象更仔细、分析故障范围更准确、测量故障更迅速、排除故障方法更得当。

注意事项:

(1)检修前要认真阅读电路图,熟练掌握各个控制环节的原理及作用,并认真仔细观察教师的示范检修。

(2)由于该类铣床的电气控制与机械结构配合十分紧密,因此在出现故障时应首先判断是机械故障还是电气故障。

(3)人为设置的故障要符合自然故障,切忌设置更改线路的人为非自然故障。

(4)设置一处以上故障点时,故障现象尽可能不要相互掩盖,在同一线路上不设置重复故障(不符合自然故障逻辑)。

(5)应尽量设置不容易造成人身和设备事故的故障点。

(6)学生检修时,教师要密切注意学生的检修动态,随时做好采取应急措施的准备。

(7)检修时,严禁扩大故障或产生新的故障。

(8)检修所用工具、仪表应符合使用要求。

(9)排除故障时,必须修复故障点,但不得采用元件代换法。

(10)带电检修时,必须有指导教师监护,观看的学生要保持安全距离。

任务评价

评分标准见表 6-30。

表 6-30 评分标准

序号	项目内容	评分标准	配分	扣分	得分
1	故障分析	(1)排故障前不进行调查研究,试车不彻底扣 5 分; (2)标不出故障范围或标错故障范围,每个故障点扣 15 分; (3)不能标出最小故障范围,每个故障点扣 10 分	30		
2	排除故障	(1)停电不验电,扣 5 分; (2)仪器仪表使用不正确,每次扣 5 分; (3)排除故障的方法不正确,扣 10 分; (4)损坏电气元件,每个扣 40 分; (5)不能排除故障点,每个扣 35 分; (6)扩大故障范围,每个扣 40 分	70		
3	安全文明生产	违反安全文明生产规程,扣 10~70 分			
4	定额时间:1 h	不许超时检查,修复故障过程中允许超时,但每超时 5 min 扣 5 分			
5	备注	除定额时间外,各项内容的最高扣分不得超过配分数	合计	100	
6	开始时间	教师签字	实用时间	年 月 日	

项目 7

PLC 控制技术技能训练

任务 7.1 PLC 的基本认知

任务描述

可编程控制器又称可编程逻辑控制器（Programmable Logic Controller），简称 PLC，是以计算机技术为基础的新型工业控制装置，它采用可以编制程序的存储器，用来在其内部存储执行逻辑运算、顺序运算、计时、计数和算术运算等操作的指令，并能通过数字式或模拟式的输入和输出，控制各种类型的机械或生产过程。西门子 S7-200 系列 PLC 外观如图 7-1 所示。

图 7-1　S7-200 系列 PLC 外观

本章介绍了 PLC 的产生、定义、特点、应用领域、发展趋势，并以电动机启保停控制系统为例，详细介绍了 PLC 控制系统的设计过程。

任务目标

（1）了解西门子 S7-200 系列 PLC 的产生与发展，理解 PLC 的性能规格、结构类型及控制功能，掌握 PLC 的组成及基本工作原理。

（2）了解 PLC 的外部结构，CPU 的性能及输入/输出性能，了解 STEP7-Micro/WIN 软件界面及使用方法。理解 PLC 内部存储器种类、作用及指令系统类型，掌握 S7-200 系列 PLC 的输入/输出接线及指令寻址方式。

实施条件

（1）工作场地：生产车间或实训基地。
（2）安全工装：工作服、安全帽、防护眼镜等防护用品。
（3）实训器具：S7-200 PLC。

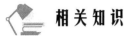

一、相关知识

1. PLC 的产生与发展

1）PLC 的产生

PLC 的定义与产生

在 PLC 诞生之前，继电器控制系统由于结构简单、使用方便、价格低廉，在一定范围内能满足控制要求，因此在工业控制领域中得到广泛应用，起着不可替代的作用。但是这种继电接触器控制系统有明显的缺点，即体积大、耗电多、可靠性差、寿命短、运行速度慢、适应性差，它的控制功能也局限于逻辑控制、定时、计数等一些简单的控制，一旦动作顺序或生产工艺发生变化，就必须重新进行设计、布线、装配和调试，造成时间和资金的严重浪费，不利于产品的更新换代。

20 世纪 60 年代，由于小型计算机的出现和大规模生产以及多机群控技术的发展，人们曾想过用小型计算机实现工业控制的要求，但由于价格高、输入/输出电路不匹配，以及编程技术复杂等因素导致小型计算机在工业上未能得到推广。

20 世纪 60 年代末期，美国的汽车制造工业竞争十分激烈。1968 年，美国通用汽车公司（GM）为了适应汽车型号的不断更新，生产工艺不断变化的需要，实现小批量、多品种生产，希望能有一种新型工业控制器，它能做到尽可能减少重新设计和更换电气控制系统及接线，以降低成本、缩短周期。通用汽车公司向全球招标，开发研制新型的工业控制装置取代继电器控制装置，制定了 10 项招标技术要求，其主要内容如下。

（1）编程简单方便，可在现场修改程序。
（2）硬件维护方便，采用插件式结构。
（3）可靠性要高于继电器控制装置。
（4）体积小于继电器控制装置，能耗较低。
（5）可将数据直接上传到管理计算机，便于监视系统运行状态。
（6）在成本上可与继电器控制装置竞争。
（7）输入开关量可以是交流 115 V 电压信号。
（8）输出的驱动信号为交流 115 V、2 A 以上容量，能直接驱动电磁阀线圈。
（9）具有灵活的扩展能力，扩展时只需在原有系统上做很小的改动。
（10）用户程序存储器容量至少可以扩展到 4 000 B。

1969 年美国数字设备公司（DEC）根据美国通用汽车公司的这些要求，成功研制出了世界上第一台可编程控制器——PDP-14，此控制器在通用汽车公司的自动装配线上试用，取得了很好的效果。这种新型的工控装置，以其体积小、可变性好、可靠性高、使用寿命长、简单易懂、操作维护方便等一系列优点，很快就在美国的许多行业中得到推广应用，也受到世界上许多国家的高度重视。

1971年，日本从美国引进了这项技术，并很快研制出日本第一台可编程控制器——DSC-8。1973年，欧洲也研制出可编程控制器并开始在工业领域应用。我国从1974年开始研制，并于1977年将其应用于工业。在这一时期，PLC虽然采用了计算机的设计思想，但实际上PLC只能完成顺序控制，仅有逻辑运算等简单功能，所以人们将它称为可编程逻辑控制器，简称为PLC。

进入20世纪80年代后，随着大规模和超大规模集成电路技术的迅猛发展，16位和32位微处理器构成的可编程控制器迅速发展，并且在概念、设计、性能价格比等方面有了重大突破。可编程控制器具有高速计数、中断技术、PID控制等功能的同时，联网通信能力逐步加强，促使可编程控制器的应用范围和领域不断扩大。

为使这一新型工业控制装置的生产和发展规模化，国际电工委员会（IEC）对可编程控制器做了如下定义："可编程控制器是一种数字运算操作的电子系统，专为在工业环境下应用而设计。它采用了可编程的存储器，用来在其内部存储和执行逻辑运算、顺序控制、定时、计数和算术运算等操作指令，并通过数字式和模拟式的输入和输出，控制各种类型的机械或生产过程。可编程控制器及其有关的外围设备，都应按易于与工业系统形成一个整体、易于扩充其功能的原则设计。"该定义强调了PLC应直接应用于工业环境，必须具有很强的抗干扰能力、广泛的适应能力和广阔的应用范围，这是区别于一般微机控制器的重要特征。同时，也强调了PLC用软件方式实现的"可编程"与传统控制装置中通过硬件或硬接线的变更来改变程序的本质区别。

近年来，可编程控制器迅速发展，几乎每年都推出不少新系列产品，其功能已远远超出上述定义的范围。

2）PLC的发展状况与趋势

（1）PLC的发展状况。

限于当时的元器件条件及计算机发展水平，早期的PLC主要由分立元件和中小规模集成电路组成，可以完成简单的逻辑控制、定时及计数功能。微处理器出现后，人们很快将其引入PLC领域，使PLC增加了运算、数据传送及处理等功能，完成了真正具有计算机特征的工业控制功能。

纵观PLC控制功能的发展，其历程大致经历了以下4个阶段。

第一阶段：从第一台PLC诞生到20世纪70年代中期，是PLC的崛起阶段。PLC首先在汽车工业获得大量应用，继而在其他产业部门也开始应用。由于大规模集成电路的出现，采用8位微处理器芯片作为CPU，推动PLC技术飞跃发展。这一阶段的产品主要用于逻辑运算和定时、计数运算，控制功能比较简单。

第二阶段：从20世纪70年代中期到70年代末期，是PLC的成熟阶段。由于超大规模集成电路的出现，16位微处理器和51单片机相继问世，促使PLC向大规模、高速度、高性能方向发展。这一阶段产品的功能扩展到数据传送、比较和运算、模拟量运算等。

第三阶段：从20世纪70年代末期到80年代中期，是PLC的通信阶段。由于计算机通信技术的发展，PLC的性能也在通信方面有了较大提高，初步形成了分布式通信网络体系。

但是，由于制造商各自为政，通信系统自成体系，造成了不同厂家产品的互联较为困难。在本阶段，由于社会生产对 PLC 的需求大幅增加，PLC 的数学运算功能较大地扩充，可靠性也进一步提高。

第四阶段：从 20 世纪 80 年代中期至今，是 PLC 由单机控制向系统化控制的加速发展阶段。尤其进入 21 世纪，由于控制对象的日益多样性和复杂性，采用单个 PLC 已不能满足控制要求，因此出现了配备 A/D 单元、D/A 单元、高速计数单元、温控单元、位控单元、通信单元、主机链接单元等不同功能的特殊模块构成的功能强大的 PLC 系统，而且不同系统间可以实现网际互联，还可以与上位管理机进行数据交换。

正是由于 PLC 具有多种功能，并集三电（电控装置、电仪装置、电气传动控制装置）于一体，使 PLC 在工厂中备受欢迎，用量高居首位，成为现代工业自动化的三大支柱（PLC、机器人、CADA/AM）之一。

（2）PLC 的发展趋势。

PLC 的发展趋势

①更快的处理速度，多 CPU（中央处理单元）结构和容错系统。大型和超大型 PLC 正在向大容量和高速化方向发展，趋向采用计算能力更大、时钟频率更高的 CPU 芯片。采用多 CPU 能提高机器的可靠性，增强系统在技术上的生命力，提高处理能力和响应速度，以及模块化程度。多 CPU 技术的一个重要应用是容错系统，近年来有些公司研制了三重全冗余 PLC 系统或双机热备用系统。采用热备用系统是否经济，取决于实际的需求和价格。而大多数用户只需要及时诊断，及时更换故障器件。为了及时诊断故障，有的公司研制了智能、可编程 I/O 系统，供用户了解 I/O 组件状态和监测系统的故障，也有的公司研制了故障检测程序，还发展了公共回路远距离诊断和网络诊断技术等。

②PLC 具有计算机功能，编程语言与工具日趋标准化和高级化。国际电工委员会在规定 PLC 的编程语言时，认为主要的程序组织语言是顺序功能表。功能表的每个动作和转换条件可以运用梯形图编程，这种方法使用方便，容易掌握，深受电工和电气技术人员的欢迎，也是 PLC 能迅速推广的重要因素。然而它在处理较复杂的运算、通信和打印报表等功能时效率低、灵活性差，尤其用于通信时显得笨拙，所以在原梯形图编程语言的基础上加入了高级语言，如 BASIC、PASCAL、C、FORTRAN 等。

③强化 PLC 的联网通信能力。近年来，加强 PLC 的联网能力成为 PLC 的发展趋势。PLC 的联网可分为两类：一类是 PLC 之间的联网通信，各制造厂家都有自己的数据通道；另一类是 PLC 与计算机之间的联网通信，一般由各制造厂家制造专门的接口组件。MAP 是制造自动化的通信协议（Manufacturing Automation Protocol），它是一种 7 层模拟式、宽频带、以令牌总线为基础的通信标准。现在越来越多的公司宣布要与 MAP 兼容。PLC 与计算机之间的联网能进一步实现全工厂的自动化，实现计算机辅助制造（CAM）和计算机辅助设计（CAD）。

④记忆容量增大，采用专用的集成电路，适用性增强。记忆容量过去最大为 64 KB，现在已增加到 500 KB 以上。记忆的芯片过去主要是 RAM（随机存储器）、EPROM（只读存储器），现在有 EEPROM（带电可擦可编程只读存储器）、UVEPROM（可擦除编程 ROM）、NVRAM（非易失性随机访问存储器）等，对 ROM 片可以涂改，对 RAM 片可以在断电时维持住记忆的信息。

⑤向小型化、高性能的整体型发展。在提高系统可靠性的基础上，产品的体积越来越小，功能越来越强。PLC 的制造厂商开发了多种类型的高性能模块产品，当输入/输出点数增加时，可根据过程控制的需求，采用灵活的组合方式进行配套，完成所需的控制功能。

⑥向模块化、智能化方向发展。为满足工业自动化各种控制系统的需要，近年来 PLC 厂家先后开发了不少新器件和模块，如智能 I/O 模块、温度控制模块和专门用于检测 PLC 外部故障的专用智能模块等，这些模块的开发和应用不仅增强了功能，扩展了 PLC 的应用范围，还提高了系统的可靠性。

2. PLC 的组成和基本工作原理

PLC 是以微处理器为核心的计算机控制系统，采用了典型的计算机结构，由硬件系统和软件系统组成。

1）PLC 的硬件系统

PLC 的硬件系统主要由 CPU、ROM/RAM、I/O 接口、编程器、电源等主要部件组成，图 7-2 所示为典型的整体式 PLC 基本结构。其中，CPU 是 PLC 的核心，输入/输出单元是用来连接现场输入/输出设备与 CPU 的接口电路，通信接口用于与编程器、上位计算机等外设连接。

PLC 的工作原理

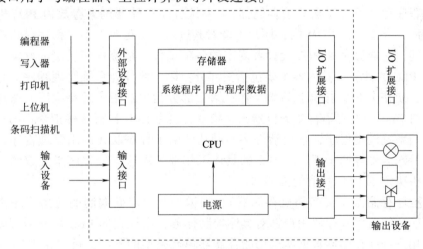

图 7-2 整体式 PLC 的基本结构

对于整体式 PLC，所有部件都安装在同一机壳内。对于模块式 PLC，各部件独立封装成模块，各模块通过总线连接，安装在机架或导轨上，其结构如图 7-3 所示。无论是哪种结构类型的 PLC，都可以根据用户需要进行配置与组合。

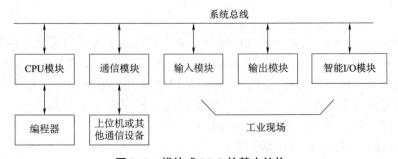

图 7-3 模块式 PLC 的基本结构

尽管整体式 PLC 与模块式 PLC 的结构不太一样，但各部分的功能是相同的。下面对 PLC 各主要组成部分进行介绍。

（1）CPU。CPU 作为整个 PLC 的核心起着总指挥的作用，是 PLC 的运算和控制中心。同一般的计算机一样，CPU 主要由运算器、控制器、寄存器及实现它们之间联系的数据、控制及状态总线构成，还有外围芯片、总线接口及有关电路等。它确定进行控制的规模、工作速度、内存容量等信息。内存主要用于存储程序及数据，是 PLC 不可缺少的组成部分。

在 PLC 中，CPU 按系统程序赋予的功能指挥 PLC 有条不紊地进行工作，归纳起来主要有以下 5 个方面。

① 接收从编程器输入的用户程序和数据。
② 诊断电源、PLC 内部电路的工作故障和编程中的语法错误等。
③ 通过输入接口接收现场的状态或数据，并存入输入映像寄存器或数据寄存器中。
④ 从存储器逐条读取用户程序，经过解释后执行。
⑤ 根据执行的结果，更新有关标志位的状态和输出映像寄存器的内容，通过输出单元实现输出控制。有些 PLC 还具有制表打印或数据通信等功能。

（2）存储器。PLC 的存储器主要分为系统程序存储器和用户程序存储器两类。

① 系统程序存储器（又名只读存储器）。系统程序存储器用来存放由 PLC 生产厂家编写的系统程序，并固化在 ROM 内，用户不能对其进行直接更改。系统程序存储器使 PLC 具有基本的智能，它能够完成 PLC 设计者规定的各项工作。系统程序质量的好坏，在很大程度上决定了 PLC 的性能，其内容主要包括三部分：第一部分为系统管理程序，它主要控制 PLC 的运行，使整个 PLC 按部就班地工作；第二部分为用户指令解释程序，通过用户指令解释程序，将 PLC 的编程语言变为机器语言指令，再由 CPU 执行这些指令；第三部分为标准程序模块与系统调用程序，它包括许多不同功能的子程序及其调用管理程序，如完成输入、输出及特殊运算等的子程序，PLC 的具体工作都是由这部分程序来完成的，因此这部分程序的多少决定了 PLC 性能的强弱。

② 用户程序存储器（又名随机存储器）。根据控制要求而编制的应用程序称为用户程序。用户程序存储器用来存放用户针对具体控制任务、用规定的 PLC 编程语言编写的各种用户程序。用户程序存储器根据所选用的存储器单元类型的不同，可以是 RAM（有用锂电池进行掉电保护）、EPROM 或 EEPROM 存储器，其内容可以由用户任意修改或增删。目前较先进的 PLC 采用可随时读写的快闪存储器作为用户程序存储器。快闪存储器无须后备电池，掉电时数据也不会丢失。

用户存储器容量的大小，关系到用户程序容量的大小和内部器件的多少，是反映 PLC 性能的重要指标之一。

（3）输入/输出接口。

输入/输出接口是 PLC 与外界连接的接口。输入接口用来接收和采集两种类型的输入信号，一类是以开关量为输入信号，开关量如按钮、选择开关、行程开关、继电器触点、接近开关、光电开关、数字拨码开关等；另一类是以模拟量为输入信号，是由电位器、测速发电机和各种变换器等传来的。输出接口用来连接被控对象中各种执行元件，如接触器、电磁阀、指示灯、调节阀（模拟量）、调速装置（模拟量）等。

输入/输出接口有数字量（包括开关量）输入/输出和模拟量输入/输出两种形式。数字量输入/输出接口的作用是将外部控制现场的数字信号与 PLC 内部信号的电平相互转换;而模拟量输入/输出接口的作用是将外部控制现场的模拟信号与 PLC 内部信号的电平相互转换。输入/输出接口一般含有光电开关和滤波电容,其作用是把 PLC 与外部电路隔离开,以提高 PLC 的抗干扰能力。下面简单介绍常见的开关量输入/输出接口电路。

① 开关量输入接口电路。开关量输入接口是把现场各种开关信号变成 PLC 内部处理的标准信号。

a. 直流输入接口电路,其原理如图 7-4 所示。虚线框内部分为 PLC 内部电路,框外为用户接线。R_1、R_2 分压,且 R_1 起限流作用,R_2 及 C 构成滤波电路。输入电路采用光耦合器实现输入信号与机内电路的耦合,COM 为公共端子。

当输入端的开关接通时,光耦合器导通,直流输入信号转换成 TTL(5 V)标准信号送入 PLC 的输入电路,同时 LED 输入指示灯点亮,表示输入端接通。

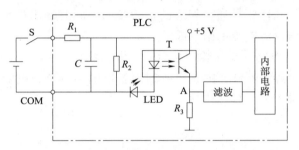

图 7-4 PLC 开关量直流输入接口电路原理

b. 交流输入接口电路。图 7-5 所示为交流输入接口电路原理,为减小高频信号串入,电路中设有隔直电容 C。

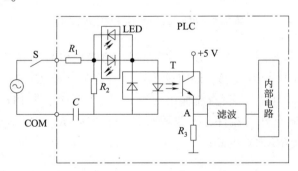

图 7-5 PLC 开关量交流输入接口电路原理

② 开关量输出接口电路。在输出接口中,晶体管输出型的接口只能带直流负载,属于直流输出接口。晶闸管输出型的接口只能带交流负载,属于交流输出接口。继电器输出型的接口可带直流负载也可带交流负载,属于交/直流输出接口。

a. 晶体管输出接口电路(直流输出接口)。图 7-6 所示为 PLC 晶体管输出接口示意图,图中虚线框中的电路是 PLC 的内部电路,框外是 PLC 输出点的驱动负载电路。图中只画出一个输出端的输出电路,各个输出端所对应的输出电路均相同。在图中,晶体管 VT 为输出开关器件,光耦合器为隔离器件。

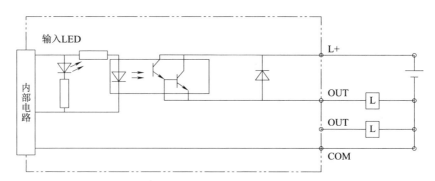

图 7-6　PLC 晶体管输出接口示意图

PLC 的输出由用户程序决定。当需要某一输出端产生输出时，由 CPU 控制，将输出信号经光耦合器输出，使晶体管导通，相应的负载接通，同时输出指示灯点亮，指示该路的输出有输出，负载所需直流电源由用户提供。

b. 晶闸管输出接口电路（交流输出接口）。图 7-7 所示为 PLC 晶闸管输出接口示意图。图中双向晶闸管为输出开关器件，由它组成的固态继电器具有光电隔离作用。电阻 R 与电容 C 组成高频滤波电路，减少信号干扰。

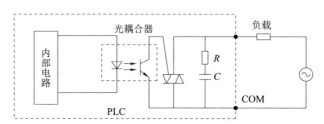

图 7-7　PLC 晶闸管输出接口示意图

当需要某一输出端产生输出时，由 CPU 控制，将输出信号经光耦合器使输出回路中的双向晶闸管导通，相应的负载接通，同时输出指示灯点亮，指示该输出端有输出。

c. 继电器输出接口电路（交/直流输出接口）。图 7-8 所示为 PLC 继电器输出接口示意图，图中继电器既是输出开关器件，又是隔离器件，电阻 R_1 和指示灯 LED 组成状态显示器；电阻 R_2 和 C 组成 RC 灭弧电路。

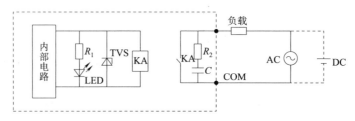

图 7-8　PLC 继电器输出接口示意图

当需要某一输出端产生输出时，由 CPU 控制，将输出信号输出，接通输出继电器线圈，输出继电器的触点闭合，接通外部负载电路，输出指示灯亮，指示该路输出端有输出。

（4）各种接口。

①扩展接口。扩展接口用于将扩展单元与基本单元相连，使 PLC 的配置更加灵活，以满足不同控制系统的需求。

②通信接口。为了实现人-机或机-机之间的对话，PLC 配有多种通信接口。PLC 通过这些通信接口可以与计算机、其他 PLC、变频器、触摸屏及打印机等相连。

（5）编程器。编程器有简易型和智能型两类。简易型的编程器只能联机编程，且往往是先将梯形图转化为机器语言助记符（指令表）后才能输入，它一般是由简易键盘和发光二极管或其他显示器件组成的。智能型编程器又称图形编程器，它可以联机，也可以脱机编程，具有 LCD 或 CRT 图形显示功能，可以直接输入梯形图和通过屏幕对话，也可以采用微机辅助编程。许多 PLC 厂家为自己的产品设计了计算机辅助编程软件，运用这些软件可以编辑、修改用户程序，监控系统的运行，打印文件，采集和分析数据，在屏幕上显示系统运行状态，对工业现场和系统进行仿真等。若要直接与 PLC 通信，还要配有相应的通信电缆。

（6）电源。PLC 一般使用 220 V 单相交流电源，电源部件将交流电转换成中央处理器、存储器等电路工作所需的直流电，保证 PLC 的正常工作，小型整体式 PLC 内部有一个开关稳压电源，此电源一方面可为 CPU、I/O 单元及扩展单元提供直流 5 V 工作电源，另一方面可为外部输入元件提供直流 24 V 电源。电源部件的位置有多种，对于整体式结构的 PLC，电源通常封装在机箱内部；对于模块式 PLC，有的采用单独电源模块，有的将电源与 CPU 封装到一个模块中。

（7）智能单元。各种类型的 PLC 都有一些智能单元，它们一般有自己的 CPU，具有自己的系统软件，能独立完成一项专门的工作。智能单元通过总线与主机相连，通过通信方式接受主机的管理。常用的智能单元有 A/D 单元、D/A 单元、高速计数单元、运动控制单元等。

（8）其他部件。PLC 还可配套盒式磁带机、EPROM 写入器、存储器卡等其他外部设备。

2）PLC 的软件系统

PLC 的软件由系统程序和用户程序组成。

（1）系统程序。系统程序是用来控制和完成 PLC 各种功能的程序，由 PLC 制造厂商设计编写，并固化到 ROM 中，用户不能直接读写与更改。系统程序一般包括系统诊断程序、输入处理程序、编译程序、信息传送程序、监控程序等。

（2）用户程序。PLC 的用户程序是用户利用 PLC 的编程语言，根据控制要求编制的程序。在 PLC 的应用中，最重要的是用 PLC 的编程语言来编写用户程序，以实现控制目的。

PLC 编程语言是多种多样的，对于不同生产厂家、不同系列的 PLC 产品采用的编程语言的表达方式也不相同，但基本上可归纳为两种类型：一种是采用字符表达方式的编程语言，如语句表等；另一种是采用图形符号表达方式的编程语言，如梯形图等。以下简要介绍 5 种常见的 PLC 编程语言。

①梯形图语言。梯形图语言是在传统电气控制系统中常用的接触器、继电器等图形表达符号的基础上演变而来的。它与电气控制线路图相似，继承了传统电气控制逻辑中使用的框架结构、逻辑运算方式和输入/输出形式，具有形象、直观、实用的特点。因此，这种

编程语言为广大电气技术人员所熟知，是应用最广泛的 PLC 编程语言，是 PLC 的第一编程语言。图 7-9 所示为 PLC 梯形图。

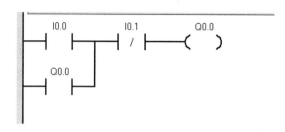

图 7-9　PLC 梯形图

PLC 的梯形图使用的是内部继电器，都是由软件来实现的，使用方便，修改灵活，是电气控制线路硬接线无法比拟的。

②指令语句表语言。指令语句表编程语言是一种与汇编语言类似的助记符编程表达方式。在 PLC 应用中，经常采用简易编程器，而这种编程器中没有 CRT 屏幕显示，或没有较大的液晶屏幕显示。因此，就用一系列 PLC 操作命令组成的语句表将梯形图描述出来，再通过简易编程器输入 PLC。表 7-1 是与图 7-9 中梯形图对应的（CP1 系列 PLC）语句表程序。

表 7-1　语句表程序

步序号	指令	操作数
0	LD	bit
1	O	100.00
2	AN	0.01
3	=	100.00
4	LD	0.02
5	=	100.01

可以看出，语句是语句表程序的基本单元，每个语句和微机一样也由地址（步序号）、操作码（指令）和操作数三部分组成。

③功能块图语言。功能块图（FBD）是一种类似于数字逻辑电路结构的编程语言，由与门、或门、非门、定时器、计数器、触发器等逻辑符号组成。FBD 在外观上类似逻辑门图形，但它没有梯形图中的触点和线圈，而拥有与之等价的指令。功能模块用矩形表示，每个功能模块的左侧有不少于一个的输入端，右侧有不少于一个的输出端。功能模块的类型名称通常写在块内，其输入/输出名称写在块内的输入/输出点对应的地方。

功能模块基本上分为两类：基本功能模块和特殊功能模块。基本功能模块有 AND、OR、XOR 等，特殊功能模块有 ON 延时、脉冲输出、计数器等。如图 7-10 所示，左侧为逻辑运算的输入变量，右侧为输出变量，信号自左向右流动，就像数字电路图一样。

图 7-10　功能块图语言编程

④顺序功能图语言。顺序功能图编程语言（SFC 语言）是一种较新的编程方法，又称状态转移图语言。它将一个完整的控制过程分为若干阶段，各阶段具有不同的动作，阶段间有一定的转换条件，转换条件满足就实现阶段转移，上一阶段动作结束，下一阶段动作开始，是用顺序功能图的方式来表达一个控制过程，对于顺序控制系统特别适用。

⑤高级语言。随着 PLC 技术的发展，为了增强 PLC 的运算、数据处理及通信等功能，以上编程语言已经无法很好地满足要求。近年来推出的 PLC，尤其是大型 PLC 都可用高级语言，如 BASIC 语言、C 语言、PASCAL 语言等进行编程。采用高级语言后，用户可以像使用普通微型计算机一样操作 PLC，使 PLC 的各种功能得到更好的发挥。

3) PLC 的工作原理

PLC 是用于代替传统的继电接触器系统而构成的控制装置。它与继电接触器控制的重要区别就是工作方式的不同。继电接触器控制采用的是并行工作方式，也就是只要形成电流通路，就可能有几个电器同时工作。而 PLC 是采用反复扫描的方式工作的，它是循环地连续逐条执行程序，任一时刻只能执行一条指令，这就是说 PLC 是以串行方式工作的。整个工作过程可分为 5 个阶段：自诊断、通信处理、读取输入、执行程序、改写输出，其工作过程如图 7-11 所示。

(1) 自诊断。每次扫描用户程序之前，都先执行自诊断测试。自诊断测试包括定期检查 CPU 模块的操作和扩展模块的状态是否正常，将监控定时器复位，以及完成一些其他内部工作。若发现异常停机，则显示出错；若自诊断正常，则继续向下扫描。

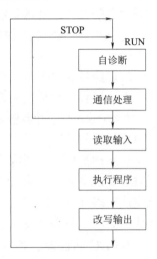

图 7-11 PLC 扫描工作过程

(2) 通信处理。在通信处理阶段，CPU 处理从通信接口和智能模块接收到的信息，如读取智能的信息，并存放在缓冲区中，在适当的时候将信息传送给通信请求方。

(3) 读取输入。在 PLC 的存储器中，设置了一片区域来存放输入信号和输出信号的状态，它们分别称为输入映像寄存器和输出映像寄存器。CPU 以字节（8 位）为单位来读写输入/输出映像寄存器。在读取输入阶段，PLC 把所有外部数字量输入电路的 ON/OFF 状态读入输入映像寄存器：外部的输入电路闭合时，对应的输入映像寄存器为 1 状态，梯形图中对应的输入点的常开触点接通，常闭触点接的输入电路断开时，对应的输入映像寄存器为 0 状态，梯形图中对应的输入点的常开触点断开，常闭触点闭合。

(4) 执行程序。PLC 的用户程序由若干条指令组成，指令在存储器中顺序排列。在 RUN 工作模式的程序执行阶段，在没有跳转指令时，CPU 从第 1 条指令开始，逐条顺序地执行用户程序。

在执行指令时，从 I/O 映像寄存器读出其 I/O 状态，并根据指令的要求执行相应的逻辑运算，运算的结果写入相应映像寄存器中，因此，各映像寄存器（只读的输入映像寄存器除外）的内容随着程序的执行而变化。

在程序执行阶段，即使外部输入信号的状态发生了变化，输入映像寄存器的状态也不会随之改变，输入信号变化了的状态只能在下一个扫描周期的读取输入阶段被读入。执行程序时，对输入/输出的存取通常是通过映像寄存器，而不是实际的 I/O 点，这样做有以下好处。

①程序执行阶段的输入值是固定的,程序执行完后再用输出映像寄存器的值更新输出点,使系统的运行稳定。

②用户程序读写寄存器中存放的二进制数为 0 状态,将它送到继电器型输出模块,对应的硬件继电器的线圈断电,其常开触点断开,外部负载断电,停止工作。

(5) 改写输出

CPU 执行完用户程序后,将输出映像寄存器的二进制数 0/1 状态传送到输出模块并锁存起来。梯形图中某一输出位的线圈通电时,对应的映像寄存器的二进制数为 1 状态。信号经输出模块隔离和功率放大后,继电器型输出模块中对应的硬件继电器的线圈通电,其常开触点闭合,使外部负载通电工作。若梯形图中输出点的线圈断电,对应的输出映像寄存器为 0 状态,输出模块中对应的硬件继电器的线圈失电,其常开触点断开,使外部负载不工作。

PLC 经过这 5 个阶段的工作过程,称为 1 个扫描周期,完成 1 个扫描周期后,又重新执行上述过程,扫描周而复始地进行。在不考虑通信处理时,扫描周期 T 的大小为

$T=$ (输入/点时间×输入点数) + (运算速度×程序步数) + (输出/点时间×输出点数) + 故障诊断时间

显然扫描周期主要取决于程序的长短,一般每秒钟可扫描数十次以上。响应时间的长短对工业设备通常没有什么影响。但对控制时间要求较严格、响应速度要求较快的系统,就应该精确计算响应时间,细心编制程序,合理安排指令的顺序,以尽可能减少扫描周期造成的响应延时等不良因素。

3. PLC 的性能、特点及分类

1) PLC 的性能指标

I/O 映像寄存器比读写 I/O 点快得多,这样可以提高程序的执行速度。

(1) I/O 总点数。I/O 总点数是衡量 PLC 接入信号和可输出信号的数量。PLC 的输入/输出有开关量和模拟量两种。其中开关量用最大 I/O 点数表示,模拟量用最大 I/O 通道数表示。I/O 点数越多,外部可接的输入设备和输出设备就越多,控制规模就越大。

(2) 存储器容量。存储器容量是衡量可存储用户应用程序多少的指标,通常以字或千字为单位。约定 16 位二进制数为一个字(即两个 8 位的字节),每 1 024 个字为 1 000 字。PLC 中通常以字为单位来存储指令和数据,一般的逻辑操作指令每条占 1 个字,定时器、计数器、移位操作等指令占 2 个字,而数据操作指令占 2~4 个字。一般来说,小型 PLC 的用户存储器容量为几千字,而大型机的用户存储器容量为几万字。

(3) 编程语言。编程语言是 PLC 厂家为用户设计的用于实现各种控制功能的编程工具,它有多种形式,常见的是梯形图编程语言及语句表编程语言,另外还有逻辑图编程语言、布尔代数编程语言等,它的功能强否主要取决于该机型指令系统的功能强否。一般来讲,指令的种类和数量越多,功能越强。

(4) 扫描速度。扫描速度是指 PLC 执行用户程序的速度,是衡量 PLC 性能的重要指标。一般以扫描 1K 字用户程序所需的时间来衡量扫描速度,通常以 ms/K 字为单位。PLC 用户手册一般给出执行各条指令所用的时间,可以通过比较各种 PLC 执行相同的操作所用的时间来衡量扫描速度的快慢。

(5) 内部寄存器的种类和数量。内部寄存器的种类和数量是衡量 PLC 硬件功能的一个

指标。它主要用于存放变量的状态、中间结果和数据等，还提供大量的辅助寄存器（如定时器/计数器、移位寄存器和状态寄存器等），以便用户编程使用。

（6）通信能力。通信能力是指可编程控制器与可编程控制器、可编程控制器与计算机、可编程控制器与其他智能设备之间的数据传送及交换能力，它是工厂自动化的必备基础。目前生产的可编程控制器不论是小型机还是中大型机，都配有一或两个，甚至多个通信端口。

（7）智能模块。智能模块是指具有自己的CPU和系统的模块。它作为PLC中央处理单元的下位机，不参与PLC的循环处理过程，但接受PLC的指挥，可独立完成某些特殊的操作，如常见的位置控制模块、温度控制模块、PID控制模块、模糊控制模块等。

2）PLC的特点

PLC技术之所以得到高速发展，除了工业自动化的客观需要外，主要是因为它具有许多独特的优点。它较好地解决了工业领域中人们普遍关心的可靠、安全、灵活、方便、经济等问题。PLC技术主要有以下特点。

（1）可靠性高、抗干扰能力强是PLC最重要的特点之一。PLC的平均无故障时间可达几十万个小时，之所以有这么高的可靠性，是因为它采用了一系列硬件和软件的抗干扰措施。

①硬件方面。I/O通道采用光电隔离，有效地抑制了外部干扰源对PLC的影响；对供电电源及线路采用多种形式的滤波，从而消除或抑制了高频干扰；对CPU等重要部件采用良好的导电、导磁材料进行屏蔽，以减少空间电磁干扰；对有些模块设置了联锁保护、自诊断电路等功能。

②软件方面。PLC采用扫描工作方式，减少了由外界环境干扰引起的故障；在PLC系统程序中设有故障检测和自诊断程序，能对系统硬件电路等故障实现检测和判断；一旦由外界干扰引起故障时，能立即将当前重要信息加以封存，禁止任何不稳定的读写操作，当外界环境正常后，便可恢复到故障发生前的状态，继续原来的工作。

（2）编程简单、使用方便。目前，大多数PLC采用的编程语言是梯形图语言，它是一种面向生产、面向用户的编程语言。梯形图与继电器控制线路图相似——形象、直观，使用者不需要掌握计算机知识，当生产流程需要改变时，可以通过现场改变程序来实现，非常方便、灵活。同时，PLC编程器的操作和使用也很简单，这也是PLC获得普及和推广的主要原因之一。许多PLC还针对具体问题设计了各种专用编程指令及编程方法，进一步简化了编程。

（3）功能完善、通用性强。现代PLC不仅具有逻辑运算、定时、计数、顺序控制等功能，还具有A/D和D/A转换、数值运算、数据处理、PID控制、运动控制、通信联网等智能功能。同时，由于PLC产品的系列化、模块化，还配有品种齐全的各种硬件装置供用户选用，因此可以组成满足各种要求的控制系统。

（4）设计安装简单、维护方便。由于PLC用软件代替了传统电气控制系统的硬件，使控制柜的设计、安装接线这类工作量大为减少。PLC的用户程序大部分可在实验室进行模拟调试，缩短了应用设计和调试周期。在维修方面，由于PLC的故障率极低，因此维修工作量很小，而且PLC具有很强的自诊断功能，如果出现故障，使用者可根据PLC上的指示或编程器上提供的故障信息，迅速查明原因，维修极为方便。

（5）体积小、质量轻、能耗低。由于 PLC 采用了集成电路，其结构紧凑、体积小、能耗低，所以是实现机电一体化的理想控制设备。

3）PLC 的分类

PLC 的种类很多，各种产品实现的功能、内存容量、控制规模、外形等方面均存在较大的差异。因此，PLC 的分类没有一个严格的统一标准。这里按照结构、I/O 点数、功能和流派进行大致的分类。

（1）按照结构分类。PLC 按照其硬件的结构形式分为整体式和模块式。

①整体式 PLC。整体式 PLC 的特点是结构紧凑。它将 PLC 的基本部件，如 CUP 板、输入板、输出板、电源板等紧凑地安装在一个标准的机壳内，构成一个整体，组成 PLC 的一个基本单元（主机）或扩展单元。基本单元上设有扩展端口，通过扩展电缆与扩展单元相连，配有许多专用的特殊功能的模块，如模拟量输入/输出模块、热电偶模块、热电阻模块、通信模块等，以构成 PLC 不同的配置。整体式结构的 PLC 体积小、成本低、安装方便。微型和小型 PLC 一般为整体式结构，如西门子的 S7-200 系列、欧姆龙的 CP1 系列、三菱的 FX 系列等。

②模块式 PLC。模块式结构的 PLC 是由一些模块单元组成的，如 CUP 模块、输入模块、输出模块、电源模块和各种功能模块等，将这些模块插在框架和基板上即可组装而成。各个模块功能独立、外形尺寸统一，可根据需要灵活配置。目前大中型 PLC 都采用这种方式，如西门子的 S7-300 和 S7-400 系列、欧姆龙的 CJ 和 CS 系列。

整体式 PLC 每一个 I/O 点的平均价格比模块式的便宜，在小型控制系统中一般采用整体式结构。但是模块式 PLC 的硬件组态方便灵活，I/O 点数的多少、输入点数与输出点数的比例、I/O 模块的使用等方面的选择余地都比整体式 PLC 大得多，维修时更换模块、判断故障范围也很方便，因此较复杂的、要求较高的系统一般选用模块式 PLC。

③叠装式 PLC。以上两种的 PLC 各有自己的特点。整体式 PLC 结构紧凑、体积小、成本低、安装方便。但由于其点数有搭配关系，各单元尺寸大小不一，因此不易安装整齐。模块式 PLC 各个模块功能独立、外形尺寸统一，可根据需要灵活配置。但尺寸较大，难以与小型设备连接。为此，有些公司就开发出叠装式结构的 PLC，它的结构也是各单元和 CPU 自成模块，各单元用电缆进行连接，不用机架，还可以层层叠装。既可以使体积小巧，又达到了配置灵活的目的。

（2）按 I/O 点数分类。一般而言，处理 I/O 点数越多，控制关系就越复杂，用户要求的程序存储器容量越大，要求 PLC 指令及其他功能比较多，指令执行的过程也比较快：按 PLC 的输入、输出点数的多少可将 PLC 分为以下三类。

①小型 PLC。小型 PLC 的功能一般以开关量控制为主，小型 PLC 输入、输出点数一般在 256 点以下，用户程序存储器容量在 4 KB 左右。现在的高性能小型 PLC 还具有一定的通信能力和少量的模拟量处理能力。这类 PLC 的特点是价格低廉、体积小巧，适合控制单台设备和开发机电一体化产品。典型的小型机有西门子公司的 S7-200 系列、欧姆龙公司的 CP1 系列、三菱公司的 FX 系列和 AB 公司的 SLC500 系列等整体式 PLC 产品。

②中型 PLC。中型 PLC 的输入、输出总点数为 256～2 048，用户程序存储器容量达到 10 KB 左右。中型 PLC 不仅具有开关量和模拟量的控制功能，还具有更强的数字计算能力，它的通信功能和模拟量处理功能更强大，中型机比小型机更丰富，中型机适用于更复杂的

逻辑控制系统以及连续生产线的过程控制系统场合。典型的中型机有西门子公司的 S7-300 系列、欧姆龙公司的 CJ2 系列等模块式 PLC 产品。

③大型 PLC。大型 PLC 总点数在 2 048 以上，用户程序储存器容量达到 16 KB 以上。大型 PLC 的性能已经与大型 PLC 的输入、输出工业控制计算机相当，它具有计算、控制和调节的能力，还具有强大的网络结构和通信联网能力，有些 PLC 还具有冗余能力。它的监视系统采用 CRT 显示，能够表示过程的动态流程，记录各种曲线、PID 调节参数等；它配备多种智能板，构成一台多功能系统。这种系统还可以和其他型号的控制器互连，和上位机相连，组成一个集中分散的生产过程和产品质量控制系统。大型机适用于设备自动化控制、过程自动化控制和过程监控系统。典型的大型 PLC 有西门子公司的 S7-400 系列、欧姆龙公司的 CVM1 和 CS1 系列、AB 公司的 SLC5/05 系列等。

(3) 按功能分类。根据 PLC 所具有的功能不同，可将 PLC 分为低档、中档、高档三类。

①低档 PLC。此类 PLC 具有逻辑运算、定时、计数、移位以及自诊断、监控等基本功能，还可有少量模拟量输入/输出、算术运算、数据传送和比较、通信等功能。低档 PLC 主要用于逻辑控制、顺序控制或少量模拟量控制的单机控制系统。

②中档 PLC。这类 PLC 除具有低档 PLC 的功能外，还具有较强的模拟量输入/输出、算术运算、数据传送和比较、数制转换、远程 I/O、子程序、通信联网等功能。有些还可增设中断控制、PID 控制等功能，适用于复杂控制系统。

③高档 PLC。这类 PLC 除具有中档机的功能外，还增加了带符号算术运算、矩阵运算、位逻辑运算、平方根运算及其他特殊功能函数的运算、制表及表格传送等功能。高档 PLC 机具有更强的通信联网功能，可用于大规模过程控制或构成分布式网络控制系统，实现工厂自动化。

(4) 按流派分类。PLC 产品可按地域分成三大流派，分别为美国产品、欧洲产品和日本产品。美国和欧洲的 PLC 技术是在相互隔离的情况下独立研究开发的，因此美国和欧洲的 PLC 产品有明显的差异性。而日本的 PLC 技术是由美国引进的，对美国的 PLC 产品有一定的继承性，但日本的主推产品定位在小型 PLC 上。美国和欧洲以大中型 PLC 而闻名，而日本则以小型 PLC 著称。

4. PLC 的应用领域

PLC 经过 40 多年的发展，已在国内外广泛应用于冶金、石油、化工、建材、机械制造、电力、汽车、轻工、环保及文化娱乐等行业。随着 PLC 性能的不断完善，功能的日渐强大，应用领域将逐渐拓宽到工业控制的各个领域。

1) 开关逻辑控制

这是 PLC 最基本、最广泛的应用领域，它取代传统的继电器控制，实现逻辑运算、定时、计数、顺序等逻辑控制，既可用于单台设备的控制，也可用于多机群控制及自动化生产线控制等，如注塑机、装配生产线、印刷机械等。

2) 模拟量控制

在工业生产过程中，有许多连续变化的模拟量，如温度、压力、流量、液位和速度等，但 PLC 内部所处理的量为数字量。为了使可编程控制器能处理模拟量，PLC 厂家都生产配套的 A/D 和 D/A 转换模块，先将现场的温度、流量等模拟量经过 A/D 模块转换为数字量，由微处理器进行处理，处理过的数字量再经 D/A 转换模块转换为模拟量去控制被控对象，使可编程控制器实现模拟量控制。

3）运动控制

PLC 可以用于圆周运动或直线运动的控制。从控制机构配置来说，早期直接用于开关量 I/O 模块连接位置传感器和执行机构，现在一般使用专用的运动控制模块，如可驱动步进电动机或伺服电动机的单轴或多轴位置控制模块。世界上各主要 PLC 厂家的产品几乎都有运动控制功能，广泛用于各种机械、机床、机器人、电梯等场合。

4）过程控制

过程控制是指对温度、压力、流量等模拟量的闭环控制。PLC 能编制各种各样的控制算法程序，完成闭环控制。PID 调节是一般闭环控制系统中用得较多的调节方法。大中型 PLC 都有 PID 模块，目前许多小型 PLC 也具有此功能模块。过程控制在冶金、化工、热处理、锅炉控制等场合有非常广泛的应用。

5）顺序控制

PLC 的顺序控制在工业控制中可以采用移位寄存器和步进指令实现。除此之外，还可以采用 IEC 规定的用于顺序控制的标准化语言——顺序功能图编写程序，使 PLC 在实现按照输入状态的顺序时，能够更加容易地控制相应输出。

6）定时控制

PLC 可以根据用户需求为用户提供几十甚至上百个定时器，定时的时间可以在编写用户程序时设定，也可以在工业现场通过编程器进行修改或重新设定，实现定时或延时的控制。

7）计数控制

计数控制可以实现对某些信号的计数功能。PLC 也可以为用户提供几十甚至上百个计数器。其设定方式同定时器一样，可以实现增计数和减计数控制。若用户需要对频率较高的信号进行跟踪计数，可选用高速计数模块。

8）数据处理

现代 PLC 具有数学运算、数据传送、数据转换、排序、查表、位操作等功能，可以完成数据的采集、分析及处理。这些数据可以与存储在存储器中的参考值比较，完成一定的控制操作，也可以利用通信功能传送到别的智能装置，或将它们打印制表。数据处理一般用于大型控制系统，如无人控制的柔性制造系统；也可用于过程控制系统，如造纸、冶金、食品工业中的一些大型控制系统。

5. PLC 控制系统的设计

目前，PLC 已被广泛应用在工业控制的各个领域。我们在了解了 PLC 的产生、发展、特点及应用后，有必要从宏观上认识 PLC 控制系统的设计过程，熟悉 PLC 控制系统在开发过程中需要遵循的原则以及知识储备，明确今后的学习方向。

1）PLC 控制系统的设计思想

所谓系统，是由相互制约的各个部分组成的具有一定功能的整体。PLC 控制系统虽然种类多样，但归纳起来，它们都是由五大要素组成的，即由计算机、传感器、机械装置、动力及执行器组成，与这五大要素相对应的是控制、检测、结构、驱动和运转五大功能，如图 7-12 所示。

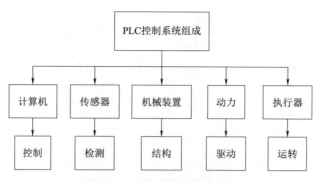

图 7-12　PLC 控制系统框图

PLC 控制系统是由相互制约的五大要素组成的具有一定功能的整体，不但要求每个要素都具有高性能和高功能，还强调它们之间的协调与配合，以便更好地实现预期的功能，达到系统整体最佳的目标。

PLC 控制系统整体设计法是以优化的工艺为主线、控制理论为指导、计算机应用为手段，系统整体最佳为目标的一种综合设计方法。要求工程技术人员能够将微电子、电力电子、计算机、信息处理、通信、传感检测、过程控制、伺服传动、精密机械，以及自动控制等多种技术相互交叉、相互渗透、有机结合，做到融会贯通和综合运用。设计 PLC 控制系统的奥秘就在于"融会贯通"和"综合运用"。

2）PLC 控制系统的设计原则

随着 PLC 功能的不断提高和完善，PLC 几乎可以完成工业控制领域的所有任务，它最适合工业环境较差，对安全性、可靠性要求较高，系统工艺复杂的应用场合。在设计 PLC 系统时应遵循以下原则。

（1）充分发挥 PLC 的功能，最大限度地满足被控对象的工艺要求。

（2）保证控制系统长时间安全可靠。

（3）在满足控制要求的前提下，力求使控制系统简单、经济，方便使用及维修。

（4）应考虑生产的发展和工艺的改进，应适当留有扩充余量。

3）PLC 控制系统设计的一般过程

在设计 PLC 控制系统时，首先要进行 PLC 系统的功能设计、系统分析，再提出 PLC 系统的基本规模和布局，最后确定 PLC 的机型和系统的具体配置。PLC 控制系统设计流程如图 7-13 所示。

（1）了解工艺流程，分析项目需求。熟悉工艺流程是 PLC 工程设计的前提条件。设计者要了解电气设备的应用环境、应用条件，大致掌握所需设备的类型、特点、动作条件等，此外还需了解电气系统与机械设备、现场各种仪表是否具备连接与安装的条件等。

根据用户对电气控制系统的要求，认真调查研究，与用户讨论，了解用户对电气系统在实际操作、界面组态、逻辑时序、控制性能和故障处理等方面的要求。

（2）制定控制方案。在项目需求分析完成后，生成明确的工艺流程图、控制要求、故障保护等方面的详细说明文档，即控制方案。

（3）分配 I/O 资源。根据系统的控制要求，确定用户所需的输入设备（如按钮、开关、电位器或现场测量仪表等）和输出设备（如接触器、电磁阀、信号指示灯等），由此确定

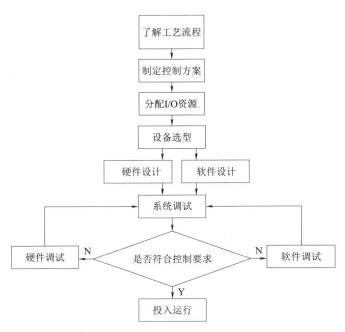

图 7-13 PLC 控制系统设计流程

PLC 的 I/O 点数。

（4）设备选型。为现场的电气控制设备进行选型，除选取电动机、变频器、触摸屏、PLC、电动阀等主要设备外，还需选择合适的中间设备，如继电器、信号灯、断路器、熔断器等。相对来说，后者的选取更加重要。在选型时，功率或电流是电动机、变频器、断路器、继电器等设备的主要参看指标，同时也需要兼顾设备尺寸等问题。

（5）设计硬件及软件。

硬件设计及安装检验步骤如下。

①综合现场工艺、用户需求以及硬件设备情况，绘制出对应的设计图。设计图中要包含尽可能丰富的信息，如硬件电路图、设备选型表、控制台/控制柜尺寸与布置图等。

②根据设计图，完成硬件搭建与设备连接，形成实体的硬件设备。在设备完成后，需要检验系统的整体性能，如接线是否正确、手动操作的对应功能是否可以实现、必要的电气保护是否具备等。

③在确保不会产生电气事故的前提下对 PLC 通电，检验对应端子的外部连接是否有效。若有效，则硬件安装完成。

软件程序设计时应先在硬件连接确认无误后，再开始进行程序的编制。

①结合需求分析的结论。根据功能将整个项目分为若干个功能块；将功能图用粗略的流程图替代；将流程图逐步分解为具体的流程图，对于功能重复的流程图可考虑在程序编制时形成子程序。

②根据流程图及功能，为定时器（T）、计数器（C）、内部继电器（M）、数据存储区（V）分配地址，形成地址分配表。

③编制程序，为每个功能块（或子程序）、每个网络均增加必要的说明（注释）。

④调试与修改程序。程序编制完成后，由于程序设计工作中难免有错误和疏漏的地方，

因此在系统运行之前必须进行软件测试工作，以排除程序中的错误，缩短系统调试周期。现在大部分的 PLC 主流产品都可在计算机上编程，并可直接进行模拟调试。

（6）系统调试。当系统的硬件和软件设计完成后，就可以进行系统的调试工作了。在此过程中，首先对局部系统进行调试，然后进行联机调试。在调试过程中，必须严格按照从小系统到大系统、从单步到连续的规则。如有问题可重新对软硬件进行调整，直至符合要求。调试之初，先将主电路断电，只对控制电路进行联调。通过现场联调信号的接入，常常还会发现软、硬件中的问题，有时厂家还要对某些控制功能进行改进。

全部调试完毕后，投入运行。经过一段时间运行，如果工作正常，应将程序固化到 EPROM 中，以防程序丢失。

（7）编写技术文档。

①可编程控制器的外部接线图和其他电气图纸。

②可编程控制器的编程元件表，包括程序中使用的输入/输出继电器、辅助继电器、定时器、计数器、状态寄存器等的元件号、名称、功能以及定时器、计数器的设定值等。

③带注释的梯形图和必要的文字说明。

④如果梯形图是用顺序控制法编写的，应提供顺序功能图或状态表。

（9）交付与后期维护。

系统交付用户后，还需在一段时间内进行定期回访，并在维护期间给予必要的指导。

二、相关知识

1. S7-200 系列 PLC 的外部结构

S7-200 系列 PLC 有 CPU 21X、CPU 22X 和 SMART 等产品。图 7-14 所示为 CPU 22X 系列 PLC 的外部结构，是典型的整体式结构，输入/输出模块、CPU 模块、电源模块及通信模块等均组装在一个机壳内，当系统需要扩展时，可选用需要的扩展模块与基本单元连接。

S7-200PLC 的模块结构

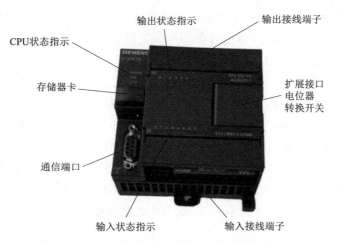

图 7-14　CPU 22X 系列 PLC 外部结构

（1）输入接线端子：用于连接外部控制信号。在底部端子盖下是输入接线端子和为传感器提供的 24 V 直流电源。

（2）输出接线端子：用于连接被控设备。在顶部端子盖下是输出接线端子和 PLC 的工作电源。

（3）CPU 状态指示：CPU 状态指示灯有 SF/DIAG、RUN、STOP 三个，其作用如下：

①SF/DIAG：系统故障指示灯。当系统出现严重的错误或硬件故障时亮。

②RUN：运行指示灯。执行用户程序时亮。

③STOP：停止状态指示灯。编辑或修改用户程序，通过编辑装置向 PLC 下载程序或进行系统设置时此灯亮。

（4）输入状态指示：用于显示是否有控制信号（如控制按钮、行程开关、接近开关、光电开关等数字量信息）接入 PLC。

（5）输出状态指示：用于显示 PLC 是否有信号输出到执行设备（如接触器、电磁阀、指示灯等）。

（6）扩展接口：通过扁平电缆线，连接数字量 I/O 扩展模块、模拟量 I/O 扩展模块、热电偶模块和通信模块等，如图 7-15 所示。

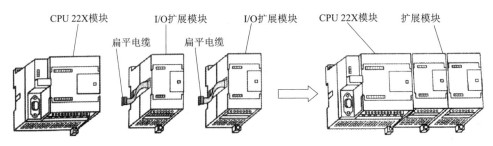

图 7-15　CPU 与扩展模块的连接

（7）通信端口：支持 PPI、MPI 通信协议，有自由口通信能力。用以连接编程器、文本/图形显示器以及 PLC 网络等外部设备。

（8）模拟电位器：模拟电位器用来改变特殊寄存器（SMB28、SMB29）中的数值，以改变程序运行时的参数，如定时器、计数器的预置值，过程量的控制参数等。

2. S7-200 系列 PLC 的 I/O 结构

1）输入/输出接线

输入/输出接口电路是 PLC 与被控对象（外部设备）间传递输入/输出信号的接口部件。各输入/输出点的通/断状态用发光二极管显示，外部接线一般接在 PLC 的接线端子上。

S7-200 系列 CPU 22X 主机的数字量输入回路为直流双向光耦合输入电路，数字量输出回路有继电器和晶体管两种类型。如 CPU 224PLC，一种是 CPU 224AC/DC/RELAY 型，其含义为交流电源供电，14 点直流输入，10 点继电器输出；一种是 CPU 224DC/DC/DC，其含义为直流 24 V 电源供电，14 点直流输入，10 点直流输出。CPU 224XP 还配有两路模拟量输入和一路模拟量输出接口电路。

2）数字量输入接线

CPU 224 的主机共有 14 个输入点（I0.0~I0.7、I1.0~I1.5）和 10 个输出点（Q0.0~Q0.7，Q1.0~Q1.1）。CPU 224 输入电路接线图如图 7-16 所示。系统设置 1M 为输入端子

0.0~0.7 的公共端，2M 为 1.0~1.5 输入端子的公共端。

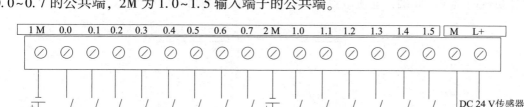

图 7-16 CPU 224 输出电路接线图

3）数字量输出接线

CPU 224 的输出电路有晶体管输出电路和继电器输出电路两种。在晶体管输出电路中，由于晶体管的单向导电性，所以只能用直流电源为负载供电。输出端将数字量输出分为两组，每组有一个公共端，共有 1 L、2 L 两个公共端，可接入不同电压等级的负载电源。CPU 晶体管输出电路接线图如图 7-17 所示。

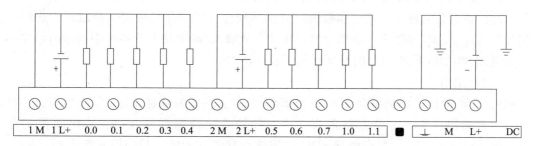

图 7-17 CPU 晶体管输出电路接线图

在继电器输出电路中，PLC 由 220 V 交流电源供电，负载采用了继电器驱动，所以既可以选用直流电源为负载供电，也可以采用交流电源为负载供电。在继电器输出电路中，数字展块数量输出分为三组，每组的公共端为本组的电源供给端，Q0.0~Q0.3 共用 1 L，Q0.4~Q0.6 共用 2 L，Q0.7~Q1.1 共用 3 L，各组之间可接入不同电压等级、不同电压性质的负载电源，如图 7-18 所示。

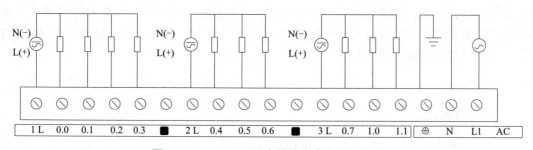

图 7-18 CPU 224 继电器输出电路的接线图

4）模拟量输入/输出接线

CPU 224XP 模拟量输入/输出接口有两路模拟量信号输入端，均可接入各类变送器输出的 ±10 V 标准电压信号；1 路模拟量信号输出端，可输出 0~10 V 电压或 0~20 mA 电流，连接电压负载时接 V、M 端，连接电流负载时接 I、M 端，如图 7-19 所示。

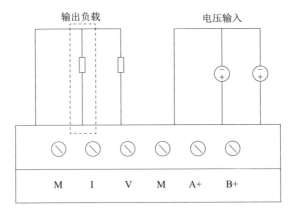

图 7-19　CPU 224XP 模拟量接口接线图

3. S7-200 系列 PLC 的内存结构及寻址方式

PLC 的内存分为程序存储区和数据存储区两部分。程序存储区用来存放用户程序，它由机器按顺序自动存储程序。数据存储区用来存放输入/输出状态及各种中间运行结果。本节主要介绍 S7-200 系列 PLC 的数据存储区及寻址方式。

1）内存结构

S7-200 系列 PLC 的数据存储区按存储器存储数据的长短可划分为字节存储器、字存储器和双字存储器三类。字节存储器有 7 个，如输入映像寄存器（I）、输出映像寄存器（Q）、变量存储器（V）、位存储器（M）、特殊存储器（SM）、顺序控制继电器（S）、局部变量存储器（L）；字存储器有 4 个，如定时器（T）、计数器（C）、模拟量输入映像寄存器（AI）和模拟量输出映像寄存器（AQ）；双字存储器有 2 个，如累加器（AC）和高速计数器（HC）。

（1）输入映像寄存器。输入映像寄存器是 PLC 用来接收用户设备发来的输入信号的。输入映像寄存器与 PLC 的输入点相连，如图 7-20（a）所示。编程时应注意，输入映像寄存器的线圈必须由外部信号来驱动，不能在程序内部用指令来驱动。因此，在程序中输入映像寄存器只有触点，而没有线圈。当控制信号接通时，对应的输入映像寄存器为 1 态；当控制信号断开时，对应的输入映像寄存器为 0 态。输入接线端子可以接常开触点或常闭触点，也可以是多个触点的串并联。

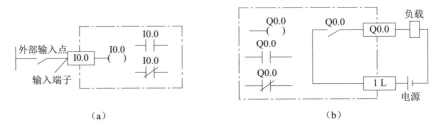

图 7-20　输入/输出映像寄存器示意图
（a）输入映像寄存器等效电路；（b）输出映像寄存器等效电路

输入映像寄存器地址的编号范围为 I0.0~I15.7。I、Q、V、M、SM、L 均可以按字节、字、双字存取。

(2) 输出映像寄存器。输出映像寄存器用来存放 CPU 执行程序的数据结果,并在输出扫描阶段,将输出映像寄存器数据结果传送给输出模块,再由输出模块驱动外部的负载,如图 7-20 (b) 所示。若梯形图中 Q0.0 的线圈通电,对应的硬件继电器的常开触点闭合,使接在标号 Q0.0 端子的外部负载通电,反之外部负载断电。

在梯形图中每一个输出映像寄存器常开和常闭触点可以多次使用。

(3) 变量存储器。变量存储器用来在程序执行过程中存放中间结果,或者用来保存与工序或任务有关的其他数据。

变量存储器的编号范围根据 CPU 型号不同而不同,CPU 221/222 为 V0~V2047 共 2 KB 存储容量,CPU 224XP/226 为 V0~V10240 共 10 KB 存储容量。

(4) 位存储器。位存储器 (M0.0~M31.7) 类似于继电器-接触器控制系统中的中间继电器,用来存放中间操作状态或其他控制信息。虽然名为"位存储器",但是也可以按字节、字、双字来存取。

S7-200 系列 PLC 的 M 存储区只有 32 个字节 (即 MB0~MB31)。如果不够用可以用 V 存储区来代替 M 存储区,可以按位、字节、字、双字来存取 V 存储区的数据,如 V10.1、VB0、VW100、VD200 等。

(5) 特殊存储器。特殊存储器用于 CPU 与用户之间交换信息,其特殊存储器位提供大量的状态和控制功能。CPU 224 的特殊存储器 SM 的编址范围为 SMB0~SMB549 共 550 个字节,其中 SMB0~SMB29 的 30 个字节为只读型区域。地址编号范围随 CPU 的不同而不同。各特殊存储器的功能如下。

SM0.0:上电后始终为 1,可用于调用初始化子程序等。

SM0.1:初始化脉冲,仅在执行用户程序的第一个扫描周期为 1 态,可以用于初始化程序。

SM0.2:当 RAM 中数据丢失时,导通 1 个扫描周期,用于出错处理。

SM0.3:PLC 上电进入 RUN 方式,导通一个扫描周期,可用在启动操作之前给设备提供一个预热时间。

SM0.4:该位是 1 个周期为 1 min、占空比为 50% 的时钟脉冲。

SM0.5:该位是 1 个周期为 1 s、占空比为 50% 的时钟脉冲。

SM0.6:该位是 1 个扫描时钟脉冲。本次扫描时置 1,下次扫描时置 0,可用作扫描计数器的输入。

SM0.7:该位指示 CPU 工作方式开关的位置。在 TERM 位置时为 0,可同编程设备通信;在 RUN 位置时为 1,可使自由端口通信方式有效。

(6) 顺序控制继电器。顺序控制继电器又称状态组件,与顺序控制继电器指令配合使用,用于组织设备的顺序操作,以实现顺序控制和步进控制,可以按位、字节、字或双字来取 S 位,编址范围为 S0.0~S31.7。

(7) 局部变量存储器。局部变量存储器用来存放局部变量,它和变量存储器相似,主要区别在于局部变量存储器是局部有效的,变量存储器则是全局有效的。全局有效是指同一个存储器可以被任何程序(如主程序、中断程序或子程序)存取,局部有效是指存储区和特定的程序相关联。

S7-200系列PLC有64个字节的局部变量存储器，编址范围为LB0.0~LB63.7，其中60个字节可以用作暂时存储器或者给子程序传递参数。如果用梯形图编程，编程软件保留这些局部变量存储器的后4个字节。如果用语句表编程，可以使用所有的64个字节，但建议不要使用最后4个字节，最后4个字节为系统保留字节。

（8）定时器。PLC中定时器相当于继电器系统中的时间继电器，用于延时控制。S7-200系列PLC有三种定时器，它们的时基增量分别为1 ms、10 ms和100 ms，定时器的当前值寄存器是16位有符号的整数，用于存储定时器累计的时基增量值（1~32 767）。

定时器的地址编号范围为T0~T255，它们的分辨率和定时范围各不相同，用户应根据所用CPU型号及时基正确选用定时器编号。

（9）计数器。计数器主要用来累计输入脉冲个数，其结构与定时器相似，其设定值在程序中赋予。CPU提供了三种类型的计数器，分别为加计数器、减计数器和加/减计数器。计数器的当前值为16位有符号整数，用来存放累计的脉冲数（1~32 767）。计数器的地址编号范围为C0~C255。

（10）模拟量输入映像寄存器。模拟量输入映像寄存器用于接收模拟量输入模块转换后的16位数字量，其地址编号以偶数表示，如AIW0、AIW2等。模拟量输入映像寄存器AI的数据为只读数据。

（11）模拟量输出映像寄存器。模拟量输出映像寄存器用于暂存模拟量输出模块的输入值，该值经过模拟量输出模块（D/A）转换为现场所需要的标准电压或电流信号，其地址编号以偶数表示，如AQW0、AQW2等模拟量输出值是只写数据，用户不能读取模拟量输出值。

（12）累加器。累加器是用来暂存数据的寄存器，它可以用来存放运算数据、中间数据和结果。S7-200系列CPU中提供了4个32位累加器AC0~AC3。累加器支持以字节、字和双字的存取。按字节或字为单位存取时，累加器只使用低8位或低16位，数据存储长度由所用指令决定。

（13）高速计数器。高速计数器用来累计比CPU的扫描速率更快的事件，计数过程与扫描周期无关。CPU 224PLC提供了6个高速计数器（每个计数器最高频率为30 kHz），编号为HC0~HC5。高速计数器的当前值为双字长的符号整数，且为只读值。

2）寻址方式

（1）编址方式。

在计算机中使用的数据均为二进制数，二进制数的基本单位是1个二进制位，8个二进制位组成1个字节，2个字节组成一个字，2个字组成一个双字。

存储器的单位可以是位、字节、字、双字，编址方式也可以是位、字节、字、双字。存储单元的地址由区域标识符、字节地址和位地址组成。

位编址：寄存器标识符+字节地址+位地址，如I0.0、M0.1、Q0.2等。

字节编址：寄存器标识符+字节长度B+字节号，如IB0、VB10、QB0等。

字编址：寄存器标识符+字长度W+起始字节号，如VW0表示VB0、VB1这两个字节组成的字。

双字编址：寄存器标识符+双字长度D+起始字节号，如VD20表示由VW20、VW21这两个字组成的双字或由 VB20、VB21、VB22、VB23 这 4 个字节组成的双字。

字节、字、双字的编址方式如图 7-21 所示。

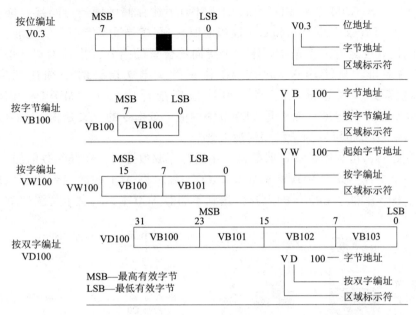

图 7-21 字节、字、双字的编址方式

(2) 寻址方式。

S7-200 系列 PLC 指令系统的寻址方式有立即数寻址、直接寻址和间接寻址。

①立即数寻址：对立即数直接进行读写操作的寻址方式称为立即数寻址。立即数寻址的数据在指令中以常数形式出现。常数的大小由数据的长度（二进制数的位数）决定。表示的相关整数的范围如表 7-2 所示。

表 7-2 数据大小范围及相关整数范围

数据大小	无符号数范围		有符号数范围	
	十进制	十六进制	十进制	十六进制
字节（8 位）	0~255	0~FF	−128~+127	80~7F
字（16 位）	0~65 535	0~FFFF	−32 768~+32 768	8 000~7FFF
双字（32 位）	0~4 294 967 295	0~FFFFFFFF	−2 147 483 648~+2 147 483 647	800 000 000~7FFFFFFF

S7-200 系列 PLC 中，常数值可为字节、字、双字，存储器以二进制方式存储所有常数。指令中可用二进制、十进制、十六进制或 ASCII 码形式来表示常数，其具体格式如下所述。

二进制格式：在二进制数前加 2#表示，如 2#1010。

十进制格式：直接用十进制数表示，如 12345。

十六进制格式：在十六进制数前加 16#表示，如 16#4E4F。

ASCII 码格式：用单引号 ASCII 码文本表示，如'goodbye'。

②直接寻址：直接寻址是指在指令中直接使用存储器的地址编号，直接到指定的区域

读取或写入数据，如 I0.1、MB10、VW200 等。

③间接寻址：间接寻址时操作数不提供直接数据位置，而是通过使用地址指针来存取存储器中的数据。S7-200 系列 PLC 允许用指针对下述存储区域进行间接寻址：I、Q、V、M、S、AI、AQ、T（仅当前值）和 C（仅当前值）。间接寻址不能用于位地址、HC 或 L。

在使用间接寻址之前，首先要创建一个指向该位置的指针，指针为双字值，用来存放一个存储器的地址，只能用 V、L 或 AC 作指针。建立指针时必须用双字传送指令（MOVD），将需要间接寻址的存储器地址送到指针中，如 "MOVD&VB200，AC1"。&VB200 表示 VB200 的地址，而不是 VB200 中的值，该指令的含义是将 VB200 的地址送到累加器 AC1 中。指针也可以为子程序传递参数。

指针建立好后，可利用指针存取数据。用指针存取数据时，在操作数前加 "＊"，表示该操作数为一个指针。如 "MOVW ＊AC1，AC0" 表示将 AC1 中的内容为起始地址的一个字长的数据（即 VB200、VB201 的内容）送到累加器 AC0 中，传送示意图如图 7-22 所示。

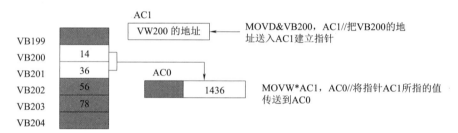

图 7-22 使用指针的间接寻址

S7-200 系列 PLC 的存储器寻址范围如表 7-3 所示。

表 7-3 S7-200 系列 PLC 的存储器寻址范围

寻址方式	CPU 221	CPU 222	CPU 224	CPU 224XP	CPU 226
位存取 （字节、位）	I0.0~I15.7、Q0.0~Q15.7、M0.0~M31.7、T0~T255、C0~C255、L0.0~L59.7				
	V0.0~V2047.7	V0.0~V2047.7	V0.0~8191.7	V0.0~V10239.7	V0.0~V10239.7
	SM0.0~SM179.7	SM0.0~SM199.7	SM0.0~SM549.7		
字节存取	IB0~IB15、QB0~QB15、MB0~MB31、SB0~SB31、LB0~LB59、AC0~AC3				
	VB0~VB2047	VB0~VB2047	VB0~VB8191	VB0~VB10239	VB0~VB10239
	SM0.0~SMB179	SM0.0~SMB299	SMB0.0~SMB549		
字存取	IW0~IW14、QW0~QW14、MW0~MW30、SW0~SW30 T0~T255、C0~C255、LW0~LW58、AC0~AC3				
	VW0~VW2046	VW0~VW2046	VW0~VW8190	VW0~VW10238	VW0~VW10238
	SMW0~SMW178	SMW0~SMW298	SMW0~SMW548		
	AIW0~AIW30	AQW0~AQW30	AIW0~AIW62、AQW0~AQW30		
双字存取	ID0~ID2044、QD0~QD12、MD0~MD28、SD0~SD28、LD0~LD56、AC0~AC3				
	VD0~VD2044	VD0~VD2044	VD0~VD8188	VD0~VD10236	VD0~VD10236
	8MD0~8MD176	8MD0~8MD296	SMD0~SMD546		

4. STEP 7-Micro/WIN 编程软件使用

S7-200 系列 PLC 使用 STEP 7-Micro/WIN 编程软件进行编程。STEP 7-Micro/WIN 编程软件是基于 Windows 的应用软件，功能强大，主要用于开发程序，也可用于实时监控用户程序的执行状态。该软件的 4.0 以上版本，有包括中文在内的多种语言使用界面可选。

1) 编程软件的安装与窗口组件。

（1）编程软件的安装。

双击文件"STEP 7-Micro/WIN V4.0 演示版.exe"，开始安装编程软件，使用默认的安装语言（英语）。安装结束后，弹出"Install Shield Wizart"对话框，显示安装成功的信息，单击"Finish"按钮退出安装程序。

STEP7 编程软件介绍

安装成功后，双击桌面上的"STEP 7-MicroWIN"图标，打开编程软件，看到的是英文界面，执行菜单命令"Tools"→"Options"，单击出现的对话框左边的"General"图标，在"General"选项中，选择语言为"Chinese"。退出"STEP 7-MicroWIN"后，再进入该软件，界面和帮助文件已变成中文的了。

（2）窗口组件。

图 7-23 所示为 STEP 7-Micro/WIN V4.0 版 PLC 编程软件的主界面。主界面一般可分为浏览条、指令树、符号表、程序编辑器和状态条。除菜单条外，用户可以根据需要通过查看菜单和窗口菜单决定其他窗口的取舍和样式的设置。

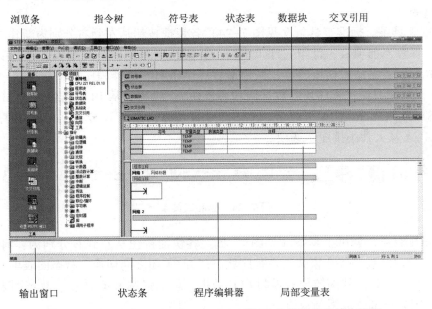

图 7-23 STEP 7-Micro/WIN V4.0 版 PLC 编程软件的主界面

①主菜单。主菜单包括文件、编辑、查看、PLC、调试、工具、窗口和帮助 8 个主菜单项，各主菜单项的功能如下所述。

a. 文件菜单：操作项目主要有对文件进行新建、打开、关闭、保存、另存、导入、导出、上传、下载、页面设置、打印、预览、退出等操作。

b. 编辑菜单：可以实现剪切/复制/粘贴、插入、查找/替换/转至等操作。

c. 查看菜单：用于选择各种编辑器，如程序编辑器、数据块编辑器、符号表编辑器、状态图编辑器、交叉引用查看以及系统块和通信参数设置等。

查看菜单可以控制程序注解、网络注解以及浏览条、指令树和输出视窗的显示与隐藏，还可以对程序块的属性进行设置。

d. PLC 菜单：用于与 PLC 连机时的操作，如用软件改变 PLC 的运行方式（运行、停止），对用户程序进行编译，清除 PLC 程序，电源启动重置，查看 PLC 的信息、时钟、存储卡的操作，程序比较，PLC 类型选择的操作。其中对用户程序进行编译可以离线进行。

e. 调试菜单：用于连机时的动态调试。调试时可以指定 PLC 对程序执行有限次数扫描（从 1 次扫描到 65 535 次扫描）。通过选择 PLC 运行的扫描次数，可以在程序改变过程变量时对其进行监控。第 1 次扫描时，SM0.1 数值为 1（打开）。

f. 工具菜单：提供复杂指令向导（PID、HSC、NETR/NETW 指令），使复杂指令编程时的工作简化；提供文本显示器 TD200 设置向导；定制子菜单可以更改 STEP 7-Micro/WIN 工具条的外观或内容以及在工具菜单中增加常用工具；选项子菜单可以设置三种编辑器的风格，如字体、指令盒的大小等样式。

g. 窗口菜单：可以设置窗口的排放形式，如层叠、水平、垂直。

h. 帮助菜单：可以提供 S7-200 的指令系统及编程软件的所有信息，并提供在线帮助、网上查询和访问等功能。

②工具条。

a. 标准工具条。标准工具条（见图 7-24）各快捷按钮从左到右分别为新建项目、打开现有项目、保存当前项目、打印、打印预览、剪切选项并复制至剪贴板、将选项复制至剪贴板、在光标位置粘贴剪切板内容、撤销最后一个条目、编译程序块或数据块（任意一个现用窗口）、全部编译（程序块、数据块和系统块）、将项目从 PLC 上载至 STEP 7-Micro/WIN、从 STEP 7-Micro/WIN 下载至 PLC、符号表名称列按照 A～Z 从小到大排序、符号表名称列按 Z～A 从大到小排序、选项。

图 7-24 标准工具条

b. 调试工具条。调试工具条（见图 7-25）各快捷按钮从左到右分别为：将 PLC 设为运行模式、将 PLC 设为停止模式、在程序状态打开/关闭之间切换、状态图表单次读取、状态图表全部写入、程序状态监控、强制 PLC 数据、取消强制 PLC 数据、状态图表全部取消强制、状态图表全部读取强制数值。

图 7-25 调试工具条

c. 公用工具条。公用工具条（见图 7-26）各快捷按钮从左到右分别为插入网络、删除网络、程序注解显示与隐藏之间切换、网络注释、查看/隐藏每个网络的符号表、切换书签、下一个书签、上一个书签、消除全部书签、建立表格未定义符号、常量说明符打开/关闭之间切换。

d. LAD指令工具条。LAD指令工具条（见图7-27）各快捷按钮从左到右分别为插入向下直线、插入向上直线、插入左行、插入右行、插入触点、插入线圈、插入指令盒。

图7-26　公用工具条 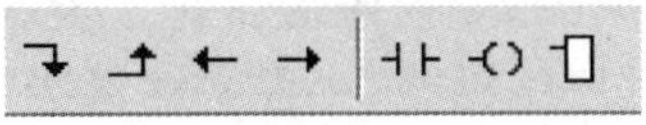　　　　图7-27　LAD指令工具条

③浏览条。浏览条为编程提供按钮控制，可以实现窗口的快速切换，即对编程工具执行直接按钮存取，包括程序块、符号表、状态图、数据块、系统块、交叉引用和通信。单击上述任意按钮，则主窗口切换成此按钮对应的窗口。

④指令树。指令树以树形结构提供编程时用到的所有快捷操作命令和PLC指令，可分为项目分支和指令分支。项目分支用于组织程序项目，指令分支用于输入程序。

⑤用户窗口。可同时或分别打开6个用户窗口，分别为交叉引用、数据块、状态图、符号表、程序编辑器和局部变量表。

a. 交叉引用。在程序编译成功后，可用下面的方法之一打开"交叉引用"窗口。

● 用菜单命令："查看"→"交叉引用"。

● 单击浏览条中的"交叉引用"按钮。交叉引用列出在程序中使用的各操作数所在的程序组织单元（POU）、网络或行位置，以及每次使用各操作数的语句表指令。通过交叉引用还可以查看哪些内存区域已经被使用，是作为位还是作为字节使用。在运行方式下编辑程序时，交叉引用可以查看程序当前正在使用的跳变信号的地址。交叉引用不能下载到PLC，在程序编译成功后，才能打开交叉引用。在交叉引用中双击某操作数，可以显示出包含该操作数的那一部分程序。

b. 数据块。数据块可以设置和修改变量存储器的初始值和常数值，并加注必要的注释说明。用下面的任意一种方法均可打开"数据块"窗口。

● 单击浏览条上的"数据块"窗口。

● 用菜单命令："查看"→"组件"→"数据块"。

● 单击指令树中的"数据块"图标。

c. 状态图。将程序下载到PLC后，可以建立一个或多个状态图，在联机调试时，进入状态图监控状态，监视各变量的值和状态。状态图不能下载到PLC，它只是监视用户程序运行的一种工具。用下面任意一种方法均可打开"状态图"窗口。

● 单击浏览条上的"状态图"按钮。

● 用菜单命令："查看"→"组件"→"状态图"。

● 单击指令树中的"状态图"文件夹，然后双击"状态图"图标。

若在项目中有一个以上的状态图，使用位于"状态图"窗口底部的标签在状态图之间切换。

d. 符号表。符号表是程序员用符号编址的一种工具表。在编程时不采用组件的直接地址作为操作数，而用有实际含义的自定义符号名作为编程组件的操作数，这样可使程序更容易理解。符号表则建立了自定义符号名与直接地址编号之间的关系。程序被编译后下载到 PLC 时，所有的符号地址被转换为绝对地址，符号表中的信息不能下载到 PLC。用下面的任意一种方法均可打开"符号表"窗口。

- 单击浏览条中的"符号表"按钮。
- 用菜单命令："查看"→"符号表"。
- 单击指令树中的"符号表或全局变量表"文件夹，然后双击一个表格图标。

e. 程序编辑器。"程序编辑器"窗口的打开方法如下所述。

- 单击浏览条中的"程序块"按钮，打开程序编辑器窗口，单击窗口下方的主程序、子程序、中断程序标签，可自由切换程序窗口。
- 单击指令树中的"程序块"图标，然后双击"主程序"图标、"子程序"图标或"中断程序"图标。

"程序编辑器"的设置方法如下所述。

- 用菜单命令："工具"→"选项"→"程序编辑器"标签，设置编辑器选项。
- 使用选项快捷按钮设置"程序编辑器"选项。

"指令语言"的选择方法如下所述。

- 用菜单命令："查看"→"LAD、FBD、STL"更改编辑器类型。
- 用菜单命令："工具"→"选项"→"一般"标签，可更改编辑器（LAD、FBD 或 STL）和编程模式（SIMATIC 或 IEC113-3）。

f. 局部变量表。程序中的每个程序块都有自己的局部变量表，局部变量表用来定义局部变量，局部变量只在建立该局部变量的程序块中才有效。在带参数的子程序调用中，参数的传递就是通过局部变量表。将水平分裂条拉至程序编辑器窗口的顶部，局部变量表不再显示，但仍然存在。

⑥输出窗口。输出窗口用来显示 STEP 7-Micro/WIN 程序编译的结果，如编译结果有无错误、错误编码和位置等。通过菜单命令"查看"→"帧"→"输出窗口"，可打开或关闭输出窗口。

⑦状态条。状态条提供有关在 STEP 7-Micro/WIN 中操作的信息。

2）编程软件的主要编程功能

（1）编程元素及项目组件。

STEP 7-Micro/WIN 的一个基本项目包括程序块、数据块、系统块、符号表、状态表和交叉引用表。程序块、数据块、系统块需下载到 PLC，而符号表、状态表、交叉引用表不下载到 PLC。

程序块由可执行代码和注释组成，可执行代码由一个主程序和可选子程序或中断程序组成。程序代码被编译并下载到 PLC，程序注释被忽略。在"指令树"中右击"程序块"图标可以插入子程序和中断程序。

数据块由数据（包括初始内存值和常数值）和注释两部分组成。数据被编译后，下载到 PLC，注释被忽略。

系统块用来设置系统的参数，包括通信口配置信息、保存范围、模拟和数字输入过滤器、背景时间、密码表、脉冲截取位和输出表等选项。单击"浏览栏"上的"系统块"按钮，或者单击"指令树"内的"系统块"图标，可查看并编辑系统块。系统块的信息需下载到 PLC，为 PLC 提供新的系统配置。

(2) 梯形图程序的输入。

①建立项目：通过菜单命令"文件"→"新建"或单击工具栏中"新建"快捷按钮，可新建一个项目。

②输入程序：在程序编辑器中使用的梯形图元素主要有触点、线圈和功能块，梯形图的每个网络必须从触点开始，以线圈或没有布尔输出（ENO）的功能块结束。线圈不允许串联使用。

在程序编辑器中输入程序可有以下方法：在指令树中选择需要的指令，拖放到需要位置；将光标放在需要的位置，在指令树中双击需要的指令；将光标放到需要的位置，单击工具栏指令按钮，打开一个通用指令窗口，选择需要的指令；使用功能键：F4=接点，F6=线圈，F9=功能块，打开一个通用指令窗口，选择需要的指令。

当编程元件图形出现在指定位置后，再单击编程元件符号的???，输入操作数。红色字样显示语法出错，当把不合法的地址或符号改变为合法值时，红色消失。若数值下面出现红色的波浪线，则表示输入的操作数超出范围或与指令的类型不匹配。

在梯形图 LAD 编辑器中可对程序进行注释。注释级别共有 4 个：程序注释、网络标题、网络注释和程序属性。"属性"对话框中有两个标签："常规"和"保护"。选择"常规"可为子程序、中断程序和主程序块重新编号和重新命名，并为项目指定一个作者。选择"保护"则可以选择一个密码保护程序，以使其他用户无法看到该程序，并在下载时加密。若用密码保护程序，则选择"用密码保护该 POU"复选框。输入一个 4 个字符的密码并核实该密码。

③编辑程序。

a. 剪切、复制、粘贴或删除多个网络。通过用 Shift 键+鼠标单击或在程序编辑器左侧按住鼠标左键拖动鼠标，可以选择多个相邻的网络，进行剪切、复制、粘贴或删除等操作。

b. 编辑单元格、指令、地址和网络。用光标选中需要进行编辑的单元，单击右键，弹出快捷菜单，可以进行插入或删除行、列、垂直线或水平线的操作。删除垂直线时把方框放在垂直线左边单元上，删除时选"行"或按"Del"键。进行插入编辑时，先将方框移至欲插入的位置，然后选"列"。

④程序的编译。程序编译操作用于检查程序块、数据块及系统块是否存在错误。程序经过编译后，方可下载到 PLC。单击"编译"按钮或选择菜单命令"PLC"→"编译"，编译当前被激活的窗口中的程序块或数据块；单击"全部编译"按钮或选择菜单命令"PLC"→"全部编译"，编译全部项目元件（程序块、数据块和系统块）。使用"全部编译"，与哪一个窗口是否是活动窗口无关。编译的结果显示在主窗口下方的输出窗口中。

(3) 程序的上传和下载。

①程序上传：可用下面几种方法从 PLC 将项目文件上传到 STEP 7-Micro/WIN 程序编辑器：单击"上载"按钮；选择菜单命令"文件"→"上载"；按快捷键组合 Ctrl+U。执行的步骤与下载基本相同，选择需上传的块（程序块、数据块或系统块），单击"上传"按钮，上传的程序将从 PLC 复制到当前打开的项目中，随后即可保存上传的程序。

②程序下载：如果已经成功地在运行 STEP 7-Micro/WIN 的个人计算机和 PLC 之间建立了通信，就可以将编译好的程序下载至该 PLC。如果 PLC 中已经有该内容，则原内容将被覆盖。单击工具条中的"下载"按钮或用菜单命令"文件"→"下载"，将弹出"下载"

对话框。根据默认值，在初次发出下载命令时，"程序代码块""数据块"和"CPU 配置"（系统块）复选框都被选中。如果不需要下载某个块，可以清除该复选框。单击"确定"按钮，开始下载程序。如果下载成功，则出现一个确认框会显示以下信息：下载成功。下载成功后，单击工具条中的"运行"按钮或"PLC"→"运行"，PLC 进入 RUN（运行）工作方式。

注意：下载程序时 PLC 必须处于停止状态，可根据提示进行操作。

（4）选择工作方式。PLC 有运行和停止两种工作方式。单击工具栏中的"运行"按钮或"停止"按钮可以进入相应的工作方式。

（5）程序的调试与监控。在 STEP 7 – Micro/WIN 编程设备和 PLC 之间建立通信并向 PLC 下载程序后，可使 PLC 进入运行状态，进行程序的调试和监控。

①程序状态监控：在程序编辑器窗口，显示希望测试的部分程序和网络，将 PLC 置于 RUN 工作方式，单击工具栏中"程序状态监控"按钮或用菜单命令"调试"→"开始程序状态监控"，将进入梯形图监控状态。在梯形图监控状态，用高亮显示位操作数的线圈得电或触点通断状态。触点或线圈通电时，该触点或线圈高亮显示。运行中梯形图内的各元件状态将随程序执行过程连续更新变换。

②状态表监控：单击浏览条上的"状态表"按钮或使用菜单命令"查看"→"组件"→"状态表"，可打开状态图编辑器，在状态图地址栏输入要监控的数字量地址或数据量地址，单击工具栏中的"状态表监控"按钮或调试菜单中的"开始状态表监控"，可进入"状态表"监控状态。在此状态，可通过工具栏强制 I/O 点的操作，观察程序的运行情况，也可通过工具栏对内部位及内部存储器进行"写"操作来改变其状态，进而观察程序的运行情况。

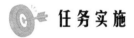

一、控制要求

电动机在按下启动按钮 SB1 后，使接触器线圈 KM1 得电，之后保持连续运转，当按下停止按钮 SB2 时，实现停车功能。

启动保持停止控制简称启保停控制，该控制功能在生产实践中应用非常广泛，电动机的单向连续运转控制就是一个典型的启保停控制。

二、PLC 输入/输出端子分配表及接线图

控制 PLC 输入/输出端子分配表如表 7-4 所示。

表 7-4　控制 PLC 输入/输出端子分配表

PLC 地址		说明
输入	I0.0	电动机启动按钮 SB1
	I0.1	电动机停止按钮 SB2
输出	Q0.0	线圈 KM1

图 7-28 所示为用 PLC 实现电动机单向连续运转控制的接线图（不考虑有关保护），其

PLC 控制程序与电气控制电路图相似，如图 7-28（b）所示。

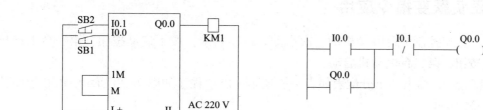

图 7-28　电动机单向连续运转 PLC 控制接线图和梯形图
（a）PLC 控制接线图；（b）PLC 控制梯形图

图 7-28（a）所示为用 PLC 实现电动机单向连续运转控制的接线图（不考虑有关保护），其 PLC 控制程序与电气控制电路图相似，如图 7-28（b）所示。图中 PLC 的输出端子 Q0.0 连接接触器 KM1，用以驱动电动机的运行与停止；PLC 的输入端子 I0.0 和 I0.1 分别连接启动按钮 SB1 和停止按钮 SB2。启保停控制的主要特点是具有"记忆"功能，按下启动按钮 SB1，I0.0 常开触点接通，由于未按停止按钮，I0.1 常闭触点处于接通状态，Q0.0 线圈得电；Q0.0 得电后，它的常开触点接通，这时，即使松开启动按钮 SB1，Q0.0 线圈仍然可以通过 Q0.0 常开触点和 I0.1 常闭触点得电，这就是启保停控制的"记忆"功能，即"自锁"或"自保持"功能。按下停止按钮 SB2，I0.1 常闭触点断开 Q0.0 线圈断电，其常开触点断开，以后即使松开停止按钮，I0.1 常闭触点恢复接通状态，Q0.0 线圈仍然不会得电。

 知识拓展

一、采用置位复位指令编写电动机启动停止程序

用置位复位指令实现电动机的启动保持停止。
控制 PLC 输入/输出端子分配表如表 7-5 所示。PLC 程序如图 7-29 所示。

表 7-5　控制 PLC 输入/输出端子分配表

	PLC 地址	说明
输入	I0.0	电动机启动按钮 SB1
	I0.1	电动机停止按钮 SB2
输出	Q0.0	线圈 KM1

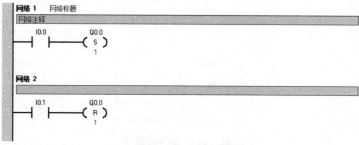

图 7-29　PLC 程序

二、正负跃变指令应用

采用一个按钮控制两台电动机的一次启动。控制要求：按下启动按钮，第一台电动机启动，松开按钮，第二台电动机启动。

控制 PLC 输入/输出端子分配表如表 7-6 所示。PLC 程序如图 7-30 所示。PLC 控制接线图如图 7-31 所示。

表 7-6 控制 PLC 输入/输出端子分配表

PLC 地址		说明
输入	I0.0	电动机启动按钮 SB1
	I0.1	电动机停止按钮 SB2
输出	Q0.0	线圈 KM1
	Q0.1	线圈 KM2

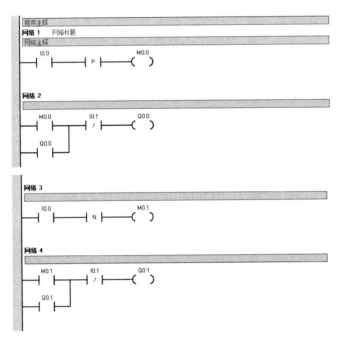

图 7-30 PLC 程序

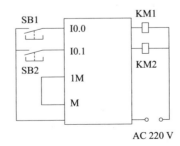

图 7-31 PLC 控制接线图

三、电动机一键启停程序

（1）控制要求：长按启动按钮 SB1 实现电动机的启动，松开启动按钮 SB1 电动机停止。
控制 PLC 输入/输出端子分配表如表 7-7 所示。PLC 程序如图 7-32 所示。PLC 控制接线图如图 7-33 所示。

表 7-7 控制 PLC 输入/输出端子分配表

PLC 地址		说明
输入	I0.0	电动机启动按钮 SB1
输出	Q0.0	线圈 KM1

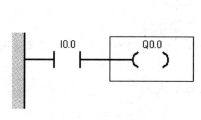

图 7-32 PLC 程序

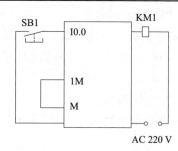

图 7-33 PLC 控制接线图

（2）控制要求：按下启动按钮 SB1 实现电动机的启动，再次按下启动按钮 SB1 可使电动机停止。
控制 PLC 输入/输出端子分配表如表 7-8 所示。PLC 程序如图 7-34 所示。PLC 控制接线图如图 7-35 所示。

表 7-8 控制 PLC 输入/输出端子分配表

PLC 地址		说明
输入	I0.0	电动机启动按钮 SB1
输出	Q0.0	线圈 KM1

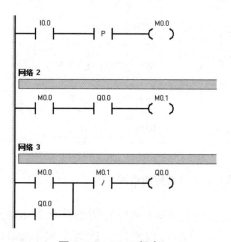

图 7-34 PLC 程序

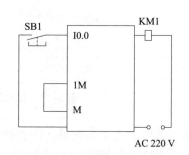

图 7-35 PLC 控制接线图

思考与练习题

（1）简述 PLC 的应用领域。
（2）PLC 的工作方式是什么？简单描述。
（3）简述 S7-200 系列 PLC 外部结构。
（4）如何描述 S7-200 系列的 CPU 及输入/输出性能？
（5）简述 PLC 的编址方式。
（6）简述 PLC 的特点。
（7）简述 PLC 扫描工作过程。
（8）S7-200 系列 PLC 指令的间接寻址是如何操作的？
（9）什么是可编程序控制器？它有哪些主要特点？
（10）S7-200 系列 PLC 指令的间接寻址是如何操作的？
（11）扫描周期中，如果在程序执行期间输入状态发生变化，则输入映像寄存器的状态是否随之改变？为什么？
（12）S7-200 系列 PLC 的指令系统有几种表现形式？

任务 7.2　电动机正反转 PLC 控制

任务描述

接触器联锁的正反转控制线路如图 7-36 所示。

电动机正反转
PLC 控制
原理分析

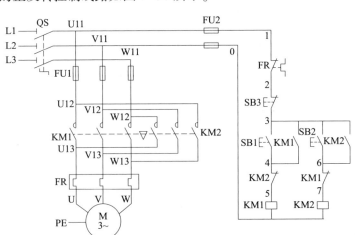

图 7-36　接触器联锁的正反转控制线路

该线路中采用了两个接触器，即正转用的接触器 KM1 和反转用的接触器 KM2，它们分别由正转按钮 SB1 和反转按钮 SB2 控制。从主电路图可以看出，这两个接触器的主触头所接通的电源相序不同，KM1 按 L1-L2-L3 相序接线，KM2 则按 L3-L2-L1 相序接线。相应的控制电路有两条：一条是由按钮 SB1 和 KM1 线圈等组成的正转控制电路；另一条是由按钮 SB2 和 KM2 线圈等组成的反转控制电路。本项目研究用 PLC 实现三相异步电动机的正反转控制电路。

任务目标

了解正反转控制线路，掌握电动机正反转控制的原理及相关 PLC 指令的使用，在实施控制的过程中，能独立完成 PLC 程序的编写及工程设计。

实施条件

（1）工作场地：生产车间或实训基地。
（2）安全工装：工作服、安全帽等防护用品。
（3）实训器具：S7-200 PLC 实训平台。

相关知识

一、相关知识

1. 触点线圈指令

触点指令的格式及功能如表 7-9 所示。

表 7-9 触点指令的格式及功能

梯形图 LAD	语句表 STL		功能	
	操作码	操作数	梯形图含义	语句表含义
—| bit |—	LD	bit	将一常开触点 bit 与母线相连接	将 bit 装入栈顶
—| bit |/|—	LDN	bit	将一常闭触点 bit 与母线相连接	将 bit 取反后装入栈顶
—| bit |—	A	bit	将一常开触点 bit 与上一触点串联，可连续使用	将 bit 与栈顶相与后存入栈顶
—| bit |/|—	AN	bit	将一常闭触点 bit 与上一触点串联，可连续使用	将 bit 取反与栈顶相与后存入栈顶
—| bit |—	O	bit	将一常开触点 bit 与上一触点并联，可连续使用	将 bit 与栈顶相或后存入栈顶

续表

梯形图 LAD	语句表 STL		功能	
	操作码	操作数	梯形图含义	语句表含义
─┤ / ├─ bit	ON	bit	将一常闭触点 bit 与上一触点并联，可连续使用	将 bit 取反与栈顶相或后存入栈顶
─( ) bit	=	bit	当能流流进线圈时，线圈所对应的操作数 bit 置"1"	复制栈顶的值到 bit

说明：

（1）梯形图程序的触点指令有常开和常闭触点两类，类似于继电-接触器控制系统的电器接点，可自由地串并联。

（2）语句表程序的触点指令由操作码和操作数组成。在语句表程序中，控制逻辑的执行通过 CPU 中的一个逻辑堆栈来实现，这个堆栈有 9 层深度，每层只有一位宽度。语句表程序的触点指令运算全部都在栈顶进行。

（3）表中操作数 bit 寻址寄存器 I、Q、M、SM、T、C、V、S、L 的位值。

2. 置位复位指令

置位复位指令的格式及功能如表 7-10 所示。

表 7-10 置位复位指令

梯形图 LAD	语句表 STL		功能
	操作码	操作数	
─(R) bit N	R	bit, N	条件满足时，从 bit 开始的 N 个位被置"1"
─(S) bit N	S	bit, N	条件满足时，从 bit 开始的 N 个位被清"0"

说明：

（1）Bit 指定操作的起始位地址，寻址寄存器 I、Q、M、S、SM、V、T、C、L 的位值。

（2）N 指定操作的位数，其范围是 0~255，可立即数寻址，也可寄存器寻址（IB、QB、MB、SMB、SB、LB、VB、AC、*AC、*VD）。

（3）当对同一位地址进行操作的复位、置位指令同时满足执行条件时，写在后面的指令被有效执行。

3. 正负跃变指令

正负跃变指令的格式及功能如表 7-11 所示。

表 7-11 正负跃变指令的格式及功能

梯形图 LAD	语句表 STL		功能
	操作码	操作数	
─┤ P ├─	EU	无	正跃变指令检测到每一次输入的上升沿出现时，都将使电路接通一个扫描周期

续表

梯形图 LAD	语句表 STL		功能
	操作码	操作数	
─┤N├─	ED	无	负跃变指令检测到每一次输入的下降沿出现时，都将使电路接通一个扫描周期

说明：

（1）当信号从 0 变 1 时，将产生一个上升沿（或正跳沿），而从 1 变 0 时，则产生一个下降沿（或负跳沿）。

（2）该指令在程序中检测其前方逻辑运算状态的改变，将一个长信号变为短信号。

任务实施

一、输入/输出分配

为了将图 7-36 的控制电路用 PLC 控制器来实现，PLC 需要 4 个输入点，2 个输出点，输入/输出点分配见表 7-12。

表 7-12 输入/输出点分配

输入			输出		
输入继电器	输入元件	作用	输出继电器	输出元件	作用
I0.0	SB1	正向启动按钮	Q0.0	KM1	正向运行交流接触器
I0.1	SB2	停止按钮	Q0.1	KM2	反向运行交流接触器
I0.2	SB3	反向启动按钮	—	—	—
I0.3	FR	过载保护	—	—	—

二、工作原理及设计思路

（1）根据输入/输出点分配，画出 PLC 的接线图。如图 7-37 所示，PLC 控制系统中的所有输入触点类型全部采用常开触点，由此设计的梯形图如图 7-38 所示，当 SB2、FR 不动作时，I0.1、I0.3 不接通，I0.1、I0.3 常闭触点闭合，为正向或反向启动做好准备。如果按下 SB1，I0.0 接通，I0.0 的常开触点闭合，驱动 Q0.0 动作，使 Q0.0 外接的 KM1 线圈吸合，KM1 的主触点闭合，主电路接通，电动机 M 正向运行，同时梯形图中 Q0.0 常开触点接通，使 Q0.0 的输出保持，起到自保作用，维持电动机 M 的连续正向运行，另外梯形图中 Q0.0 的常闭触点断开，确保在 Q0.0 接通时，Q0.1 不能接通，起到互保作用。直到按下 SB2，此时 I0.1 接通，常闭触点断开，使 Q0.0 断开，Q0.0 外接的 KM1 线圈释放，KM1 的主触点断开，主电路断开，电动机 M 停止运行。同理分析反向运行。

（2）比较图 7-36 的控制线路和图 7-38 的梯形图。梯形图中各触点和线圈的连接顺序没有按照继电器控制电路中的连接顺序，那么梯形图中各触点和线圈的连接顺序能否按照继电器控制电路中的顺序连接呢？按照继电器控制电路中的连接顺序画出梯形图，如图 7-39 所示，表面上分析逻辑功能是相同的，但使用编程软件输入时，该梯形图无法输入，因为梯形图规定，触点应位于线圈的左边，线圈连接到梯形图的右母线，所以 I0.3 的触点要移到前面，如图 7-39 所示。

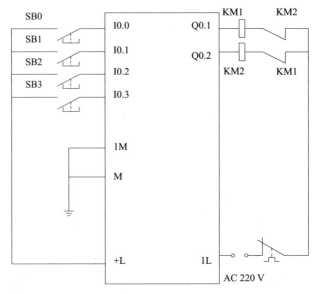

图 7-37　电动机正反转 PLC 接线图

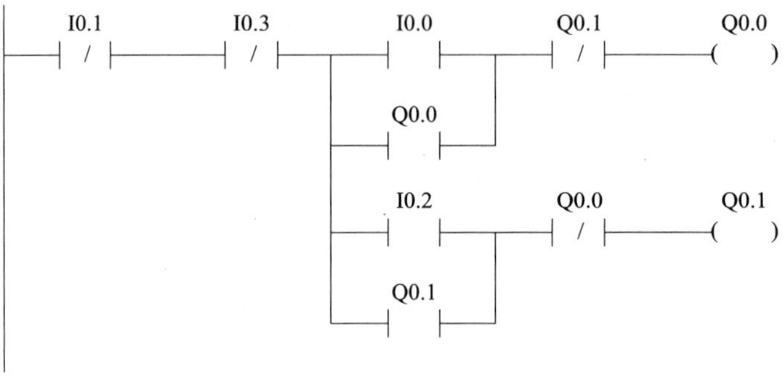

图 7-38　正确的梯形图

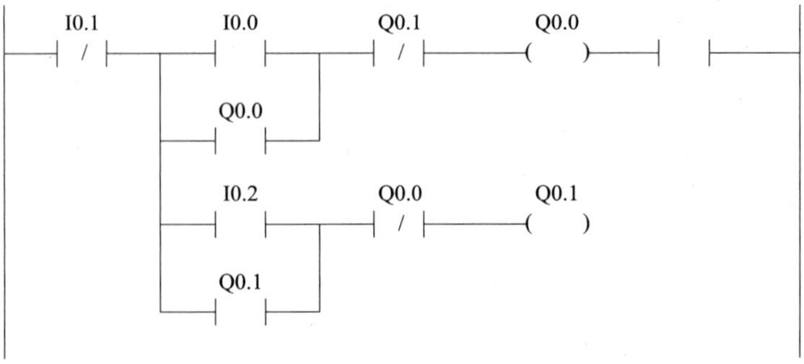

图 7-39　错误的梯形图

（3）设计梯形图时，除了按照继电器控制电路，适当调整触点顺序画出梯形图外，还可以对梯形图进行优化，方法是分离交织在一起的逻辑电路。因为在继电器电路中，为了减少器件，少用触点，从而节约硬件成本，各个线圈的控制电路相互关联，交织在一起，而梯形图中的触点都是软元件，无限多次使用也不会增加硬件成本，所以，可以将各线圈的控制电路分离开来，图7-40所示为由此设计出的梯形图。将图7-38和图7-40比较，可以发现图7-40所示的逻辑思路更清晰，所用的指令类型更少。

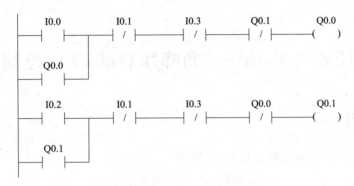

图 7-40 优化的梯形图

任务实施

一、硬件接线

电动机正反转 PLC 接线图如图 7-37 所示。

二、编写 PLC 程序

PLC 程序如图 7-41 所示。

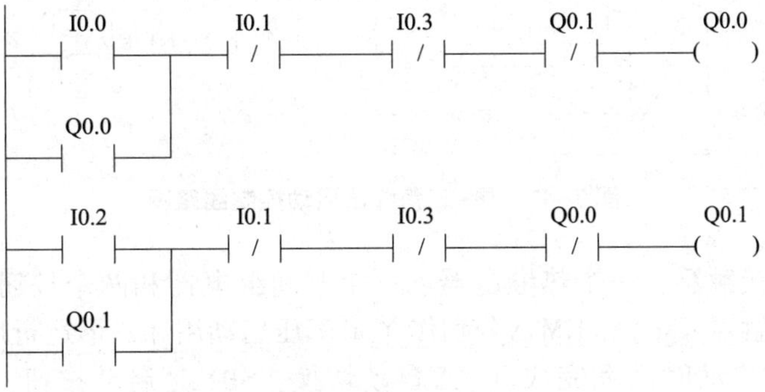

图 7-41 PLC 程序

思考与练习题

（1）带按钮互锁的正反转控制，用置位复位指令控制，并用组态软件做出相应的设计。

（2）利用置位复位指令设计周期为 3 s，占空比为 50% 的方波输出信号。

（3）设计红、黄、绿三种颜色小灯循环点亮显示程序，循环间隔为 0.5 s，并画出接线图。

任务 7.3　星-三角降压启动 PLC 控制

任务描述

星-三角降压启动控制线路如图 7-42 所示。

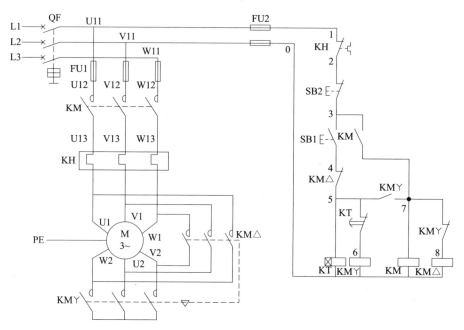

图 7-42　星-三角降压启动控制线路图

该线路由三个接触器、一个热继电器、一个时间继电器和两个按钮组成。接触器 KM 作引入电源用，接触器 KM丫和 KM△分别作丫形降压启动用和△形运行用，时间继电器 KT 用作控制丫形降压启动时间和完成丫-△自动切换，SB1 是启动按钮，SB2 是停止按钮，FU1 作主电路的短路保护，FU2 作控制电路的短路保护，KH 作过载保护。

如果在电源变压器容量不够大的情况下直接启动较大功率电动机，会使电源变压器输出电压大幅下降，这样不仅会减小电动机本身的启动转矩，还会影响同一供电网中其他设备的正常工作，因此较大功率的电动机需要采取降压启动。本项目研究用 PLC 实现星-三角降压启动控制线路。

项目 7 PLC 控制技术技能训练

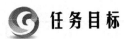

任务目标

了解星-三角（Y-△）降压启动控制线路，掌握星-三角降压启动控制的原理及相关 PLC 指令的使用，在实施控制的过程中，能独立完成 PLC 程序的编写及工程设计。

实施条件

（1）工作场地：生产车间或实训基地。
（2）安全工装：工作服、安全帽等防护用品。
（3）实训器具：S7-200 PLC 实训平台。

建议学时

4 学时。

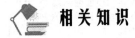

相关知识

一、S7-200 PLC 定时器指令

定时器指令在控制系统中主要用来实现定时操作，可用于需要按时间原则控制的场合。

S7-200 系列 PLC 的软定时器有三种类型，它们分别是接通延时定时器（TON）、断开、延时定时器（TOF）和保持型接通延时定时器（TONR），其定时时间等于分辨率与设定值的乘积。

定时器的分辨率有 1 ms、10 ms 和 100 ms 三种，取决于定时器号码。

定时器指令

定时器的设定值和当前值均为 16 位的有符号整数（INT），允许的最大值为 32 767。

定时器的预设值 PT 可寻址寄存器 VW、IW、QW、MW、SMW、SW、LW、AC、AIW、T、C、*VD、*AC 及常数。

1. 定时器的类型

定时器的类型如表 7-13 所示。

表 7-13 定时器的类型

工作方式	时基/ms	最大定时范围/s	定时器号
TONR	1	32.767	T0、T64
	10	327.67	T1~T4、T65~T68
	100	3 276.7	T5~T31、T69~T95
TON/TOF	1	32.767	T32、T96
	10	327.67	T33~T36、T97~T100
	100	3 276.7	T37~T63、T101~T255

2. 接通延时定时器指令的格式及功能

接通延时定时器指令的格式及功能如表 7-14 所示。

245

表 7-14　接通延时定时器指令的格式及功能

梯形图 LAD	语句表 STL		功能
	操作码	操作数	
???? IN　TON ????-PT　???ms	TON	Txxx, PT	TON 定时器的使能输入端 IN 为 "1" 时，定时器开始定时；当定时器的当前值大于预定值 PT 时，定时器位变为 ON（该位为 "1"）；当 TON 定时器的使能输入端 IN 由 "1" 变 "0" 时，定时器复位

3. 断开延时定时器指令的格式及功能

断开延时定时器指令的格式及功能如表 7-15 所示。

表 7-15　断开延时定时器指令的格式及功能

梯形图 LAD	语句表 STL		功能
	操作码	操作数	
???? IN　TOF ????-PT　???ms	TOF	Txxx, PT	TOF 定时器的使能输入端 IN 为 1 时，定时器位变 ON，当前值被清零；当定时器的使能输入端 IN 为 0 时，定时器开始计时；当当前值达到预定值 PT 时，定时器位变为 OFF（该位为 0）

4. 保持型接通延时定时器指令的格式及功能

保持型接通延时定时器指令的格式及功能如表 7-16 所示。

表 7-16　保持型接通延时定时器指令的格式及功能

梯形图 LAD	语句表 STL		功能
	操作码	操作数	
???? IN　TONR ????-PT　???ms	TONR	Txxx, PT	TONR 定时器的使能输入端 IN 为 1 时，定时器开始延时；为 0 时，定时器停止计时，并保持当前值不变；当定时器当前值达到预定值 PT 时，定时器位变为 ON（该位为 1）

二、S7-200 计数器指令

计数器指令

计数器利用输入脉冲上升沿累计脉冲个数。S7-200 系列 PLC 有三类计数器：加计数器 CTU、减计数器 CTD 和加减计数器 CTUD。

1. 加计数器指令的格式及功能

加计数器指令的格式及功能如表 7-17 所示。

表 7-17　加计数器指令的格式及功能

梯形图 LAD	语句表 STL		功能
	操作码	操作数	
???? CU　CTU R ????-PV	CTU	Cxxx, PV	加计数器对 CU 的上升沿进行加计数；当计数器的当前值大于等于设定值 PV 时，计数器位被置 1；当计数器的复位输入 R 为 ON 时，计数器被复位，计数器当前值被清零，位值变为 OFF

说明：

(1) CU 为计数器的计数脉冲；R 为计数器的复位；PV 为计数器的预设值，取值为 1~32 767。

(2) 计数器的号码 C×××在 0~255 以内任选。

(3) 计数器也可通过复位指令为其复位。

2. 减计数器指令的格式及功能

减计数器指令的格式及功能如表 7-18 所示。

表 7-18　减计数器指令的格式及功能

梯形图 LAD	语句表 STL		功能
	操作码	操作数	
???? CD　CTD LD ????-PV	CTD	Cxxx, PV	减计数器对 CD 的上升沿进行减计数；当当前值等于 0 时，该计数器被置位，同时停止计数；当计数装载端 LD 为 1 时，当前值恢复为预设值，位值置 0

说明：

(1) CD 为计数器的计数脉冲；LD 为计数器的装载端；PV 为计数器的预设值，取值为 1~32 767。

(2) 减计数器的编号及预设值寻址范围同加计数器。

3. 加减计数器指令的格式及功能

加减计数器指令的格式及功能如表 7-19 所示。

表 7-19　加减计数器指令的格式及功能

梯形图 LAD	语句表 STL		功能
	操作码	操作数	
???? CU　CTUD CD R ????-PV	CTUD	Cxxx, PV	在加计数脉冲输入 CU 的上升沿，计数器的当前值加 1，在减计数脉冲输入 CD 的上升沿，计数器的当前值减 1，当前值大于等于设定值 PV 时，计数器位被置位。若复位输入 R 为 ON 时或对计数器执行复位指令 R 时，计数器被复位

说明：

(1) 当计数器的当前值达到最大计数值（32 767）后，下一个 CU 上升沿将使计数器当前值变为最小值（-32 768）；同样在当前计数值达到最小计数值（-32 768）后，下一个 CD 输入上升沿将使当前计数值变为最大值（32 767）。

(2) 加减计数器的编号及预设值寻址范围同加计数器。

4. S7-200 PLC 跳转指令

跳转与跳转标号指令的格式及功能如表 7-20 所示。

表 7-20　跳转与跳转标号指令的格式及功能说明

梯形图 LAD	语句表 STL		功能
	操作码	操作数	
????─(JMP)	JMP	n	条件满足时，跳转指令（JMP）可使程序转移到同一程序的具体标号（n）处
???? LBL	LBL	n	跳转标号指令（LBL）标记跳转目的地的位置（n）

（1）跳转标号 n 的取值为 0~255。

（2）跳转指令及跳转标号指令只能用于同一程序段中，不能在主程序段中用跳转指令，而在子程序段中用跳转标号指令。

5. S7-200 PLC 子程序调用指令

将具有特定功能，并且多次使用的程序段作为子程序。当主程序调用子程序并执行时，子程序执行全部指令直至结束。然后返回到主程序的子程序调用处。子程序用于程序的分段和分块，使其成为较小的、更易于管理的块，只有在需要时才调用，可以更加有效地使用 PLC。

子程序调用等相关指令的格式及功能如表 7-21 所示。

表 7-21　子程序调用与子程序标号、子程序返回指令的格式及功能

梯形图 LAD	语句表 STL		功能
	操作码	操作数	
SBR_0 EN	CALL	SBR_n	子程序调用与标号指令（CALL）把程序的控制权交给子程序（SBR_n）
──(RET)	CRET	—	有条件子程序返回指令（CRET）根据该指令前面的逻辑关系，决定是否终止子程序（SBR_n），无条件子程序返回指令（RET）立即终止子程序的执行

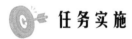

任务实施

一、I/O 分配

为了将图 7-42 的控制电路用 PLC 控制器来实现，PIC 需要两个输入点、三个输出点，输入/输出点分配见表 7-22。

表 7-22 I/O 分配

输入			输出		
输入继电器	输入元件	作用	输出继电器	输出元件	作用
I0.0	SB0	停止按钮	Q0.0	KM1	电源接触器
I0.1	SB1	启动按钮	Q0.1	KM2	△连接接触器
—	—	—	Q0.2	KM3	Y连接接触器

二、设计程序

当按下 SB0 时，I0.0 接通，驱动 Q0.0，延时 2 s 后 Q0.2 动作，电动机Y形减压启动，5 s 后，Q0.2 断开，延时 2 s 后 Q0.1 接通，电动机 M 转入△形全压运行。Y-△降压启动程序设计如图 7-43 所示。

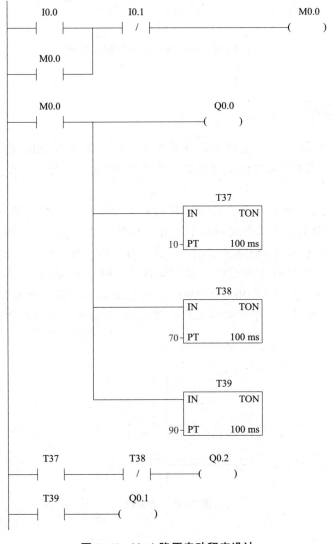

图 7-43 Y-△降压启动程序设计

在程序中三个定时器的预置值可以根据现场电动机的参数、接触器的型号适当选取，需要注意的是，当丫连接接触器断开后应延时足够长的时间，然后再接通△连接接触器，避免 KM3、KM2 同时接通造成的电源相间短路。

三、硬件接线

丫-△降压启动控制线路如图 7-44 所示。

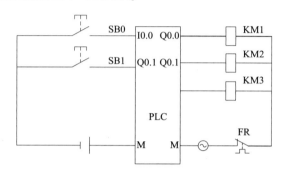

图 7-44　丫-△降压启动控制线路

思考与练习题

（1）按下按钮 I0.0，Q0.0 变为 1 状态并保持，I0.1 输入 3 个脉冲后，T37 开始定时，5 s 后，Q0.0 变为 0 状态，同时计数器复位，在 PLC 刚开始执行用户程序时，计数器也被复位。（用 C0 计数）

（2）剪板机如图 7-45 所示。开始时，压钳和剪刀在上限位置，限位开关 I0.0 和 I0.1 为 ON，按下启动按钮 I1.0。工作过程如下：首先板料右行（Q0.0 为 ON）至限位开关 I0.3 动作，然后压钳下行（Q0.1 为 ON 并保持），压紧板料后，压力继电器 I0.4 为 ON，压钳保持压紧，剪刀开始下行（Q0.2 为 ON），剪断板料后，I0.2 变为 ON，压钳和剪刀同时上行（Q0.3 和 Q0.4 为 ON，Q0.1 和 Q0.2 为 OFF），它们分别碰到限位开关 I0.0 和 I0.1 后停止上行，都停止后，又开始下一个周期的工作，剪完 10 块后停止并停在初始状态。组态软件设计参考本节任务。

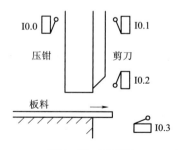

图 7-45　剪板机

综合篇

电工应知应会综合训练

项目 8

PLC、变频器及触摸屏的综合应用

任务 8.1　变频器的模拟信号操作控制

任务描述

用自锁按钮 SB1 和 SB2 控制 MM420 变频器，实现电动机正转和反转功能，由模拟输入端控制电动机转速的大小。DIM1 端口设为正转控制，DIM2 端口设为反转控制。

任务目标

（1）掌握 MM420 变频器的模拟信号控制。
（2）掌握 MM420 变频器基本参数的输入方法。
（3）熟练掌握 MM420 变频器的运行操作过程法。

实施条件

（1）工作场地：生产车间或实训基地。
（2）安全工装：工作服、安全帽、防护眼镜等防护用品。
（3）实训器具：实训台。

相关知识

MM420 变频器的 "1" "2" 输出端为用户的给定单元提供了一个高精度的 +10 V 直流稳压电源。转速调节电位器 R_{P1} 串接在电路中，当调节 R_{P1} 时，输入端口 Ain1+ 给定的模拟输入电压改变，变频器的输出量紧紧跟踪给定量的变化，从而平滑无级地调节电动机转速的大小。

MM420 变频器可以通过 6 个数字输入端口对电动机进行正反转运行、正反转点动运行方向控制，可通过基本操作，按 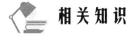 增加和减少输出频率，从而设置正反向转速的大小。也可以由模拟输入端控制电动机转速的大小。MM420 变频器为用户提供了两对模拟输入端口 Ain1+、Ain1- 和端口 Ain2+、Ain2-，即端口 "3" "4" 和端口 "10" "11"，如图 8-1 所示。

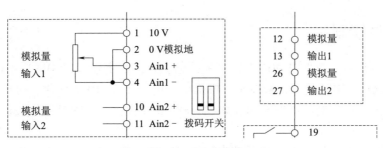

图 8-1 变频器端子接口

任务实施

一、电路接线

按图 8-2 所示连接电路。检查电路正确无误后,合上主电源开关 QS。

二、参数设置

(1) 恢复变频器工厂默认值。设定 P0010 = 30 和 P0970 = 1,按下 P 键,开始复位,复位过程大约为 3 min,这样就保证了变频器的参数恢复到工厂默认值。

(2) 设置电动机参数。电动机参数设置完成后,设 P0010 = 0,变频器当前处于准备状态,可正常运行。

PLC、变频器、触摸屏开环调速

(3) 设置模拟信号操作控制参数。模拟信号操作控制参数见表 8-1。

表 8-1 模拟信号操作控制参数

参数号	出厂值	设置值	说明
P0003	1	1	设用户访问级为标准级
P0004	0	7	命令和数字 I/O
P0700	2	2	命令源选择由端子排输入
P0003	1	2	设用户访问级为扩展级
P0004	0	7	命令和数字 I/O
P0701	1	1	ON 接通正转,OFF 停止
P0702	1	2	ON 接通反转,OFF 停止
P0003	1	1	设用户访问级为标准级
P0004	0	10	设定值通道和斜坡函数发生器
P1000	2	2	频率设定值选择为模拟输入
P1080	0	0	电动机运行的最低频率(Hz)
P1082	50	50	电动机运行的最高频率(Hz)

图 8-2 模拟信号操作控制电路

三、操作控制

（1）电动机正转。按下电动机正转自锁按钮 SB1，数字输入端 DIN1 为 ON，电动机正转运行，转速由外接电位器 R_{P1} 来控制，模拟电压信号在 0~10 V 变化，对应变频器的频率在 0~50 Hz 变化，对应电动机的转速在 0~2 800 r/min 变化。当松开带锁按钮 SB1 时，电动机停止运转。

（2）电动机反转。按下电动机反转自锁按钮 SB2，数字输入端口 DIN2 为 ON，电动机反转运行，与电动机正转相同，反转转速的大小仍由外接电位器 R_{P1} 来调节。当松开带锁按钮 SB2 时，电动机停止运转。

任务评价

评分标准见表 8-2。

表 8-2 评分标准

序号	主要内容	考核要求	评分标准	配分	扣分	得分
1	电路设计	能根据项目要求设计电路	（1）画图不符合标准，每处扣 3 分； （2）设计电路不正确，每处扣 5 分	20		
2	参数设置	能根据项目要求正确设计变频器参数	（1）漏设置参数，每处扣 5 分； （2）参数设置错误，每处扣 5 分	40		
3	接线	能正确使用工具和仪表，按照电路接线	（1）元件安装不符合要求，每处扣 2 分； （2）实际接线中有反圈或者不符合接线规范的情况，每处扣 1 分	10		
4	调试	能正确、合理地根据接线和参数设置，现场调试变频器的运行	（1）不能正确操作变频器，扣 15 分； （2）不能正确调试，扣 15 分	30		
5	安全文明生产	能保证人身和设备安全	违反安全文明生产规程，扣 5~20 分			
6	备注		合计			
			教师签字	年	月	日

拓展训练

用自锁按钮 SB1 控制实现电动机启停功能，由模拟输入端控制电动机转速的大小。画出变频器外部接线图，写出参数设置。

任务 8.2 变频器多段速调速控制

任务描述

利用 MM420 变频器控制实现电动机的三段速频率动转。DIN3 端口设为电动机启停控制，DIN1 和 DIN2 端口设为三段速频率输入选择，三段速度设置如下：

第一段：输出频率为 15 Hz，电动机转速为 840 r/min；
第二段：输出频率为 35 Hz，电动机转速为 1 960 r/min；
第三段：输出频率为 50 Hz，电动机转速为 2 800 r/min。

任务目标

(1) 掌握变频多段速频率控制方式。
(2) 熟练掌握变频器的运行操作过程。

实施条件

(1) 工作场地：生产车间或实训基地。
(2) 安全工装：工作服、安全帽、防护眼镜等防护用品。
(3) 实训器具：实训台。

相关知识

由于工艺上的要求，很多生产机械在不同的阶段需要在不同的转速下运行。为方便这种负载，大多数变频器均提供了多挡频率控制功能。它是通过几个开关的通、断组合来选择不同的运行频率。

MM420 变频器的 6 个数字输入端口（DIN1~DIN6），可以通过 P0701~P0706 设置实现多频段控制。每一频段的频率可分别由 P1001~P1015 参数设置，最多可实现 15 频段控制。在多频段控制中，电动机的转速方向是由 P1001~P1015 参数所设置的频率正负决定的。六个输入端口，哪一个作为电动机运行、停止控制，哪些作为多段频率控制，是可以由用户任意确定的。一旦确定了某一数字输入端口的控制功能，其内部参数的设置值必须与端口的控制功能相对应。例如，用 DIN1、DIN2、DIN3、DIN4 4 个输入端来选择 16 挡频率，其组合形式见表 8-3。

表 8-3 DIN 状态组合与转速频率对应表

状态 频率	DIN4	DIN3	DIN2	DIN1
OFF	0	0	0	0

续表

状态 频率	DIN4	DIN3	DIN2	DIN1
FF1	0	0	0	1
FF2	0	0	1	0
FF3	0	0	1	1
FF4	1	0	0	0
FF5	1	0	0	1
FF6	1	0	1	0
FF7	1	0	1	1
FF8	0	1	0	0
FF9	0	1	0	1
FF10	0	1	1	0
FF11	0	1	1	1
FF12	1	1	0	0
FF13	1	1	0	1
FF14	1	1	1	0
FF15	1	1	1	1

将表 8-3 中开关状态的组合与各挡频率之间的关系画成曲线，如图 8-3 所示。

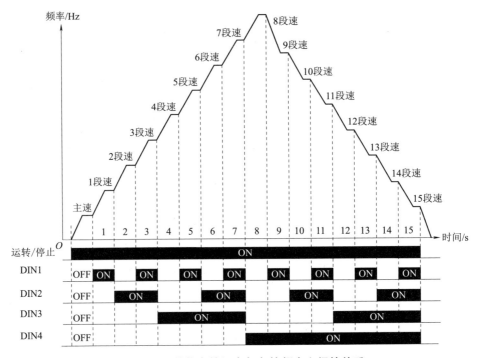

图 8-3　开关状态的组合与各挡频率之间的关系

项目 8　PLC、变频器及触摸屏的综合应用

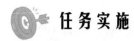任务实施

一、电路接线

按图 8-4 所示连接电路。检查电路正确无误后，合上主电源开关 QS。

二、参数设置

（1）恢复变频器工厂默认值。设定 P0010 = 30 和 P0970 = 1，按下 P 键，开始复位，复位过程大约为 3 min，这样就保证了变频器的参数恢复到工厂默认值。

MM440 变频器三段速参数设置讲解

（2）设置电动机参数。电动机参数设置同表 3-2。电动机参数设置完成后，设 P0010 = 0，变频器当前处于准备状态，可正常运行。

（3）设置三段固定频率控制参数，见表 8-4。

三段速频率控制线路如图 8-4 所示。

表 8-4　三段固定频率控制参数

参数号	出厂值	设备值	说明
P0003	1	1	设用户访问级为标准级
P0004	0	7	命令和数字 I/O
P0700	2	2	命令源选择由端子排输入
P0003	1	2	设用户访问级为扩展级
P0004	0	7	命令和数字 I/O
P0701	1	17	选择固定频率
P0702	1	17	选择固定频率
P0703	1	1	ON 接通正转，OFF 停止
P0003	1	1	设用户访问级为标准级
P0004	0	10	设定值通道和斜坡函数发生器
P1000	2	3	选择固定频率设定值
P0003	1	2	设用户访问级为扩展级
P0004	0	10	设定值通道和斜坡函数发生器
P1001	0	15	设置固定频率 1（Hz）
P1002	5	35	设置固定频率 2（Hz）
P1003	10	50	设置固定频率 3（Hz）

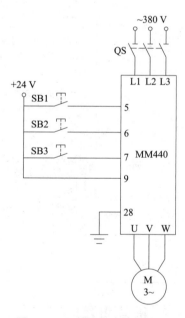

图 8-4　三段速频率控制线路

三、操作控制

当按下带锁按钮 SB3 时，数字输入端口 DIN3 为 ON，允许电动机运行。

（1）第 1 段控制。当按钮 SB1 接通、按钮 SB2 断开时，变频器数字输入端口 DIN1 为 ON，端口 DIN2 为 OFF，变频器工作在由 P1001 参数所设定的频率为 15 Hz 的第 1 段上，电

动机运行在对应的 840 r/min 的转速上。

（2）第 2 段控制。当按钮 SB1 断开、按钮 SB2 接通时，变频器数字输入端口 DIN1 为 OFF，端口 DIN2 为 ON，变频器工作在由 P1002 参数所设定的频率为 35 Hz 的第 2 段上，电动机运行在对应的 1 960 r/min 的转速上。

（3）第 3 段控制。当按钮 SB1 接通、按钮 SB2 接通时，变频器数字输入端口 DIN1 为 ON，端口 DIN2 为 ON，变频器工作在由 P1003 参数所设定的频率为 50 Hz 的第 3 段上，电动机运行在对应的 2 800 r/min 的转速上。

（4）电动机停车。当按钮 SB1、SB2 都断开时，变频器数字输入端口 DIN1、DIN2 均为 OFF，电动机停止运行。或在电动机正常运行的任何频段，将 SB3 断开使数字输入端口 DIN3 为 OFF，电动机也能停止运行。

任务评价

评分标准见表 8-5。

表 8-5 评分标准

序号	主要内容	考核要求	评分标准	配分	扣分	得分
1	电路设计	能根据项目要求设计电路	（1）画图不符合标准，每处扣 3 分； （2）设计电路不正确，每处扣 5 分	20		
2	参数设置	能根据项目要求正确设计变频器参数	（1）漏设置参数，每处扣 5 分； （2）参数设置错误，每处扣 5 分	40		
3	接线	能正确使用工具和仪表，按照电路接线	（1）元件安装不符合要求，每处扣 2 分； （2）实际接线中有反圈或者不符合接线规范的情况，每处扣 1 分	10		
4	调试	能正确、合理地根据接线和参数设置，现场调试变频器的运行	（1）不能正确操作变频器，扣 15 分； （2）不能正确调试，扣 15 分	30		
5	安全文明生产	能保证人身和设备安全	违反安全文明生产规程，扣 5~20 分			
6	备注		合计	100		
			教师签字		年 月 日	

拓展训练

用自锁按钮控制变频器实现电动机 10 段速频率运转。10 段速设置分别为：第 1 段输出频率为 5 Hz；第 2 段输出频率为 10 Hz；第 3 段输出频率为 15 Hz；第 4 段输出频率为 5 Hz；第 5 段输出频率为 -5 Hz；第 6 段输出频率为 -20 Hz；第 7 段输出频率为 25 Hz；第 8 段输出频率为 40 Hz；第 9 段输出频率为 50 Hz；第 10 段输出频率为 30 Hz。画出变频器外部接线图，写出参数设置。

项目 8　PLC、变频器及触摸屏的综合应用

任务 8.3　触摸屏组态软件操作

任务描述

MCGS 嵌入版与西门子 S7-200 PLC 连接的组态，画面的制作，画面各种工具的应用，并实现各种变量的连接。

任务目标

MCGS 嵌入版与西门子 S7-200 PLC 连接的组态过程。

实施条件

（1）工作场地：生产车间或实训基地。
（2）安全工装：工作服、安全帽、防护眼镜等防护用品。
（3）实训器具：实训台。

建议学时

4 学时。

相关知识

S7-200 PLC 的基本指令和 MCGS 触摸的工作原理的了解。

任务实施

一、工程建立

双击 Windows 操作系统桌面上的组态环境快捷方式，可打开嵌入版组态软件，然后按以下步骤建立通信工程。

单击文件菜单中"新建工程"选项，弹出"新建工程设置"对话框，TPC 类型选择为"TPC7062E"，单击"确认"按钮，如图 8-5 所示。

选择文件菜单中的"工程另存为"菜单项，弹出文件保存窗口。在文件名一栏内输入"TPC 通信控制工程"，单击"保存"按钮，工程创建完毕。

图 8-5　"新建工程设置"对话框

二、工程组态

连接西门子 S7-200 PLC,本节通过实例介绍 MCGS 嵌入版组态软件中建立同西门子 S7-200 通信的步骤,实际操作地址是西门子 Q0.0、Q0.1、Q0.2、VW0 和 VW2。

1. 设备组态

(1) 在工作台中激活设备窗口,鼠标双击 ,进入设备组态画面,单击工具条中的 打开"设备工具箱",如图 8-6 所示。

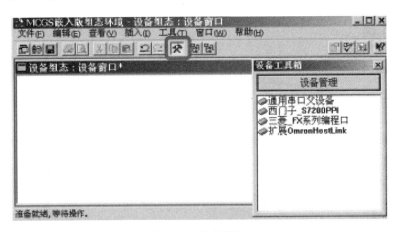

图 8-6 设备窗口

(2) 在设备工具箱中,鼠标按顺序先后双击"通用串口父设备"和"西门子_S7200PPI"添加至组态画面窗口,如图 8-7 所示。弹出对话框提示是否使用西门子默认通信参数设置父设备,如图 8-8 所示,单击"是"按钮。

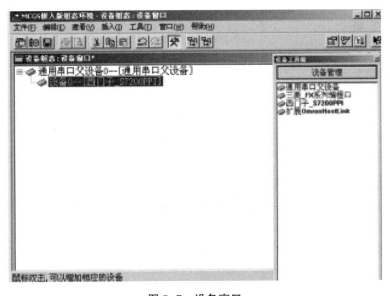

图 8-7 设备窗口

图 8-8　Mcgs 嵌入版组态环境

所有操作完成后关闭设备窗口，返回工作台。

2. 窗口组态

（1）在工作台中激活用户窗口，鼠标单击"新建窗口"按钮，建立新画面"窗口0"，如图 8-9 所示。

（2）接下来单击"窗口属性"按钮，弹出"用户窗口属性设置"对话框，在基本属性页，将"窗口名称"修改为"西门子200控制画面"，单击"确认"进行保存，如图 8-10 所示。

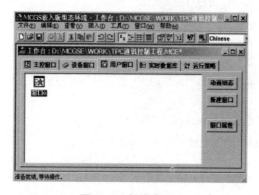

图 8-9　新建窗口

图 8-10　用户窗口属性设置

（3）在用户窗口双击 进入"动画组态西门子200控制画面"，单击 打开"工具箱"。

（4）建立基本元件。

①按钮：从工具箱中单击"标准按钮"构件，在窗口编辑位置按住鼠标左键拖放出一定大小后，松开鼠标左键，这样一个按钮构件就绘制在窗口中，如图 8-11 所示。接下来双击该按钮打开"标准按钮构件属性设置"对话框，在基本属性页中将"文本"修改为Q0.0，单击"确认"按钮保存，如图 8-12 所示。

②指示灯：单击工具箱中的"插入元件"按钮，打开"对象元件库管理"对话框，选中图形对象库指示灯中的一款，单击"确认"按钮添加到窗口画面中，并调整到合适大小。同样的方法再添加两个指示灯，摆放在窗口中按钮旁边的位置，如图 8-13 所示。

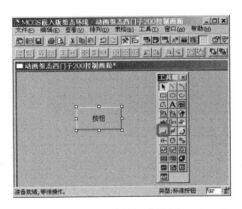
图 8-11 绘制标准按钮

图 8-12 "标准按钮构件属性设置"对话框

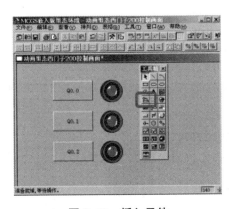
图 8-13 插入元件

③标签：单击选中工具箱中的"标签"构件，在窗口按住鼠标左键，拖放出一定大小的"标签"，如图 8-14 所示。然后双击该标签，弹出"标签动画组态属性设置"对话框，在"扩展属性"页，在"文本内容输入"中输入"VW0"，单击"确认"按钮，如图 8-15 所示。

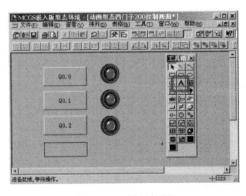
图 8-14 插入标签

图 8-15 设置标签

同样的方法，添加另一个标签，文本内容输入 VW2，如图 8-16 所示。

项目 8　PLC、变频器及触摸屏的综合应用

④输入框：单击工具箱中的"输入框"构件，在窗口按住鼠标左键，拖放出两个一定大小的"输入框"，分别摆放在 VW0、VW2 标签的旁边位置，如图 8-17 所示。

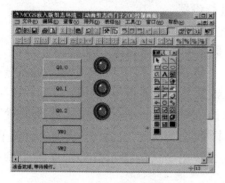

图 8-16　插入并设置标签

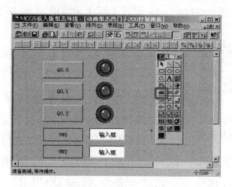

图 8-17　插入"输入框"

（5）建立数据链接。

①按钮：双击 Q0.0 按钮，弹出"标准按钮构件属性设置"对话框，如图 8-18 所示，在"操作属性"页，默认"抬起功能"按钮为按下状态，勾选"数据对象值操作"复选框，选择"清 0"选项，单击 ? 弹出"变量选择"对话框，选择"根据采集信息生成"选项，通道类型选择"Q 寄存器"，通道地址为"0"，数据类型选择"通道第 00 位"，读写类型选择"读写"。如图 8-19 所示，设置完成后单击"确认"按钮。即在 Q0.0 按钮抬起时，对西门子 200 的 Q0.0 地址"清 0"，如图 8-20 所示。

图 8-18　"标准按钮构件属性设置"对话框　　图 8-19　"标准按钮构件属性设置"对话框

图 8-20　"变量选择"对话框

同样的方法，单击"按下功能"按钮，进行设置，数据对象值操作→置1→设备0_读写Q000_0，如图8-21所示。

同样的方法，分别对Q0.1和Q0.2的按钮进行设置。

MCGS与
S7-1200变量
的创建及连接

Q0.1按钮→"抬起功能"时"清0"；"按下功能"时"置1"→变量选择→Q寄存器，通道地址为0，数据类型为通道第01位。

Q0.2按钮→"抬起功能"时"清0"；"按下功能"时"置1"→变量选择→Q寄存器，通道地址为0，数据类型为通道第02位。

②指示灯：双击Q0.0旁边的指示灯构件，弹出"单元属性设置"对话框，在数据对象页，单击 ? 选择数据对象"设备0_读写Q000_0"，如图8-22所示。同样的方法，将Q0.1按钮和Q0.2按钮旁边的指示灯分别连接变量"设备0_读写Q000_1"和"设备0_读写Q000_2"。

图8-21 "按下功能"设置　　　图8-22 "单元属性设置"对话框

③输入框：双击VW0标签旁边的输入框构件，弹出"输入框构件属性设置"对话框，在操作属性页，单击 ? 进入"变量选择"对话框，选择"根据采集信息生成"，通道类型选择"V寄存器"；通道地址为"0"；数据类型选择"16位无符号二进制"；读写类型选择"读写"。如图8-23所示，设置完成后单击"确认"按钮。

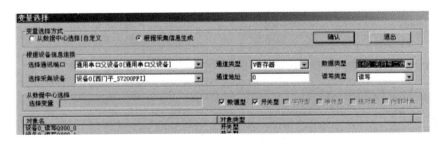

图8-23 "输入框"设置

同样的方法，双击VW2标签旁边的输入框进行设置，在操作属性页，选择对应的数据对象；通道类型选择"V寄存器"；通道地址为"2"；数据类型选择"16位无符号二进制"；读写类型选择"读写"。

项目 8 PLC、变频器及触摸屏的综合应用

任务评价

评分标准见表 8-6。

表 8-6 评分标准

序号	考核项目	考核要求	评分标准	配分	扣分	得分
1	画面组态	能根据项目要求正确设置组态画面	(1) 画图不符合标准，每处扣 3 分； (2) 组态不正确，每处扣 5 分	20		
2	组态的数据库设置	能根据项目要求正确设计画面数据	(1) 漏设数据，每处扣 5 分； (2) 数据设置错误，每处扣 5 分	20		
3	PLC 的编程与调试	能根据项目要求正确编写 PLC 程序	(1) 梯形图程序编写错误，每处扣 5~15 分； (2) 程序调试方法错误，扣 5 分	20		
4	综合调试	能正确、合理地根据接线和数据设置，现场调试组态的运行	(1) 不能正确根据要求操作组态控制，扣 5 分； (2) 不能正确调试，扣 10 分	30		
5	职业与安全意识	完成考试任务的所有操作规程，遵守安全文明条约	违反安全文明生产规程，扣 5~20 分	10		
6	备注		合计	100		
			教师签字		年 月 日	

拓展训练

工艺过程与控制要求如下。

（1）电动机星-三角降压启动，KM1 为电源接触器，KM2 为星接输出线圈，KM3 为三角接输出线圈，SB1 为启动按钮，SB2 为停止按钮，星-三角切换延时时间为 5 s。

①试编写程序；

②画出 PLC 的外部接线图。

（2）根据图 8-24 所示组态画面，组态出星-三角降压启动的启动按钮、停止按钮、KM1 接触器、KM2 星接触器、KM3 角接触器的指示灯，能够反映出星-三角降压启动的过程，并能利用文本框显示出星-三角接触器切换的动态时间。

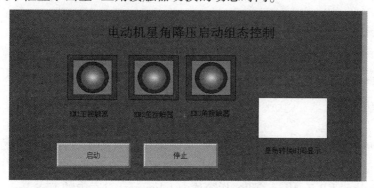

图 8-24 电动机星-三角降压启动的组态画面

任务 8.4　PLC、触摸屏和变频器 USS 控制电动机调速

任务描述

变频器 MM420 与 S7-226 PLC 采用 USS 通信协议，通过 MCGS 触摸屏（图 8-25）实现电动机正反转、加减速，停车时采用自由停车和快速停车。

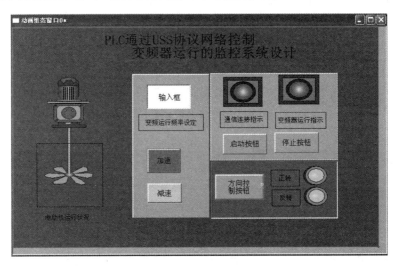

图 8-25　触摸屏控制画面

任务目标

(1) 了解变频器与 PLC 之间使用 USS 协议通信。
(2) 学会基于 PLC 通信方式的变频器参数的设置。
(3) 学会 PLC 对变频器控制的 USS 指令的使用。

实施条件

(1) 工作场地：生产车间或实训基地。
(2) 安全工装：工作服、安全帽、防护眼镜等防护用品。
(3) 实训器具：实训台。

相关知识

通过 USS 协议与变频器通信，使用 USS 指令库中已有的子程序和中断程序使变频器的控制更加简便。可以用 USS 指令控制变频器和读取/写入变频器的参数。用于变频器控制的编程软件需要安装 STEP 7-Micro/WIN 指令库（Libraries），库中的 USS Protocol 提供变频器

控制指令，如图 8-26 所示。

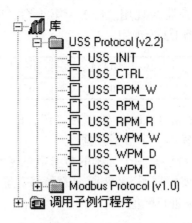

图 8-26　USS 指令库

1. USS 指令使用 S7-200 中的资源

（1）初始化 USS 协议将端口 0 指定用于 USS 通信。使用 USS_INIT 指令为端口 0 选择 USS。选择 USS 协议与变频器通信后，不能将端口 0 再用于其他用途，也不能再用端口 0 与 STEP 7-Micro/WIN 通信。

（2）在使用 USS 协议控制变频器时，可以选用 CPU 226、CPU 226XM 或 EM277 PROFIBUS-与计算机中 PROFIBUS CP 连接的 DP 模块，这样端口 0 用于与变频器的通信，端口 2 用于连接 STEP 7-Micro/WIN，以便于运行时监控程序的运行。

（3）与端口 0 自由端口通信相关的所有特殊内部标志位存储器 SM 位，被用于变频器的控制。

（4）USS 指令使用 14 个子程序和 3 个中断程序对变频器进行控制。

（5）USS 指令的变量要求一个 400 个字节 V 内存块。该内存块的起始地址由用户指定，保留用于 USS 变量。

（6）某些 USS 指令也要求有一个 16 个字节的通信缓冲器。

（7）执行计算时，USS 指令使用累加器 AC0～AC3。

2. USS 指令介绍

USS_INIT 变频器初始化指令用于启用和初始化与变频器的通信。在使用任何其他 USS 指令之前，必须执行 USS_INIT 指令，且无错。该指令完成才能继续执行下一条指令。指令格式如图 8-27 所示。

EN："使能"输入端，应使用边沿脉冲信号调用指令。输入数据类型为"Bool"型数据。

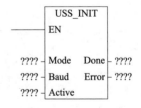

图 8-27　指令格式

Mode：输入值为"1"时，端口 0 启用 USS 协议；输入值为"0"时，端口 0 用作 PPI 通信，并禁用 USS 协议。数据类型为字节型数据。

Baud（波特率）：PLC 与变频器通信波特率的设定。将波特率设为 1 200、2 400、4 800、9 600、19 200、38 400、57 600 或 115 200。

Active：现用变频器的地址（站点号）。双字型的数据，双字的每一位控制一台变频器，位为"1"时，该位对应的变频器为现用。bit0 为第 1 台，bit31 为第 32 台。例如，输入 0008H，则 bit3 位的对应变频器 D3 为现用。

D31	D30	D29	D28	…	D19	D18	D17	D16	…	D3	D2	D1	D0
0	0	0	0	…	0	0	0	0	…	1	0	0	0

Done：当 USS_INIT 指令完成时，Done 输出为"1"，Bool 型数据。

Error：指令执行错误代码输出，字节型数据。

USS_INIT 变频器初始化子程序是一个加密的带参数的子程序。程序中使用的都是局部变量，在使用该子程序时，需要根据图 8-28 所示的局部变量表 L，按照指示的数据类型对输入（IN）/输出（OUT）变量进行赋值。

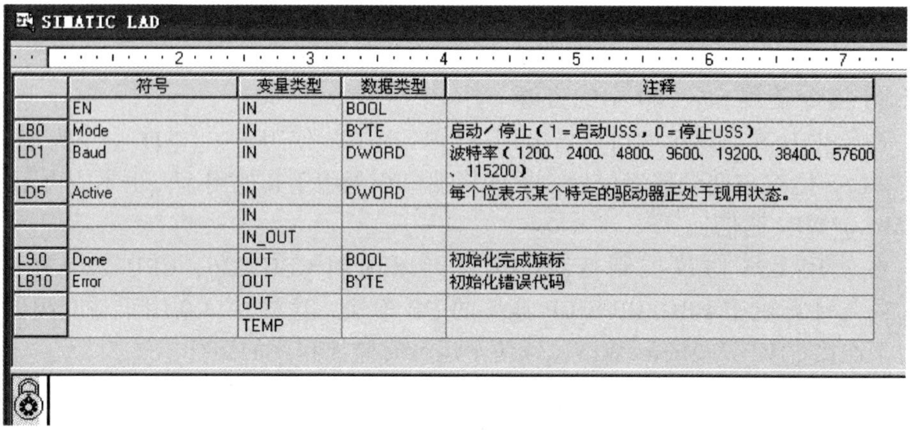

图 8-28 局部变量表 L

3. USS_CTRL 变频器控制指令

USS_CTRL 指令用于控制现用的变频器，指令格式如图 8-29 所示。已在 USS_INIT 指令的 Active（现用）参数中选择变频器可以使用 USS_CTRL 指令。每台变频器只能用一条 USS_CTRL 指令。

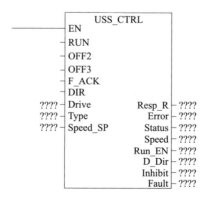

图 8-29 指令格式

变频器控制指令需要用已经加密的子程序的形式进行编程，如图 8-30 所示，子程序中全部使用局部变量，需要用变频器控制指令 USS_CTRL 对其进行赋值，各变量的作用和数据类型参看图 8-31。

符号		变量类型	数据类型	注释
	EN	IN	BOOL	
L0.0	RUN	IN	BOOL	1 = 运行，0 = 停止
L0.1	OFF2	IN	BOOL	滑行停止
L0.2	OFF3	IN	BOOL	快速停止
L0.3	F_ACK	IN	BOOL	故障认可
L0.4	DIR	IN	BOOL	方向
LB1	Drive	IN	BYTE	驱动器地址
LB2	Type	IN	BYTE	驱动器类型（0 = MM3, 1 = MM4）
LD3	Speed_SP	IN	REAL	速度定点（-200.0%至200.0%）
		IN		
		IN_OUT		
L7.0	Resp_R	OUT	BOOL	收到应答
LB8	Error	OUT	BYTE	错误代码（0 = 无错）
LW9	Status	OUT	WORD	由驱动器返回的状态字
LD11	Speed	OUT	REAL	当前速度（-200.0%至200.0%）
L15.0	Run_EN	OUT	BOOL	运行启用
L15.1	D_Dir	OUT	BOOL	驱动器方向
L15.2	Inhibit	OUT	BOOL	禁止状态
L15.3	Fault	OUT	BOOL	故障状态
		OUT		
LW16	STW	TEMP	WORD	
LW18	HSW	TEMP	WORD	
LB20	CKSM	TEMP	BYTE	
LB21	UPDATE	TEMP	BYTE	
LW22	ZSW	TEMP	WORD	
LW24	HIW	TEMP	WORD	
LB26	SIZE	TEMP	BYTE	
		TEMP		

图 8-30 子程序中各变量以及数据类型

EN：指令"使能"输入端，EN = 1 时，启用 USS_CTRL 指令。USS_CTRL 指令应当一直启用，所以 EN 端应一直为 1。

RUN（运行）：变频器运行/停止控制端。

当 RUN（运行）位 = 1 时，变频器按指定的速度和方向开始运行。为了使变频器运行，该变频器在 USS_INIT 中必须被选为 Active（现用）。OFF2 和 OFF3 必须被设为 0。Fault（故障）和 Inhibit（禁止）必须为 0。当 RUN（运行）= 0 时，变频器减速直至停止。

OFF2：用于变频器自由停车。

OFF3：用于变频器迅速（带电气制动）停止。

F_ACK（故障确认）：用于确认变频器中的故障。当变频器已经清除故障，F_ACK 从 0 转为 1 时，通过该信号清除变频器报警。

DIR（方向）：电动机转向控制信号，通过控制该信号为 1 或 0 来改变电动机的转向。

Drive：输入变频器的地址。向该地址发送 USS_CTRL 命令，有效地址：0~31。

Type：输入变频器的类型。将 MM3（或更早版本）变频器的类型设为 0，将 MM4 变频器类型设为 1。

Speed_SP（速度定点）：以百分比形式给出速度（频率）的给定输入，范围：-200.0% ~ 200.0%。Speed_SP 的负值会使变频器逆转旋转方向。

Resp_R（收到应答）：确认从变频器收到应答。每次 S7-200 从变频器收到应答时，Resp_R 位接通后，进行一次扫描，USS_CTRL 的输出状态被更新。

MM440 变频器 USS 控制参数讲解

Error（错误）：指令执行错误代码输出。

Status（状态）：是变频器工作状态输出。

Speed（速度）：以百分比形式给出变频器的实际输出速度（频率），范围：-200.0% ~ 200.0%。

Run_EN（运行启用）：变频器运行、停止指示。1 表示运行，0 表示停止。

D_Dir：表示变频器的实际转向输出。

Inhibit（禁止）：变频器禁止状态输出（0—不禁止，1—禁止）。欲清除禁止位，"故障"位必须为 0，RUN（运行）、OFF2 和 OFF3 输入也必须为 0。

Fault（故障）：变频器故障输出，"0" 表示变频器无故障，"1" 表示变频器故障。

任务实施

1. 参数设置

变频器的参数设置如表 8-7 所示。

表 8-7 变频器的参数设置

序号	变频器参数	出厂值	设定值	功能说明（黄色为必须设置）
1	P0304	230	380	电动机的额定电压（380 V）
2	P0305	3.25	0.25	电动机的额定电流（0.25 A）
3	P0307	0.75	0.12	电动机的额定功率（120 W）
4	P0310	50.00	50.00	电动机的额定频率（50 Hz）
5	P0311	0	1430	电动机的额定转速（1 430 r/min）
6	P1000	2	5	频率设定值选择（通过 COM 链路的 USS）
7	P1080	0	0	电动机的最小频率（0）
8	P1082	50	50.00	电动机的最大频率（50 Hz）
9	P1120	10	10	斜坡上升时间（10 s）
10	P1121	10	10	斜坡下降时间（10 s）
11	P0700	2	5	命令源选择
12	P1135	5.0	0	停止时间
13	P1232	100	150	直流制动电流
14	P1233	0	1	直流制动电流持续时间
15	P2010	6	6	USS 波特率（设置为 9 600）
16	P2011	?	0	USS 结点地址（设置为 0 号变频器），如这里为 0，则 USS 的 USS_INIT 的 Active 设置为 16#1，USS_CTRL 的 Drive 设置为 0

参考文献

[1] 吕景. 电气控制技术 [M]. 北京: 电子工业出版社, 2021.
[2] 姚锦卫. 电气控制技术项目教程 [M]. 2版. 北京: 机械工业出版社, 2018.
[3] 赵冰. PLC 与组态应用技术 [M]. 北京: 电子工业出版社, 2021.
[4] 郑凤翼. 电气控制技术 [M]. 2版. 北京: 机械工业出版社, 2021.
[5] 崔兴艳. 机床电气控制技术 [M]. 北京: 机械工业出版社, 2022.

技能训练

编码器与模拟量输出模块所连接的变频器连接在编码器输出上频率为 $0\sim50\ Hz$ 的脉冲号，通过 EM235（或 EM232）输出对应的 $0\sim10\ V$ 电压来控制变频器的输出频率，从而控制电动机的转速。其检测示意图如图 8-32 所示。

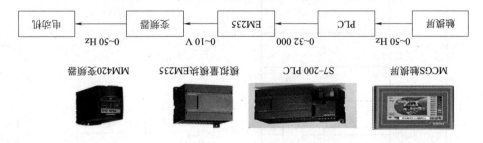

图 8-32 PLC、变频器、编码器的模拟量变频调速

2. 程序编写

USS 指令使用 PLC 程序（截图或拍照），如图 8-31 所示。

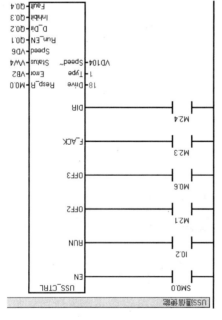

图 8-31 USS 指令使用 PLC 程序

任务评价

考分标准见表 8-8。

表 8-8 考分标准

序号	主要内容	考核要求	考分标准	配分	扣分	得分
1	电路设计	根据项目要求正确设计电路	(1) 画图不符合标准，每处扣3分； (2) 设计电路不正确，每处扣5分	20		
2	参数设置	根据项目要求正确确设计变频器参数	(1) 错设置参数，每处扣5分； (2) 参数设置错误，每处扣5分	40		
3	接线	能正确使用工具和仪表，按照电路图接线	(1) 元件安装不符合要求，每处扣2.5分； (2) 实际接线中有元器件未正确接好、线教的情况，每处扣1分	10		
4	调试	能正确、合理地根据接线和参数设置，规范测试变频器的运行	(1) 不能正确操作变频器，扣15分； (2) 不能正确测试，扣15分	30		
5	安全文明生产	根据安全文明生产要求	违反安全文明生产规程，扣5～20分			
6	总计		合计	100	教师签字 年 月 日	

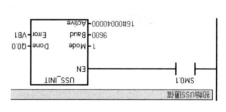

USS 指令程序的视频